U0397241

致太空移民社群。

感谢你们的热情接待，并与我们分享宝贵的知识和数据。

我们深知，你们中的一些人可能会对我们的结论感到不满，但请相信，

尽管看法有所分歧，但我们同样坚信人类未来的辉煌。

在火星买房

太空移民计划的可行性分析报告

[美]凯利·韦纳史密斯　&　[美]查克·韦纳史密斯　/ 著
(Kelly Weinersmith)　　(Zach Weinersmith)

王喁　谭雯文　/ 译

北京联合出版公司
Beijing United Publishing Co.,Ltd.

目 录

简介　红色星球的拓荒者指南？

在月球和火星上建立殖民地已经不再是可行与否的问题，实现它只是时间早晚的事罢了。

——蒂姆·皮克，航天员

无论身在地球何处，你一定动过离开这个星球的念头。移民外太空的前景每一天都变得更加令人期待。火星上没有政治腐败的阴影，月球上没有纷飞的战火，天王星上也不会有幼稚可笑的谐音哏[1]。毫无疑问，太空移民为我们提供了自公元前五万年以来的最佳机会，我们可以尝试全新的事物，将种种旧恶抛诸脑后。在人类宇宙探索事业陷入长达半个世纪的停滞后，我们如今拥有了足够的技术实力、财力和追求卓越的渴望，足以超越那个匆匆登月的时代，去掌握我们成为跨星球物种的命运。

但是……事实真就如此吗？我们在创作本书时，和许多非专业人士交流过，倘若你和他们中的大部分人一样，那么你或许会对太空移民存在一些不太准确的构想。这不怪你——大众对太空移民的讨论充斥着种种神话、白日梦，甚至是对基本事实的完全误解。

---

1 天王星（Uranus）音同"你的屁股"（your anus）。——译者注（本书注释若无特别说明，均为原书注）

例如在 2020 年，太空探索技术公司（SpaceX）旗下的互联网服务提供商星链（Starlink）发布了一份名为《条款与服务协议》的声明，声称"任何一个地球上的政府对火星活动都没有管辖权或主权"。这一条款就像大多数关于外太空定居的言论一样：它是由一个富有影响力的倡导者提出的，并受到了人们广泛的传播和讨论，但实际上却产生了深远的误导效果。地球上的政府实际上对火星拥有管辖权——火星是一个国际公域，受到长期有效的《外层空间条约》（Outer Space Treaty，以下简称为 OST）管制。诚然，这些条约很奇怪，也很模糊，然而它们确实存在，也不会因为太空探索技术公司的一份《条款与服务协议》而消失。

但并非所有关于太空移民的糟糕言论都来自那些坐拥火箭的富豪。比如 2015 年《新闻周刊》（*Newsweek*）的文章《星球大战的阶级之争：火星是 1% 顶级富豪的逃生通道吗？》（'Star Wars' Class Wars: Is Mars the Escape Hatch for the 1 Percent?）写道："这颗红色星球可能只属于富人，而穷人只能在地球饱受环境崩坏和战争冲突的折磨。"你要是真相信这种说法，说明你对火星上种种糟糕透顶的情况毫无概念。它的表面温度从火炉般的酷热，到南极般的严寒，无所不包。在那里没有可供人类呼吸的空气，而是有着遍布整个星球的尘暴，地面上更是铺满有毒的尘埃。离开温度升高了 2℃ 的地球移居火星，就像是离开了一个稍显闷热的房间，然后出门一头扎进火炉。

实际上，在其他星球定居，也就是在地球之外的某个地方建立自给自足的社会，这个想法不仅不太可能在短期内实现，也无法带来支持者所鼓吹的那些好处。它不会带来巨额的财富，无法建立新的独立国家，也不是人类的第二家园，甚至都不能给超级精英们提供安全掩体。

然而，航天局、大型企业和媒体寡头却向我们承诺了一番不同的前景。根据他们的说法，最早在 2050 年前后，太空移民或将实现。地外定居点建成后，一切问题将会解决。太空移民将拯救地球的生态系统，开拓富有创意的先进文明，为中国、美国、印度或其他首开先河的国家带来巨大的经济优势。

虽然这些说法有待考究，但真正具有颠覆性的技术发展确实正在显著降低太空探索的成本。未来十年，建设太空前哨站肯定会比以往任何时候都更加容易。对任何有意定居太空的探索者来说，他们接下来所面临的难题不再是制造体积更大、更便宜的火箭或飞船，而是需要深入探索包括生物学、经济学等领域的问题。我们接下来还会看到，假如我们忽视这些问题，企图在短时间内建立定居点，将会引发何等的社会灾难，甚至有可能危及地球家园。

与此同时，自 20 世纪 70 年代以来，治理太空的国际法律体系几乎就没有过任何进展。太空法往往含混不清、语焉不详，如果你接受美国对太空法的解读方式，那几乎就是听之任之了。在当今世界，太空竞赛日益激烈，拥有发射能力的国家数量不断增多，新一轮的登月竞赛局面已经初见雏形。然而，与 20 世纪 60 年代相比，21 世纪 30 年代的竞赛将截然不同，因为此次很可能涉及争夺月球上那些少量黄金地段的优先使用权。此次竞争不再像是两个小孩比赛谁跑得更快，而更像是一群孩子为争抢几颗糖果大打出手。

这种争夺真的非常危险。如果我们已经说服你认为投资太空无法获得回报，那么这种争斗更是毫无意义。哦，对了，让我们将这个比喻变得更加黑暗一些——想象这些孩子手中还都拿着核武器。

所以，太空移民这件事，我们真的想好了吗？

倘若人类文明有幸在未来几个世纪存续下去，那么我们极有可能会踏上前往太空的征程。在旅途中，个人、国家和国际社会都将面临各种抉择。我们现在所做的各种决策——关于扩张速度以及支撑其发展的规则——将以我们目前无法预见的方式影响未来。错误的决策不仅可能减缓前进的步伐，甚至还可能为人类的生存带来风险。

为了做出适当的选择，我们必须充分了解关于太空移民的真相。在这里我们说的是所有真相，不仅仅是火箭的规模、定居点的能源需求或者小行星里的可用矿物，还应包括一系列待解决的难题，比如医学、繁殖、法律、生态学、经济学乃至战争方面的问题。几乎没有任何关于太空移民的书籍和纪录片详细解读过这些困难。

为什么这种探讨如此艰难？我们认为主要有两个原因。首先，普通大众对太空的了解相当有限。大部分人可以说出一个航天员的名字，并能在记忆法的帮助下按照顺序说出行星的名称。但除了少数几个怪人，我们大部分人都不知道月球土壤的成分，也不知道《外层空间条约》的内容，更不知道太空核弹爆炸实验的历史。

如果说大众对太空科学的整体了解非常有限，那么对于太空移民这个奇怪"表亲"，人们几乎一无所知。这也引出了第二个问题。如果你对太空移民知之甚少，但又渴望了解相关知识，你会发现你所读到的很多文章、观看的纪录片以及几乎所有相关话题的图书都是由太空移民的支持者创作的。

　　支持太空移民并没有什么错。我们所遇到的太空移民爱好者都是聪明而有思想的人——至少大部分都是如此。然而，现在阅读关于太空移民的书籍，有点像你对适度饮酒进行研究，但所有的参考资料都是由酒贩子提供的。尽管他们想要做到不偏不倚，但还是会隐瞒一些细节。太空移民领域最著名的书籍《赶往火星》（*The Case for Mars*）长达 400 多页，其中涵盖了 20 世纪 80 年代关于火星各种会议的冷门历史资料，还有火星表面塑料薄膜的详细化学方程式，但丝毫没有提及国际太空法的存在。这 50 年来的法律判例可以决定火星未来的政治性质和地缘政治后果，但在这本书里只字未提。

　　诚然，你正在阅读的这本小书以一个天王星的谐音哏开头，书中还将解释太空食人族（敬请期待），然而它却可能是唯一一本提供全貌而非推介太空扩张理念的科普读物。[1] 相反，我们会试着澄清很多误解，以更加现实的视角展示太空移民的可行性，以及太空移民对人类可能意味着什么。

　　不过首先，请允许我们做一个简要的自我介绍。嗨，我们是凯利·韦纳史密斯和查克·韦纳史密斯。凯利是一位生物学家，查克是一位漫画家。我们也是一对科研夫妻。在过去的四年里，我们专注于探讨人类如何才能成为太空移民的问题。我们参加了各种会议，进行了无数次深入的采访，截至 2023 年，还收集了 27 书架的关于太空移民和相关领域的书籍和论文。我们对太空怀有极大的热情，热爱火箭发射和在零重力下做出的滑稽动作。我们也对太空史上的奇异片段充满好奇，比如红色方块压缩食物和卫生棉条腰带等等。我们对构想一个辉煌的未来充满激情，但同时也充满疑心。如果你想形象地描绘我们，可以想象一下约翰·F. 肯尼迪（John F.

---

1 话虽如此，关于这个话题有一些历史悠久的重要文献，并且近年来也有越来越多的新作品加入其中，如弗雷德·沙门（Fred Scharmen）的《太空力量》（*Space Forces*）和艾丽卡·奈斯沃尔德（Erika Nesvold）的《地球之外》（*Off-Earth*）。

Kennedy）在发表一篇振奋人心的演讲，赞美航行在"这片新海洋"的壮丽景象。而在背景中，你会看到两个人正微微皱着眉头，凝视着远方，心中充满疑惑："但那是真的海洋吗？"

在经过几年的太空移民研究后，我们开始私下自称为"太空混蛋"，因为我们发现在这个领域里，我们的悲观情绪几乎超越了所有人，而且对太空爱好者们最宏大的计划持怀疑态度。这与我们的天性并不相符，但数据却使我们不得不这样做。坦率来讲，我们都是胆小之辈，非常愿意与主流观点保持一致。我们并不希望自己变得如此悲观，特别是针对这项许多人都认为代表了人性最美好一面的事业。这让人感觉自己真是个混蛋。

我们认为太空移民是有可能实现的，但关于这个话题的讨论需要更加现实——这并不是为了破坏大家的兴致，而是为地球提供防范措施，以防人类走向真正危险的方向。

我们是怎么成为太空混蛋的……你也可以！

如果你还是太空研究领域的新手，你可能还不知道，自21世纪初期以来，进入太空的成本以及太空业务总体发生了天翻地覆的变化。

我们大多数人有着这样的印象：20世纪50至60年代充斥着太空的各种光辉承诺——月球基地、轨道度假、火星开拓等。在60年代末的太空书籍中还浓墨重彩地描写了各种低重力环境下情趣的奇怪幻想。这一切都被20世纪70年代的毛绒地毯时代[1]（shag-carpeted misery）所取代，在这之后40年的人类在太空史上令人大失所望。人们有时将这种失败归咎于想象力的缺乏和勇气的丧失，但另一个更为简单的解释是成本问题。火箭发射的费用变化可以解释为何登月时代前期人们对太空狂热和着迷，也能解释后期

---

1 指20世纪70年代。这个短语带有一定的怀旧和调侃色彩，用来形容那个年代特有的厚长毛地毯（shag）。——译者注

40 年间的碌碌无为。如果只看从人造卫星首次进入轨道的 1957 年到 20 世纪 60 年代末的这段时间,将物体送入轨道的价格每千克就下降了 90% 至 99%。如果随后的每个 10 年都保持这样的趋势,那如今将一个包裹送入太空的成本将比国际邮件还要低。这也是为什么如果想要找到真正奢侈的太空移民构想,最好的参考书籍一定是在嬉皮士年代(20 世纪 60 年代)出版的。

令很多太空爱好者感到遗憾的是,该费用在 20 世纪 70 年代早期就停止下降了。太空飞船计划(Space Shuttle)原本应该让太空旅行变得常态化、更加便宜和安全,但其在这三方面都表现不佳。几十年来,这一直都是把物体送入轨道的最昂贵的方式。这种情况一直持续到 21 世纪 10 年代,由于美国政策的转变以及太空探索技术公司等公司的推动,太空运载的成本再次大幅下降。

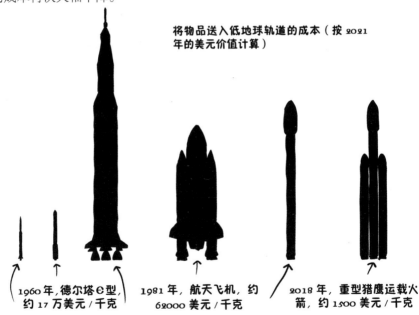

将物品送入低地球轨道的成本(按 2021 年的美元价值计算)

1960 年,德尔塔 C 型,约 17 万美元 / 千克

1981 年,航天飞机,约 62000 美元 / 千克

2018 年,重型猎鹰运载火箭,约 1500 美元 / 千克

1957 年,"前锋号",约 90 万美元 / 千克

1968 年,"土星 5 号",约 5000 美元 / 千克

2010 年,"猎鹰 9 号",约 3000 美元 / 千克

注意,这些数字意在说明总体趋势。但具体数字会更加复杂,因为几款火箭用途不同。

　　这不仅意味着更多火箭的发射，还意味着更多的航天器正飞向太空。回顾 2015 年，现役卫星约有 1400 颗，而到了 2021 年，这个数字蹿升到了 5000。截至 2022 年 10 月，仅由星链控制的工作卫星数量就高达约 3000 颗。

　　太空旅行是一个承诺已久却迟迟未能成为现实的美好愿景。但现在，这个梦想似乎正在逐步实现。杰夫·贝索斯（Jeff Bezos）的火箭公司"蓝色起源"（Blue Origin）定期将人们送上一百千米的高空，而太空探索技术公司已经签约准备将游客送往绕月旅行。在过去，只有少数政府机构在太空发射领域活动，但如今，越来越多的私人企业参与其中，并在成本上展开激烈的竞争。与此同时，人们对随时随地都能使用高速数据的需求也在不断增加。一份报告指出，美国人平均每天与卫星的互动高达 36 次。虽然各家估算数值不一，但金融组织发布的投资者前景报告普遍认为，假设增长速度没有大幅提升，到 2040 年左右，整个太空产业的总价值将至少达到一万亿美元。

　　简而言之，这些宣传并不是空穴来风。在 2005 年担忧关于太空扩张的法律制定问题还显得为时过早。然而到了 2025 年，情况可能就截然不同了。

　　对我们来说，观察这个趋势是一种奇特的体验。这一趋势开始升温时，我们正在写一本名为《迷人的技术》（Soonish）的书，书中介绍了未来科技，其中也包括了更为经济便捷地进入外太空的技术及其影响。到了 2015 年底，可重复使用火箭已经变为现实，成为实现廉价太空发射的关键之一。而等这本书面世时，这项技术已经变得司空见惯。那么人类将如何运用这些新的技能呢？

　　其中一条线索源自我们对于小行星采矿的研究，也就是从小行星带或近地天体中开采有价值的物质。我们的分析表明，将小行星上的物质带回地球作为商用材料，这从经济角度上来说不太现实。你可以试着想象一下你要怎么向霸王龙解释你为了加工金属，就想要投掷一颗巨型陨石到地球的计划。

　　然而，如果你有意在太空中建立家园，小行星的确非常值得探索。小行星带里蕴含着超过 20^{21} 千克的宝藏：金属、碳、氧气、水等等。这些物质远离地球，随时都可以用于建造太空定居点。伴随着新型火箭技术的崛起以及巨额资金的涌入，实际上你已经拥有了到达太空的前沿技术，以及已经在目的地等待的现成"家园建材"。

　　就连太空移民的法律似乎也在逐渐成熟。尽管现有太空条约是否允许营利性资源开采还存在争议，但在 2015 年，美国通过了一项法律，明确规定了美国人可以无限制开采太空资源。卢森堡似乎也同意这一点，他们通过了与美国类似的法律，并向两家总部位于美国的小行星采矿公司投资了大量资金。人类进入太空愈发容易，太空资源又是如此丰富，各国开始为开发商提供更多便利。目前，全球最大的火箭公司由充满创新精神的科技奇才埃隆·马斯克（Elon Musk）担任首席执行官（Chief Executive Officer，简称 CEO），他毕生的目标就是在有生之年实现定居火星的梦想。

　　当然，相对于太空酒店或者研究基地，建造太空定居点或许要更难一些。但话又说回来，已经有相当多的资金被投入火箭、航天器，甚至是生命维持技术的研究。至少可以肯定的是，我们离建造太空定居点的目标越来越近了。20 世纪 50 年代的梦想似乎终于有望在 21 世纪 50 年代成为现实。

我们希望能对此有所贡献。我们相信，在不久的将来，太空移民是有可能实现的。因此，我们希望编写一份类似于社会学路线图的指南——如何将规模从 100 人扩大到 1000 人，再到 10000 人，甚至更多。这份小小的指南旨在向公众解释未来可能发展的方向。然而，我们也遇到了一些令人头疼的问题。有很多我们不明白的事——举个例子，假设国家、企业，甚至是个人都可以向地球投掷灭绝恐龙级大小的物体，要怎么设计法律制度，才能确保在这样的太阳系中居住是安全的。能有个明确的协议当然是最好的。然而我们发现，除了少数例外情况，太空移民倡导者对这类问题通常不屑一顾，有时甚至怀有敌意。

随着我们研究更加深入，我们的担忧也越来越多。在一个连空气配给都可能受到企业控制的社会中，民主机制将会如何运作？如果人类在非地球正常重力的环境下无法繁衍后代，社会学将会发生什么变革？如果太空中某些地区的生存条件要优于别的地区，我们要如何避免领土争夺？顺带一提，如今的太空法究竟是什么样的，是如何演变至今的，又是否将会发生改变？这些问题对于太空移民来说似乎非常基础，也确实极具趣味性，然而通常会被忽视。人们认为随着火箭越建越大，这些问题也会自然而然得到解决。因此，这本书的重点不再仅限于解释未来太空移民的情景，而是更多地深入探索这些尚未被揭示的问题。这也引领着我们走进一些奇怪的领域。

我们的研究涉及月球洞穴、令人尴尬的太空性爱、太空疯子、月球法律、火星公司城镇计划以及对遥远星球新生活方式的期望。我们阅读了许多 20 世纪 20 年代的早期太空书籍，这些书籍大多都预言了即将到来的太空移民时代。我们与对太空兴趣不大的政治经济领域专家展开了交谈，也与太空爱好者和创业家进行了交流。朋友们，我们几乎要被这些稀奇古怪的太空知识填得满满当当了。你是否知道，哥伦比亚宪法竟然宣称对太空的某个特定地区拥有主权？你是否了解，第一个踏足空间站的女性居然被"赠送"了一条围裙，并被问及是否愿意在余下的任务期间负责烹饪和清洁工作？你是否听说过，早期太空生命维持系统中包括了一种既能当架子又能当早餐的物质？你是否听闻，美国共和党前总统候选人巴里·戈德华特（Barry Goldwater）居然提出将公牛精液送入轨道，分离精子以实现性别选择的目的？

虽然我们对太空移民这一研究领域产生了浓厚兴趣，但对于未来几十年内实现这一愿景的各种提议，我们却变得愈发担忧。事实证明，如果你只是谈及火箭的大小或者火星是否拥有水和碳资源等技术性话题，这一愿景似乎相当可行。但一旦涉及人类在太空生存的微妙细节，事情就开始变得有些复杂了。

举例来说，太空婴儿的问题就特别棘手。我们是否能在太空中孕育新生命？许多有关太空移民的提议似乎都假定，我们可以安全地实现人口自然增长。然而，我们并不知道事实真相是否如此，并且我们有充分的理由相信这并非易事。一家名为太空生命起源（Spacelife Origins）的创业公司在 2018 年就宣布，他们的目标是在 2024 年前实现人类首次太空分娩。然而在 2019 年，该公司的首席执行官以"严重的道德、安全和医疗顾虑"为由离职，这一点说得非常准确。在所有美国国家航空航天局（NASA）的航天员中，仅有 5 人在太空中连续度过了 9 个月。其中只有两人是女性，而她们都不需要在怀孕时期经历这种情况。至于身怀胎儿的母亲，她们可能也有所顾虑。连地球上的母亲们都会担心吃寿司或者喝啤酒之类的事情影响胎儿发育。试想一下，你要担心的事情变成身处高辐射、高二氧化碳浓度的大气中，缺乏地球正常的重力，每天进行数小时的抗阻力训练，同时每个月还会流失 1% 的骨密度。当然，也有可能会一切顺利，但我们并不想把所有筹码都压在这上面。考虑到人口增长不仅需要婴儿出生，还需要他们长大并有能力繁衍后代，即使我们从明天开始就不择手段地对人类进行实验，制订出适当的安全协议也需要几十年的时间。然而，实际上我们也并没有这么做。目前的技术水平只能让我们在轨道上进行短暂的非系统性实验，例如有一次实验中，我们把壁虎和其他一些生物送入轨道详细记录了一段时间，然而实验失败，所有壁虎最终都被冻死了。这就是太空中的生活。

壁虎生活的卫星/坟墓

埃隆·马斯克声称，到 2029 年，我们将能够登陆火星，并在接下来的二三十年就可能建成一个容纳百万人口的城市。我们暂且假设他已经解决了太空婴儿的问题，这样我们就能够着手处理一个更为紧迫的问题：太空环境实在太糟糕了。通过与非科技爱好者交流，我们发现虽然他们能够意识到太空条件艰苦，但往往低估了这种艰苦的程度。正如前文所提，你要是为了火星离开地球，那肯定是疯了。此言不假，但我们需要补充一点：火星很可能是最适合进行太空移民的地方。次选之地是月球，然而它同样存在不少问题，比如碳含量极低，而碳恰好是生命的基本构成元素之一。

太空环境的极端严酷使得你很可能需要住在地下，以免受到外部环境的不利影响。为了确保百万人能在这种环境中生存，我们需要一个高度完善的密封环境、大规模电力供应以及一个庞大到难以想象的建筑结构。然而最为艰巨的任务在于我们必须建立一个人工生态系统，以保障内部所有居民的生存。我们能做到这一点吗？

迄今为止，最大规模的类似系统是 20 世纪 80 年代末建造的生物圈 2 号，8 名科研人员在这儿生活了两年。那么在未来的 30 年内，我们是否能将这一规模扩大到一百万人？就像太空婴儿问题一样，这不仅仅是技术层面的挑战。计算机和飞机的制造也曾面临重重挑战，但我们还是成功了。

问题在于，从现在到未来那个时刻，我们需要深刻理解的是一个极其复杂的生物系统，这个系统将为居民提供食物、清洁水源、空气等生存必需品。我们或许有能力达到这一目标，但要按照生态学的科学速度，而非奔着迅速获得投资回报前进。值得一提的是，就像太空婴儿问题一样，没人愿意投入巨额资金追求迅速获取答案，也许因为不管是设立太空轨道产科，还是建设新加坡国土面积两倍大小的温室[1]，这些事看起来都没有明显的利润可言。

很多基本事实，我们仍不了解。获取这些知识将耗费巨资、耗时良久，而且没有明显的投资回报。但如果你与我们一样，那么此刻你也许会想：好吧，科学和技术虽然困难，但我们依然能够克服，而且应该去克服，因为这真的是一个很棒的计划。然而不幸的是，这就引出了一个比科学或技术更为棘手的问题：法律。

无论你相不相信，太空法律和太空律师是真实存在的。他们并不是穿着太空服、手提公文包的人，而是国际法领域的学者。他们举办各种会议，设立研究机构，甚至组织模拟法庭活动。据我们所知，太空移民的热衷支持者通常会假装这些律师和法律体系不存在，这让律师们颇感恼火，稍后我们会深入探讨这个话题。但主要问题在于，太空法与现代科技和地缘政治的互动方式，似乎是有意设计成在人类进军太空移民时制造危机。原因如下：太空被视为一种共有资源，是全人类共享的，任何人都不允许占据任何太空领土；然而，在许多现代解释下，特别是美国的诠释下，每个人都可以随心所欲地使用太空表面。让我们停下来思考一下：只要你不声称"这是我的领土"，你可以随意、自由地使用整个月球表面。从法律上讲，我们可以用在地球上都能看到的巨幅文字在月亮上写下"月球属于韦纳史

---

1 生物圈 2 号的面积约为 3.14 英亩（1 英亩约合 0.004047 平方千米），可供 8 人居住。如果把这个数字放大到一百万人，那么温室面积约为 600 平方英里（1 英里约合 1.6093 千米），相当于新加坡国土面积的两倍。

密斯家族，你们这些肮脏的地球人渣"，只要我们不声称自己真的相信这一点就行。

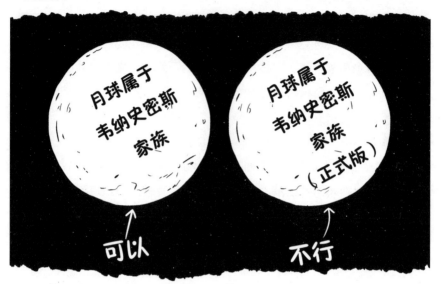

其他国家和组织也可以采取类似行动，如中国、印度、欧洲航天局，甚至私营火箭发射工厂都有这个可能。再加上只有极小一部分月球表面对人类具有特殊用途，而最可能陷入争议的各方都拥有核武器，这就使得整个情形变得相当有趣。凯利曾参加了 2019 年的国际宇航大会——你可以把它当作是太空爱好者的专属舞会，只不过出席的都是来自世界各国政府和太空机构的高级官员。在那里，她在一场关于太空法的会谈上与人们进行了交流。美国官员的一致看法是什么呢？太空法的进展太过缓慢，各方难以就前进道路达成一致。因此，我们应该制定国家法规，争取友好国家合作，并按照自己的方式前行。正如我们将在后文详述的那样，我们的做法可能会涉及准领土主张（quasi-territorial claims），并将国际法的诠释推向极限。

最引人担忧的是，即使**没有明显的经济或军事原因**，有些国家也可能匆忙做出这种一头扎进危机的决策。查克曾与一些国际安全学者讨论过这些国家采取那些毫无道理的行动的原因。他的具体问题涉及一种叫作"氦–3"（helium-3）的物质，多个国家、公司和太空机构都曾表示他们将从月球上采集这种物质，以获取经济利益。我们之后会解释详细的原因，但我们认为这个想法实在太过荒谬，因此我们很好奇为什么这些不同的参与者都对这件事如此感兴趣。

如果你想在太空中安家落户，技术固然重要，但这还不足以保障成功——我们还需要在国际关系上保持一定程度的和谐。眼下地球上的国际关系状况并不尽如人意，而太空中的情况或许也不例外。在一份由美国太空军与空军等机构代表撰写、国防创新部门（Defense Innovation Unit）于 2022 年发布的报告中，作者们指出，中国与美国之间已经展开了新一轮的太空竞赛。正如他们所言："这场竞赛不仅代表了 21 世纪的重大转折点，还标志着整个人类历史的巨大变革。这场新的太空竞赛力图实现的目标非同小可，绝不仅仅是永久建立人类的第一个地外定居点……"

然而，我们还是有一定理由保持乐观。人类已经在和平的前提下成功管理了南极洲和海底世界——这些地方与外太空有些相似之处，因为它们的环境都十分恶劣，并且直到 20 世纪中期，人类几乎都无法涉足这些地方。然而，自 20 世纪 50 年代以来，外太空与国家声望的联系更加紧密，我们能否在外太空继续实现这样的管理就变得棘手起来。

但现在，假设我们已经成功克服了一切。我们已经研发出了气泡中的生态系统（bubble ecologies），中美关系由于有了新的法律框架而相处融洽，我们培育出了顶尖的太空新生儿。我们仍然面临着最后一个问题：我们自己。

考虑到太空移民的种种艰难险阻，支持者们通常都会强调这是为了实现人类的伟大梦想。其中最合理的一个说法是，建立第二个人类文明，就好比为我们的种族制造了一个"备份"，以防万一出现不可预知的灾难。无论是我们不小心用核弹炸毁了自己的文明、把地球一把火烧了，还是地球受到小行星的撞击，太空移民就像是我们人类的"备用计划"。因此，无论其风险如何，短期内是否能看到明显的收益，太空移民都是一个值得我们追求的目标。

然而，我们能确定这个备用计划真的能**增加**人类生存的可能性吗？也许并不能。

太空混蛋学：长远的观点

国际关系学者丹尼尔·多德尼（Daniel Deudney）博士在其著作《黑暗天际：太空扩张主义、行星地缘政治与人类终结》（*Dark Skies: Space Expansionism, Planetary Geopolitics, and the Ends of Humanity*）中对此进行了详尽探讨。尽管这本书的论点相当复杂，但基本观点是这样的：鉴于人类的本性，太空探索至少会引发两种潜在威胁。首先，由于争夺太空领地，地球上的核冲突风险可能增加；其次，如果允许人类控制小行星和大型轨道空间站这类物体，地球也会面临被大型物体撞击的危险。

至少从原则上讲，第一个问题可以通过建立一个适当的法律体系来解决。但第二个问题就比较棘手了。我们在太空中的行动能力越强，自我毁灭的能力也越大。这并不需要发生星际战争之类的事件，恐怖主义就足以引发问题，并且可能更加难以根除。

虽然多德尼博士在太空移民爱好者[1]中并不那么受欢迎，但我们认为还是应该认真对待他的观点。如果他是正确的，那么即使我们能够掌握所需的技术，制定出了相关法律，仍然会存在反对人类大规模进入太空的充分理由。需要注意的是，事情可能会朝着至少两种不利的方向发展：第一种是进入太空的人越多，出现糟糕结果的概率就越大；第二种方向，你可以称之为"太空混蛋主义"。我们会在书中详细解释这一点，但有理由相信，按照这样的设想发展下去，太空移民很容易产生残酷或专制的政府。

---

1 好吧，我们这些"太空混蛋"特别喜欢他。他看上去真是个好人。

多德尼博士的观点引发了特别的担忧，尤其是考虑到在太空移民的倡导者中包括了世界上最富有的两个人，他们都是火箭公司的老板。他们的信仰中充斥着各种各样太空将如何改善人类生活的可疑说法。自维多利亚时代以来，人们一直渴望实现太空移民的梦想。有一些历史悠久的团体一直致力于实现这个理念，多年以来，他们提出了各种各样的论据，试图解释为何人类必须前往太空，而且必须尽快完成，以及一旦抵达，一切都将变得多么美好。

根据不同的理论，太空可能具有多种效应：它可以减少战争的可能性，改善政治状况，结束资源匮乏，拯救人类免受气候变化的影响，重振同质化和急速衰弱的地球。甚至有一种被广泛称为"全景效应"（The Overview Effect）的观点，认为太空能让我们像哲学家一样聪明。如果上述任何一种说法属实，或许都能够反驳多德尼的观点。如果我们在太空中都能成为哲学家，那还担心什么战争呢？又或者，如果我们有机会消除资源匮乏，那哪怕存在风险，也值得为之一搏。但问题在于，正如本书接下来将详细阐述的那样，这些想法几乎肯定都是错误的。

然而，在太空移民运动和太空机构中，这些观点仍然非常普遍，并且很有影响力。太空移民意识形态中的一个主要思想就是广义的自由主义和保守主义，他们认为现代地球日益同质化和官僚化，需要太空前沿文明的影响，向我们展示更为坚韧、自由和卓越的生活方式。埃隆·马斯克就很可能相信这样的观点。他在推文中声称："除非这种事被阻止，否则'觉醒思想'将会摧毁文明，人类将永远无法到达火星。"这种理念可以追溯到19世纪，但自20世纪80年代以来，已不再是历史学界的主流观点。然而，这种理念仍然存在于政府和军事文件、政治演讲以及国家空间协会研讨会（National Space Society Space Settlement Workshop）的理念声明中，并受到了火星协会（the Mars Society）主席罗伯特·祖布林（Robert Zubrin）博士的推崇。

杰夫·贝索斯奉行的太空移民理论是由他的大学教授杰拉德·奥尼尔

（Gerard K. O'Neill）博士在 20 世纪 70 年代提出的。这一理论主张太空是拯救地球经济和生态的救命稻草。或许在 1970 年左右，这种观点还具备一定的合理性，当时人们普遍认为探索太空的成本会持续下降，而能源和粮食危机将在 20 世纪 80 年代引发前所未有的全球性饥荒。然而，如今我们已经可以运用太阳能和风能等技术，更有效地保护地球的生态系统。即使我们认为太空定居点可以减轻海洋和陆地的负担，但它们也无法在短时间内建成，以阻挡任何环境灾难。

无论你对这些观点有何看法，它们似乎都表现出了真心的信念。根据我们的经验，人们常常将关注太空相关问题的亿万富翁视为江湖骗子、大话王，甚至是庞氏骗局的幕后策划者。要我们说出"伙计们，等等！这些亿万富翁被误解了！"的确不是一件令人愉快的事情。然而，如果我们暂时抛开炒作和作秀的因素，我们完全有理由相信这些亿万富翁是真的在意太空移民的问题。杰夫·贝索斯在高中时代以太空定居地为主题发表了毕业演讲，而如今他也是自 20 世纪 70 年代以来奥尼尔式大型圆柱体旋转空间站最重要的倡导者之一。同样，在埃隆·马斯克最初靠出售贝宝（PayPal）发家致富、创立太空探索技术公司之前，他曾研究过如何将一些老鼠和小型温室送上火星。这样的尝试是毫无利润可言的，马斯克这样做的目的是希望在太空活动还相对停滞的时候，人们能够看到他对太空的梦想。

根据我们的了解，很多人都认为太空探索技术公司是某种骗局，它在利用政府开发的陈旧太空技术谋取私利，或者以某种方式隐藏太空发射的真实成本，以骗取公共财政资金。我们经常听到这种观点，但我们只能说，这与事实完全背道而驰，几乎可以被称为一种阴谋论。不管你对马斯克有什么看法，太空探索技术公司确实彻底改变了太空发射技术，而地球上包括美国国家航空航天局在内的所有太空机构，都未能复制它的技术。平心而论，无论是马斯克的太空探索技术公司、贝索斯的蓝色起源还是其他火箭发射公司，它们都获得了许多政府合同，但这也是美国从早期以来在太空领域的一种常见做法。而唯有太空探索技术公司引领了价格的革命。

贝索斯和马斯克确实有时会对自己的项目进行过度宣传。然而，通过他们的行动和投资，我们可以清楚地看到他们的确相信太空移民的未来。我们担忧的不是他们是否在撒谎，而在于他们所持有的一些奇特的人类社会学观念，这些观念有可能以不良的方式影响未来的发展。

温和推进探索太空的理由

那么，这就是我们目前的处境：太空移民并不能消除资源匮乏，也不能让我们变得充满智慧，更不能拯救环境。即使它能做到，短期内要达到这些目标所面临的技术和科学障碍也非常大，而且没有得到足够的重视。即便我们掌握了相关技术，现在的法律结构也很可能因为各方争夺太空领地而产生冲突。如果我们真的运气不好，国际竞争很可能迫使核能大国卷入毫无意义的地缘政治升级冲突。而且，就算解决了所有问题，长久来看我们仍不能太过乐观。但尽管我们说了那么多，在最近国家法律和多边协议的支持下，一些非常有权势的人正在推动尽快实现这些目标。

我们并不认为这**意味着**太空移民永远不应该发生。相反，我们认为太空移民很可能是一个需要几百年，而非几十年来实现的项目。具体来说，我们想指出如果人类希望进行太空移民，我们应该采取"等待，然后大举前进"的策略。等待科学技术取得重大突破之后，然后一次性迁出大量太空移民。

然而，等待并非意味着什么都不做。在接下来的篇章中，我们将一探月球上的蜘蛛机器人、火星上过山车式的生育计划，以及构建一个可持续繁衍群体所需的人数等奇妙的概念。虽然我们人类可能永远不会真正在火星上安家落户，但仅仅是为了探究我们如何**可能**实现这一目标，也需要我们投入极其惊人且异想天开的研究和开发项目。这些项目涵盖了从人造子宫到国际法等人类活动的方方面面。虽然科学的力量无法 100% 确保我们消除所有的生存风险，但如果我们能将太空移民的时间跨度延长到几个世纪，至少我们将有足够的时间去解决这些问题。

99.9999% 有关太空移民的书籍都引用了火箭之父康斯坦丁·齐奥尔科夫斯基（Konstantin Tsiolkovsky）1911 年在一篇文章中的一句名言："地球是人类的摇篮，但人类不能永远生活在摇篮里。"也许这句话没错。然而，我们应该记住，从摇篮里走出来的可不是一个成年人，而是一个婴儿——缺乏知识，充满好奇，容易伤着自己。如果我们真的打算离开地球，最好像成年人一样离开。让我们把尴尬的青涩岁月用来学习，然后勇敢开拓新的视野。

你的太空混蛋学指南

你可以将本书看作一本直言不讳的拓荒者指南，它将向你提供探索太阳系其他角落的信息。如果你对太空移民不甚了解，那么本书大部分内容对你来说都可能比较陌生，我们希望它们会给你带来惊喜。如果你已经是一位太空移民的狂热爱好者，我们希望你会发现，本书会比你在其他任何相关书籍里看到的信息都要更加现实和全面。

这本书一共分为六大部分。第一部分深入探讨了太空对人类身心的影响。第二部分则关注我们在太空中可能安置人类的位置。第三部分探讨如何确保这些人类不会面临全部死亡的风险。第四部分涵盖了一系列法律问题，包括这一切是否合法，以及是否应该合法化。第五部分讨论了我们应该如何修订法律，以更好地适应人类在太空的定居，同时关注地球上的人类。最后一部分则涉及社会学、人口增长、我们是否能实现人类的"B 计划"，以及其是否值得去实现的讨论。

为了在保留丰富细节的同时覆盖广泛的内容，我们在每个部分的结尾都添加了一个"备注"栏目——这里收录了我们在研究过程中遇到的一些有趣的逸事和奇闻。它们可能并不会为整体的构思作出过多贡献，但却能在你即将被海量信息淹没时，带来一丝轻松的喘息空间。

我们还希望向你介绍阿斯特丽德（Astrid）：

　　阿斯特丽德是一位太空移民，她已经准备好告别这颗苍白的蓝色星球。随着每个章节的推进，我们将为她勾勒出不同的画像，以阐明我们目前所学到的知识。我们将从她的穿着、她的居住地，以及她所加入的新太空国度——希望不会被地球核平——逐步进行展现。到最后，你将有机会自行评判，阿斯特丽德决定在太阳系定居对她自身，以及对她离开的地球是否是一个明智的选择。

第一章　关于太空的神话

人们对未来那田园诗般的憧憬，似乎总是隐含着一个假设：人性是可以改变的。不知为何，在美好的星际生活里，人类的缺点将会消融无踪。仿佛人们在那时就会像某类环保主义者所梦想的那样，彻底抛弃酗酒和滥用毒品一类的世俗恶习。然而在我们漫长的历史进程中，人性从未改变，我不明白这在未来为何会有所不同。

——安迪·威尔，科幻小说作家

有关太空移民那些匪夷所思的构想，常常是支撑整个移民项目继续开展的理由。这些想法通常承诺带来无穷无尽的财富、改善人类生存条件或帮助人类逃离地球的险恶环境。由于本书大部分内容都建立在"太空移民并非当务之急"这一观点之上，因此我们在这里将尽力说服你，大部分支持太空移民的论点都是站不住脚的。虽然你可能对其中有些观点并不太熟悉，但它们在政府、军事和商业领域都拥有一些坚定的支持者。

关于太空移民的错误观点

观点一：太空将为人类提供新家园，拯救人类于水火之中

人类在多个星球上建立定居点，以便更好地抵御各种灾难的观点不仅颇为普遍，而且从长远的角度看，也是颇具前瞻性的。然而，在短期内，太空移民并不能成为解决我们目前所面临的诸如全球变暖、核战争、人口过剩等灾难的救星。甚至是类似恐龙时代的小行星撞击事件，太空移民都无法派上用场。为什么这么说呢？简而言之，太空的条件实在是太恶劣了，以至于在地球上发生单一的某种灾难，都不足以让我们离开地球逃向宇宙。即使地球上极端气候频发、核战争爆发，甚至遍地出现丧尸和狼人这样的怪物，它相比火星或其他星球，都还是一个更适合人类居住的地方。在地球上生活只需要火源和一根尖利的棍子，而在太空中生存下来，我们则需要依靠一些在地球上都很难制造出来的高科技设备。我们将在本书中详细探讨这些问题，但我们的基本观点是，如果地球消亡，那么短期内，任何一个外太空定居点都将难以成为人类的新家园。要建立一个庞大的定居点本就是一项极为艰巨的任务，而要让这个定居点达到经济独立的地步，更是需要数百万人的共同努力。

我们相信将太空作为人类未来居住的"备用计划"是合理的，但匆忙行事并不明智。一种常见的观点认为，我们现在处于一个"短暂的窗口期"，必须抓紧时间行动。这种观点认为，从历史上看，"黄金时代"通常不会持续很久，因此我们目前所处的太空旅行时代很可能在我们到达火星之前就会结束。虽然我们无法确定这种历史分析是否准确，但可以肯定的是，当下的科技水平和社会环境并不足以支撑人类在火星上建立一个独立的经济体。如果我们希望火星在地球灾难发生时成为人类的避难所，那么我们就必须确保地球至少在未来很长一段时间里都是安全的。

韦纳史密斯判定：

这不成立。

观点二：太空移民可以迁移工业和人口来拯救地球环境

　　这个观点有着许多不同版本，其中许多受到了包括杰夫·贝索斯在内的旋转派太空移民群体（rotating space settlement）的欢迎。其中一个说法是，我们的太阳系内有足够的物质，足以构建可容纳无数太空居民的旋转空间站。表面看来，这确实可行，因为太空中确实存在可被用作建造太空基地的大量物质，但我们需要对此做一个合理的估算。截至 2022 年，地球上每年新增的人口约为 8000 万。如果我们希望通过减少人口来拯救地球的生态环境，那么我们需要每天都发射并安置 22 万名志愿者，才能维持当前的人口规模。

　　与此相关的一个想法是，应该将太空划归为重工业区，让地球恢复成没有污染的伊甸园状态。所有的采矿和制造业都可以转移到太空进行，产生的废弃物则可以被送到太阳系这个巨大的垃圾填埋场中，处理得干干净净。正如杰夫·贝索斯所说，"地球将主要用于居住和轻工业发展"。同样地，如果只从处理污染物质这样宏观概念的角度去思考，这个想法似乎确实可行，但细节才是决定问题的关键。以导致全球变暖的罪魁祸首之一——水泥为例，我们是否可以在太空中制造它呢？

　　虽然月球上拥有大部分制造水泥所需的成分，但从技术上来说，要将它们开采出来并不是一件容易的事。施工设备需要在没有空气且重力较低的环境中运作，同时还需要承受在零下 175℃ 到 125℃ 的极端温度波动。在这种情况下，一些微小的问题就会暴露出来。首先，要找到能在这种温度波动下不会分解的润滑剂几乎是不可能的。其次，机械设备本身也会受到影响。在极端低温的环境下，某些金属可能会像石头一样，尽管非常坚固，但没有弹性、无法弯曲。这就是所谓的"从韧性到脆性的转变"。有人甚至猜测"泰坦尼克号"的钢铁船体就是在撞上冰山前，经历了这种转变，才导致了最终的沉没。因此，当你计划在太空中使用需要频繁撞击坚硬表面的施工设备时，上述问题都不容忽视。

这还仅仅是整个流程中的一个小细节而已，要把所有工厂搬上太空的难度之大可想而知。目前地球每年需要制造超过 35 亿吨的水泥，我们可以在多长时间内合理解决这些问题，然后满足地球的需求？即使我们能实现这个目标，它与地球制造的水泥相比有什么经济优势吗？另外，顺带一提，每年要向地球空投 35 亿吨水泥又要遵循什么守则呢？

这些设想中确实存在一些看似可行的元素，比如依靠太空中的太阳能发电，以获得廉价而丰富的能源。然而，这也是一个糟糕的点子。在构建巨型旋转空间站的计划中，太空太阳能发电扮演着至关重要的角色。这也是政府和私人太空公司为了推动地球绿化工程筹集资金而经常宣扬的概念。你可能最近读到过一些关于中国的大学、欧洲航天局或者一些新创公司的文章，他们计划在不久的将来推出这项技术。然而，他们也许真不该这么干。

的确，太空中的阳光十分充足，且不受地球上恼人的天气变化、大气层阻挡等因素的影响。从每块太阳能电池板中获得多少额外能量，这取决于你的具体假设。然而，不论你的假设是什么，预计得到的能量数值都会有一个数量级的提升。虽然听上去能量增加了很多，可一旦你考虑到太空电池板与澳大利亚电池板之间的成本差距，你可能会得出不同的结论。

如果太阳能电池板造价高昂，而将物体送入太空的成本又急剧下降，这种情况下你也许可以将电池板置于大气层之上，从而最大限度地提高每块电池板的能量产出。然而，实际情况是，太阳能电池板的价格相对较低，即使我们假设太空发射的成本会大幅下降，这些数字也难以支持将太阳能电池板发射到太空的想法。特别是考虑维护问题时，这一点就变得尤为明显。试想一下，在太空中，大片的玻璃电池板经常受到强烈辐射和太空碎片的袭击，同时还要承受永恒阳光下的极端高温 [1]。这些电池板将需要航天员或者一支先进的机器人军队来进行修复和维护。而相比之下，澳大利亚的太阳能电池板只需要一个年轻人用刮水器就能轻松清洁。

当将太空中的太阳能电力输送回地球时，你会遇到另一个问题。地球上的太阳能电池板可以将电力直接输送到电网或电池中，而太空中的能源则必须通过庞大的接收设备才能传输到地球上，在这个过程中会损耗一部分能量。而且，传输的强度也不能过高，以免危及鸟类和飞机的安全。

如果你已经身处太空，那么太空太阳能的确是一种无须消耗燃料而产生能源的宝贵途径。此外，在某些极其特殊的情况下，例如向军事基地传输能源，而使用传统化石燃料可能会发生危险，太空太阳能在地球上也可能表现出一定价值。然而，针对更加实际的需求，我们更倾向于采用传统而稳定可靠的可再生能源。我们可以在每个建筑物的屋顶铺上太阳能电池板，然后在撒哈拉沙漠铺设更多太阳能设施。如果地球还需要更多能源，那时再考虑太空太阳能或许是个不错的选择。

我们认为在太空中收集大量太阳能，再利用它将月球土壤转化为水泥、钢铁或其他工业化学品可能并不是一个好主意。但就算我们相信这个想法有朝一日能成为现实，它也无法及时解决我们如今所面临的任何环境问题。

韦纳史密斯判定：

**非常遗憾，但是
这不成立。**

---

1 热量需要有地方排放，这在太空中是个重大的问题。在地球上，我们通常会将热量传递到空气或水中进行散热。然而，太空中并没有这些介质。这就是国际空间站有巨大的专用散热系统的原因，而这些系统同样需要进行维护。

观点三：太空资源会让我们赚得盆满钵满

这当然是可能发生的，但就目前的经济情况而言，前景并不太乐观。正如我们稍后将会深入探讨的那样，太空中并没有一大块纯铂或纯黄金那样的宝贵资源。太空资源的获取成本非常昂贵，即便技术有了巨大提高，这个成本可能仍然会居高不下。

此外，能否买得起一件商品和它是否真有价值，两者完全不是一回事。让我们来看看铝的例子。

人们在 1825 年发现了铝，在初期，它的昂贵程度让人望而却步，只有富人才能负担得起。维多利亚时代的珠宝有时也会用到铝。而如今，铝只是一种在烹饪中覆盖千层面的简单工具。这是因为到了 19 世纪末，工业化的生产过程让铝变得廉价，从而使昔日的奢侈品沦落到了普通市场中。这无疑是一个伟大进步，而从制作厨房用品到建造飞机，铝的应用价值也数不胜数，然而，虽然我们大多数人都能大量购买这种曾经的贵金属，这并不意味着我们现在都是百万富翁。

根据我们的经验，人们往往认为原材料是给人类带来幸福的主要因素。虽然这些原材料是我们经济系统的必要投入，但根据最近的世界银行报告，不可再生资源，也就是在地下找到的这些珍贵资源，只占地球财富的约 2.5%。其中大部分都是化石燃料，这是在太空中无法获得的。真正对经济有价值的是人类自身，以及我们的思想和技术。你可以试着熔化你的手机，评估所得玻璃、金属和塑料的价值，这将有助于你理解这一点。

即使太空真的能提供各种廉价商品，从而让一部分人富裕起来，我们也没有理由认为这样就能实现财富的均等分配。事实上，如果你相信太空真的蕴藏着巨大财富，那么美国具有得天独厚的条件争夺这些财富，这可能会损害一些依赖商品出口的次发达国家的经济。或许有些读者会对此更加关注，但即使你认为财富的均等分配在道德上不太重要，它在地缘政治方面仍可能有很大的影响。正如我们稍后将会看到的，在某些情况下，国家之间的力量平衡变化可能会增加战争爆发的风险。如果太空真的可以让某个国家变得特别富有，可能并不会带来积极的结果。

韦纳史密斯判定：

情况很复杂，
但还是不对。

观点四：太空移民将会结束或至少减少战争的发生

这一观点有几个不同的版本，但我们发现以下三种相当常见：太空移民可以开发更多领土，从而减少领土问题引发的争端；太空移民将会带来巨额财富，从而降低人们争夺资源的欲望；太空移民可以为心存不满的居民提供离开地球的机会，让他们在其他定居点安家，从而缓和地球上的紧张局势。

这个关于领土的观点是最荒谬的。国家之间争夺的并不是领土本身，而是特定的领土。要解决耶路撒冷、克什米尔或者克里米亚的领土争端，不能通过向各方许诺均分相同面积的南极洲领土来实现。这就像在一场激烈的离婚官司中，试图用其他的孩子来换取争夺的抚养权一样不切实际。此外，如果我们将"土地"定义为"人类居住的建筑结构"——这也是太空移民所必需的定义——那么在地球上，我们其实一直在创造"土地"。单是建筑物创造的居住面积就已经远远超过了我们在未来可能建造的任何太空定居点。与此同时，你也完全可以拥有一块属于自己的土地。你只要上网搜索一下，就会发现许多发达国家的小镇都在提供**免费**的土地，以吸引那些愿意远离繁忙大都市的人搬到这里来。

关于财富的这个观点可能听上去很诱人。如果每个人都过得很富裕，那还有什么打仗的必要呢？但"金钱能够化解战争"这一观点并没有得到所有战争学家的赞同。战争的根源各种各样，并不是一群人清点自己的资源时觉得"嘿，东西还挺多的"就可以避免的。导致战争的理由不胜枚举，其中包括宗教分歧、不必为自己的暴行负责的领导人、对对方实力或意图的误解等等。即使太空探索能让每个人都过上更好的生活，它也无法消除国家之间的宗教差异，也无法让糟糕的领导人下台，更无法消除竞争对手之间的猜忌。

至于通过让人们离开地球、迁徙到其他太空定居点来解决争端的这个想法，我们需要更加慎重地考虑。在地球上，大多数人甚至都没有跨国移民的权利。而在太空中，情况可能更加复杂。不论你对外来移民持有什么看法，你至少不会为他们呼吸了更多的空气而感到担忧。然而，在太空中，大气层和地面都是人工建造的，而每个定居点可容纳的人口数量也是有限的。因此，太空并不是一个能够随意进出的地方。虽然有人主张可以随时在太空中创建新的居住地，但这一论点其实就是在说"你只需在太空中建造一个百万吨的空间站，就可以定居此处"。然而，我怀疑这对大多数人来说都不现实。就算真的能够实现，这一方案也不可取。德·维特·基尔戈尔（De Witt Kilgore）博士是为数不多的太空思想史学家之一，他将这种现象称为太空的"白人大迁徙"。这意味着，太空并不是解决政治问题的答案，而更像是一群人为了逃离不喜欢的现实而寻求的避难之地。

韦纳史密斯判定：

还是站不住脚。

观点五：太空探索是人类的天性

这是一个颇受欢迎的观点。其核心在于，虽然太空探索没有一个很好的投资回报比，但若我们放弃太空探索，就等于背离了我们的本性，使人类发展陷入停滞不前。其中最为优美的阐述莫过于卡尔·萨根（Carl

Sagan）博士的话："虽然平静的生活带给我们物质上的满足，但我们变得焦躁不安，总是觉得缺少了什么。即便我们的祖先世世代代都在村庄和城市里生活，我们却从未忘记那通向未知世界的道路，它轻轻地唤醒了我们内心的渴望，仿佛一首几乎被遗忘了的童年歌曲。"这一观点美好至极，远胜过我们的天王星笑话。反驳这样的观点也很困难，因为大家并不清楚它的确切含义是什么。然而，这一观点被具体化时，通常会涉及两个方面：著名探险家的探险精神，以及人类已经遍布全球的事实。

这种提到著名探险家的观点固然感人，但其说服力并不强。我们大多数人都不是著名探险家。我们更愿意选择那些拥有美味糕点和空调的舒适地方去度假，而不是艰苦的喜马拉雅山或者亚马孙盆地。当然，有些人会对这些冒险活动充满兴趣，但很难因此断言他们代表了普遍的人性。就像有些人喜欢参加猛吃蛋黄酱的大胃王比赛，但我们不会因此说他们体现了人类的本性一样。

此外，如果我们真正深入研究探险家的故事，不难发现优先权似乎至少与探险本身同等重要。例如，当皮尔里探险队（Peary expedition）在1909 年到达北极点时，他们立马与弗雷德里克·库克（Frederick Cook）博士陷入了一场优先权之争，因为后者声称他早已率先踏足这片土地。而罗尔德·阿蒙森（Roald Amundsen）并没有参与这场争端。他本打算成为第一个抵达北极点的人，但在得知皮尔里已经成功到达北极点之后，他立刻改变了计划，转而前往尚未被征服的南极点，尽管北极地区还有许多地方未被探索。这种探险的主要驱动力真的只是纯粹的好奇心吗？如果探险真是人类内在需求的一部分，那为什么我们很多人都更愿意坐在舒适的沙发上，而那些为数不多的探险家则更关注那些能让他们声名远扬的探险活动呢？

第二个论点——人们已经遍布全球各地——也值得商榷。虽然现代人类的确遍布各大洲，但蟑螂也一样。许多植物也是如此，但这并不代表它们关心自己的宇宙使命。人们常常迁移到新的地方，但其原因与探索的冲动并无关系。如今，人类的大规模迁徙往往与战争、迫害与饥饿有关。即便回顾历史，情况也多是如此。

最后，如果探索失败会导致人类停滞不前，那这种停滞到底指的是什么？当然，"停滞不前"只是一种主观看法，在20世纪中期，人们就已经绘制了完整的世界地图，但自1950年以来还是发生了很多令人瞩目的事。我们很难想象有人会认为文化创新已经停滞，或者科学已经不再进步。你手中这本书之所以存在，正是因为太空发射技术的发展在过去10年间突飞猛进——如果没有之前几十年计算机技术的飞速发展，这一壮举是不可能实现的。

韦纳史密斯判定：

这概念很模糊，但可能是不对的。

观点六：太空将会让我们变得更团结

可能事实并非如此。或者我们可以回顾过去20年的历史，看看国际合作是否真的有很多——尤其是俄罗斯和美国之间的合作。从理论来讲，确实本该如此，因为自2001年以来，国际太空站上的国际航天员们一直在和谐共事。然而到了2022年，在俄乌冲突之后，时任俄罗斯联邦航天局局长德米特里·罗戈津（Dmitry Rogozin）分享了一段视频，美国航天员斯科特·凯利（Scott Kelly）对此回应道："如果俄罗斯还有麦当劳，你应该能在那儿找到一份工作。"在那段视频中，那些制裁俄罗斯的国家旗帜被遮盖住了，尽管这些国旗是在更和谐的时期被绘制在火箭上的。罗戈津对此回击道："滚开，你这个白痴！"当然，这一切都是在推特（Twitter）上发生的。随后，罗戈津还表示，凯利可能因为长期在轨道上工作而患上了痴呆症。这说明即使在太空界，人们也无法因为共同的太空使命而变得更团结。

一个更有可能的猜测，也是深入研究太空政治的专家们普遍认同的观点，是太空活动并不会使我们更加团结。相反，只有在我们已经相处融洽时，才会联合开展太空活动。除了国际空间站的建造和维护，20 世纪的重大太空合作事件分别发生在 1975 年的美苏冷战短暂缓和期，以及 20 世纪 90 年代末苏联解体且俄罗斯不再被视为主要威胁的时期。

的确，太空合作在一定程度上能够增强我们的情感共鸣，也会让我们之中的某些群体在合作中历练成长，但我们有更为经济实惠的方法来实现这些目标。迄今为止，国际空间站的建造和运营成本约为 1500 亿美元，这使它成为目前人类历史上最昂贵的人造物体。这几乎足够让所有俄罗斯人——无论男女老幼——玩遍迪士尼乐园。如果我们想要把比现在多十倍的人送上太空，所产生的费用足够为每个俄罗斯人买一张迪士尼季票，甚至还能额外加上一个冰淇淋。这无疑能够更好地将人们团结在一起。

即使假设太空活动能让各国和睦相处，我们也并不清楚这样做是否合适。国家之间的不合往往是基于充分原因的。例如在 1975 年后，美国没有与苏联在太空领域开展重大合作，是因为卡特政府对苏联的人权问题有所担忧。假如卡特政府对于人权问题的立场，会因为太空中的好人聚在一起享用了苹果派和罗宋汤而发生改变，这真的是我们所期望看到的吗？尽管某些国际冲突确实是因为国家需要团结一致，应该将彼此视为人类大家庭的成员而产生的，但还有许多冲突是价值观和目标上的实际差异造成的。这些争端可以且应该通过传统的政治手段来解决。

韦纳史密斯判定：

可能性极小，而且就算真的实现了，也不会带来什么好结果。

观点七：太空旅行会让我们变得更聪明

这种观点有不同的版本，但最著名的要数哲学家弗兰克·怀特（Frank White）提出的"全景效应"。怀特和太空领域的许多专家都认为，从太空中俯瞰地球可以使人获得自然和人类融为一体的独特见解。正如他所言："那些地球上的人花费了几千年才领悟的哲学观点，生活在太空中的人将毫不费力就能领悟到。"

如果真是如此，那么航天员们似乎并没有为我们带来什么颠覆性的观点。在经历了近 70 年的太空探索，以及 600 多名航天员的不懈努力后，我们的图书馆里并不能找到《太空中的……纯粹理性批判》或者《人类太空本性论》等著作。据我们所知，大部分航天员的哲学思考都不过是印在贺卡上的庸俗之言——他们通常只会观察到地球的美丽与脆弱，并告诉你"在太空中看不到国界"这样的老套说法。顺带一提，后一种说法其实并不准确。一名航天员曾告诉过我们，你可以在太空中看到印巴边界，也能看到朝鲜与韩国之间的分界线。退一万步讲，即便在太空中真的无法看到这些国界，难道智慧就由此表现出来了吗？我们相信，有洞察力的人肯定能看到朝鲜和韩国之间有着清晰的边界线。

这一理论还面临一个重大问题，就是它缺乏有力的证据以支撑自己的观点。有一些研究采用了过于有引导性的调查方式，比如询问航天员，太空生活是否让他们对环境和人类相互联系等议题产生了更浓厚的兴趣。在一篇论文中，研究者发出了一份自由问答的调查问卷，结果显示有几位航天员抱怨说，他们并没有被给予表达自己对这些议题兴趣减少或不变的机会。

这并不是说进入太空是枯燥乏味的。毫无疑问，太空之旅是一种意义非凡的卓越体验。然而存在着其他花费更低费用就能获得同样卓越体验的方式。有人曾尝试论证"全景效应"是否存在，结果发现即便这一效应真的存在，它和新手妈妈所经历的体验也差不多。我们并非想取笑新手妈妈，也无意在本书的开篇就与读者产生隔阂，但我们希望能就这一点达成共识：如果每位新手妈妈都能获得哲学家和圣人那样深刻的洞察力和智慧，那么社交媒体的氛围可能会更为和谐愉快。另外，制造新手妈妈的成本和难度也通常低于培养一名航天员。毕竟，没有人是因为"意外"而成为航天员的。

这个理论的一个重大弱点在于，虽然只有大约 600 人进入过太空，但却有超过十倍的关于航天员行为不端的故事，其中包括酗酒、通奸、嗑药后驾驶飞机、对医护人员撒谎、否认气候变化、宣扬伪科学、与其他同事争吵等等。甚至有一名航天员开车穿越整个国家，意图绑架她前男友的现任女友。这名前男友同样是一名航天员，他被指责玩弄了前者的感情。也许从太空中看，我们都是平等的，但事实是，我们中的有些人比其他人更加"平等"。

韦纳史密斯判定：

 这不对。

观点八：在太空创建国家将重振我们同质化、官僚化和普遍懦弱化的地球文明

地球的同质化问题也是社会学家们争论不休的一大议题。的确，全球化在一定程度上冲击了一些小地方的当地文化，但它同时也催生了文化融合，从而创造了新的文化元素和形式。至于这是否算是一种损失，实际上众说纷纭。其中一个最容易量化的同质化例证就是世界各地稀有语言的逐渐消失。这一现象确实普遍存在，但我们曾与语言学家探讨过这个问题，他们并不认为太空旅行将会改变这种情况。创造一门新的语言必须经历漫长的隔离时期，而在短期内实现与地球的完全隔离，既不现实，也不可取。如果想要创造一门新语言，那么最好的办法是将人们关到一个没有互联网

的荒岛上，然后等上几个世纪。届时，火星上或许已经能看到网络电影了。

某些人认为，关于太空争论的焦点不在于同质化，而在于懦弱化。很多美国的太空支持者倾向于一种被学者称为特纳假说（Turner Thesis）或者边疆假说（Frontier Thesis）的观点。[1]这一理论认为，美国之所以变得充满活力、民主、个性张扬，总体上成为一个令人钦佩的国家，是因为其拥有长久的边疆文化。有时候，这只是一种修辞上的手法，只是为了将太空描绘成一个充满新奇和冒险的未知领域。但通常情况下，人们认为边疆文化的意义更为深远，它是一种社会复兴的过程。在这一观点下，人们认为就像美国西部曾为美国本土展示的那样，太空旅行者应该创造一个更为坚韧、认真、富有创造力的文明，这个边疆社会将向地球人展示一种更坚强且民主的生活方式。然而，问题在于，这个曾经备受欢迎的理论现在几乎已被所有主流历史学家摒弃，因为他们认为这种理论过于简化，且具有误导性。[2]

如果你仔细研读原始文献，会发现边疆假说的基础观点是美国殖民者拥有廉价的土地、与非边疆地区隔离，以及他们需要组织起来从土著居民那里夺取土地。相反，太空旅行显然代价高昂，还提供互联网连接，而且幸运的是，我们并不需要剥削或谋杀当地居民。正如同质化理论所指出的那样，即便这一观点是正确的，建造火星基地也并不一定是我们前进方向的正确选择。

边疆假说更普遍的版本认为，太空的恶劣环境和人类对于机器人的需求将大幅提高创造力。同样，这也很难衡量，并且学术界对此也有争论。

---

1 欧洲朋友告诉我们，这是美国特有的古怪看法，但值得一提的是，我们发现欧洲至少有两个信息源也在采用这一论点。

2 按照学术标准来看，对特纳假说的颠覆是相当残酷的。以下是耶鲁大学历史学家威廉·克罗农（William Cronon）博士于 1987 年发表的一篇论文节选，他因试图强调特纳工作的积极方面而备受关注："……在发表了那么多文章、书籍和论文之后，又有什么正当理由再去探讨这个'血雨腥风'的边疆假说呢？……在特纳逝世后的半个世纪里，他的声誉遭受了一系列的攻击，他的观点几乎没有什么被保留了下来。"

但我们有充足的理由怀疑太空旅行可能并非最佳的解决方案。为了更好地说明这一点，我们可以设想一个与"生命圈"相对的"死亡圈"。"死亡圈"是地球上的一个建筑结构，在这里，地面上全是毒物，没有空气，而强烈的辐射会不断地袭击住在这里的居民。

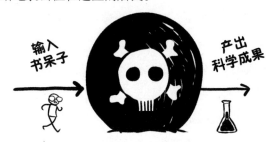

那么，我们为什么要建造这样的"死亡圈"呢？因为我们相信，如果我们把工程师们置于如此恶劣的环境中，受到生存威胁的压力，他们会像水龙头一样迸发出无尽的创新思维和有价值的想法。如果你觉得这有些难以置信，就应该扪心自问，为什么有人会期望火星基地带来所有这些所谓的好处。同时，你还需要思考的是，为什么地球上的很多创新想法并不是来自没有政府管控的荒野地区，而是来自繁华的都市。在这些地方，人们面临的最大困难可能就是高达 8 美元的浓缩咖啡价格。

无论如何，如果你的目标是建立一个远离地球的国家，那么你首先要面对的问题是国际法根本不允许这样做。考虑到未来的太空定居点将很大程度上依赖地球的资源，这会是一个不小的障碍。

韦纳史密斯判定：

观点很模糊，但可能行不通。

当然，人们还有其他看法，但上述是我们最常遇到的观点。不过，你应该注意到，我们并没有提出人们不应该进行太空移民，只是大家认为很多所谓的好处似乎不太可能实现。这就引出了我们的最后一个问题。

好吧，那进入太空有什么好理由吗

算有吧。我们认为有两个论点，至少它们不是建立在不靠谱的经济学或错误的社会学理论之上。虽然它们都存在一个共同的问题，但这个问题更多的是一个关于未来的推测性问题。

观点一：生存的"大教堂"

虽然从网上找到的资料来看，几乎没有哲学家会反对人类的生存，但他们确实提出了一些很好的书名，比如《每个摇篮都是坟墓》(*Every Cradle Is a Grave*) 或《宁可不曾存在过》(*Better Never to Have Been*)。然而，我们中的大多数人还是希望人类能继续在这个星球上苟活下去。如果我们观察地球上长期生存的物种，它们都有一些共同点：比如数量庞大、基因多样、地理分布广泛。如果在火星上建立人口充足、环境适宜的定居点，使人类能够从地球上的灾难中幸存下来，似乎是一个符合逻辑的选择。虽然它无法拯救我们免受气候变化或者近期可能发生的其他灾难的影响，但它仍然可能是一项值得长期努力的事业。就像地球上的大教堂一样，我们这些投入建设的人可能无法亲眼看到教堂尖顶的竣工，但我们依然希望为后人留下一个好的开端。

至于我们现在应该如何行动，这个问题可能更棘手。但如果我们同意应该为子孙后代建造这座伟大的"太空教堂"，那么从现在开始迈出第一步，似乎是一个明智的选择。

韦纳史密斯判定：

从长远来看，这是个不错的观点——前提是你喜欢人类。

观点二：热水浴缸理论

当你想添置一口热水浴缸时，没有人会告诉你："人类的宿命就是把屁股放在冒泡的热水里享受悠闲"。也没有人会试图说服你，如果没有热水浴缸，人类文明就会停滞不前。更不会有人宣称，普及温暖舒适的室外浴缸将会结束人类的纷争与冲突。你只是想要一口热水浴缸，而市面上也有人在销售，而且没人有权阻止你去购买。这并不是支持某种特定行为最崇高或振奋人心的理由，但我们认为，对人类崇高行为的呼吁往往意味着纳税人需要付出更多的金钱。如果进入太空的理由既不是基于哲学观点，也与投资回报无关，那也完全没问题。"因为这件事很酷"同样是一个完全可以接受的理由。

韦纳史密斯判定：

就像我们泡在热水浴缸里一样——不是很吸引人，但完全可行。

太空小苍蝇

这两个论点的潜在问题在于，进入太空是否会给物种生存带来更大的风险，而不是更多保障。假设太空活动会增加灭绝物种的战争以及恐怖主义的风险——在这种情况下，我们现在建造的是一个随时可能坍塌在我们头上的生存"大教堂"。如果我们迁往太空的理由是为了保障物种的长远生存，那我们必须相信，移民太空真的可以增加我们的生存机会。

对这个观点的理解可以通过一个光谱来进行说明，这个光谱的一端是热水浴缸，另一端是核武器。对于我们大多数人而言，拥有热水浴缸不会给任何人带来危险。最多也就是有人会越过篱笆偷窥，但那是他们的问题。而核武器则完全不同。你如果拥有装载核弹头的洲际导弹，这就不再是你的个人私事，因为这关系到我的生命安全。这使我有权阻止你拥有核武器。值得注意的是，即使你是一个很友善的人，而且真的没有计划使用你藏在车库里的核武器，这个观点仍然成立。那么问题来了，太空移民究竟是更接近于热水浴缸，还是更接近核弹？也就是说，它是属于个人的自由选择，还是需要受到严格监管的事务？

我们认为以上两个观点是支持太空移民最有力的论据，然而遗憾的是，我们逐渐意识到问题比我们原先设想的要复杂得多，这些代表问题的"太空小苍蝇"更像是一头大象。在本书的后续章节里，我们将深入探讨太空的本质，详细剖析太空法规的制定过程。之后我们将结合获得的信息，重新审视上述观点，再进行全面的评估。

关于本书语言和作者严重沙文主义的简要说明

最常用来描述人类永久的太空居住地的两个词是"殖民地"和"定居点"。关于使用哪个词的辩论至少可以追溯到 20 世纪 70 年代，当时人们的争论焦点主要在于哪个词在历史上带有更少的冒犯性。

人们提出了一些替代方案，但说实在的，这些方案都不怎么理想。例如，超越地球研究所（Beyond Earth Institute）提出使用"地球以外的社区"这种冗长的名字。另一个更为简洁的选择是"太空前哨"（pace outposts），但这并不能充分体现人们未来会在太空建立家庭、养育孩子以及创建各种机构的愿景。与此同时，"太空城市"听上去比我们预期中的发展要宏伟许多，而"太空村庄"则让人联想到穿着粗麻太空服的农民驾驶着火星马车的画面。多产但不一定富有诗意的作家艾萨克·阿西莫夫（Isaac Asimov）曾提出过我们最喜欢的选项——"斯坡姆"（spome）[1]。试着看，把这个词念出来，感觉如何？

斯坡姆！看吧，你已经在笑了。它是"太空家园"（space home）的简称，尽管它绝对没有历史方面的冒犯意味，但它听起来像是某种廉价的洗手皂，或者外科医生需要从你的肾脏中取出的某种沉积物。在本书中，我们会用到"定居点"这个词，因为说实话，这是太空探索圈内最受欢迎的说法。如果"斯坡姆"偶尔冒出来，我们为这个小玩笑向你致以最诚挚的歉意。

最后，我们必须坦诚地指出，本书可能会带有一些以美国为中心的色彩。我们两位作者都是美国人，我们喜欢滴漏式咖啡，喜欢劣质的奶酪，当我们在国外旅游时，可能会在不合时宜的时刻为美丽的景色鼓掌。这些情况是有些让人遗憾，但我们也无力改变它。因此，我们已尽最大努力与其他国家的读者和学者进行交流，并认真聆听他们的看法——特别是那些与我们持不同意见的人。然而，我们仍然需要强调，太空领域在一定程度上确实存在以美国为中心的情况。虽然美国不再是地球上唯一的大国，但在太空问题上，它依然是最有力的中坚力量。美国政府在太空中的投入可能远远超过其他国家，而那些颠覆传统的新型太空发射公司总部也都设立在美国。如果我们时不时提起美国边疆的传说故事，或者更倾向采用美国的法律理论，那是因为它们是当前太空霸权所固有的神话。

1976 年，8 个赤道国家在《波哥大宣言》（Bogota Declaration）中宣称，他们对静止卫星轨道拥有领土权，因为根据轨道力学的规律，这些轨

---

1 令人惊讶的是，"spome"甚至并不是最蹩脚的术语。戴维·克里斯威尔（David Criswell）博士在 1985 年出版的书中提出了一个难以发音的术语"s'home"，作为太空（space）和家园（home）的缩写。

道永远停留在它们的正上方。静止卫星轨道是一种极其宝贵的太空资源，这些发展中国家希望从使用这一资源的人那里获得租金收益。然而，尽管哥伦比亚宪法坚称他们对这些轨道的一部分拥有特殊权利，但国际社会普遍对这一主张视而不见。但如果历史上军事力量最强大、太空发射技术最先进的国家提出同样的要求，那么他们新悬挂出的"待租"牌匾会被更加认真地对待。

在一屋子动物里，大猩猩也许不是最聪明的一个，但你仍然会希望能够知道它在想什么。

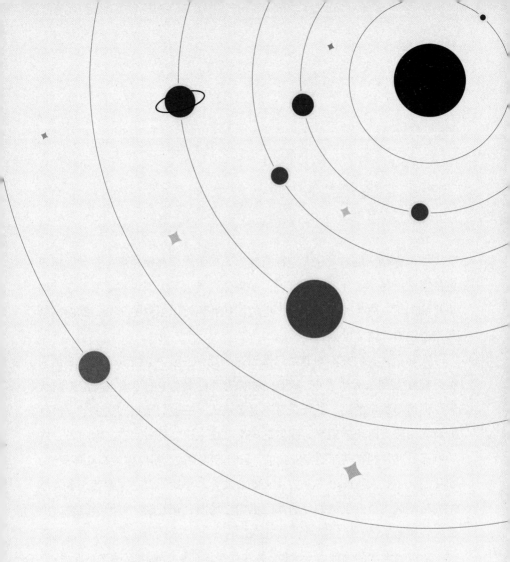

第一部分

关爱太空探索者

如果你是一位追求在太空拥有庞大人口的太空移民，那么你能做得最好的事情就是不要死掉。或者说，如果你打算去死，那也不要太着急。如果可能的话，先生养几个孩子，把他们抚养到可以生育的年龄，然后再悄无声息地离开这个世界。

实际上，我们并不知道如何做到这一点——至少不完全清楚。哪怕人类已经在太空中活动了 60 多年，对航天员在太空中的生活也有深刻的认识。但值得注意的是，航天员并不是普通人——他们比我们强多了。虽然随着太空旅游时代的到来，我们这些平凡之人也能进入太空，但一名合格的航天员通常拥有精深的专业技能。他们能够通过严格的体能和心理测试，而我们大多数人可能最多坚持几天就会放弃。早期的太空探索者大多是技术高超的试飞员。虽然如今的太空机构已经向公众开放，航天员的履历仍然令人望而生畏。比如萨莉·赖德（Sally Ride）在成为航天员之前，就获得了斯坦福大学的物理博士学位，并在接受培训期间被海军试飞员乔恩·麦克布莱德（Jon McBride）称为"我见过的最出色的学生"。她被选中时才 27 岁。又如里娅·塞顿（Rhea Seddon），在等待登上宇宙飞船的这段时间里，她不仅接受了航天员的培训，还在继续从事外科医生的工作，并在空闲时间养育了几个孩子。感到自卑了吗？这些都是航天员的普通状态。这些资历对任务的成功很有帮助，但如果我们想了解普通人的身体在大型太空定居点中会有何反应，那这些航天员的经验可能就没什么用处了。

而且，目前几乎没有人在太空中连续停留超过 437 天，而阿波罗任务

（the Apollo missions）在月球重力（约为地球重力的 1/6）下停留的总时间也只有不到两周，这非常明显地反映出我们对太空移民最重要的问题知之甚少——普通人是否能在外太空长期繁衍生息？

在本书中，我们将深入探究那些已知的信息，以及那些仍然未知的领域。许多潜在的问题也许可以借助近期的技术发展或者通过大笔资金的投入轻松解决，但另一些问题则可能会给太空移民造成棘手且长期的障碍。

第二章　太空生理学

呼吸困难、骨质流失和会飞的猪

史前太空时代

人类本质上就是一根约两米高的液体柱子，其中悬浮着各种湿润、蠕动的生物系统——包括消化系统、排泄系统、平衡系统、血液循环系统等等。这些系统都是在地球上，也就是这根液体柱子脚下的 60 亿吨球体上，经过漫长时间进化而来的。

那么让我们回到 1961 年 4 月 12 日，假设你是尤里·加加林（Yuri Gagarin），即将执行人类历史上一项全新的任务——乘坐导弹的弹头进入太空轨道。在这个关键时刻，你凭什么相信自己的胃不会在零重力的环境下翻江倒海？[1] 你的血液还能正常继续为大脑供氧吗？你的肺、肝和肾在身体内漂浮时，它们还能正常运作吗？

然而，尤里·加加林并非第一位冒险进入太空的勇者，他甚至不是第一位灵长类太空旅行者。在他升空之前，美国和苏联已经进行了十几年有

---

1 沃利·希拉（Wally Schirra），作为美国前三次载人航天飞行计划——"水星""双子座"和"阿波罗"中唯一参与全部飞行的航天员，在其自传中表示，他认为对太空的恐惧是不必要的。他回忆道，在其空军生涯中，曾经目睹一位基地指挥官一边品味马提尼，一边倒立——或者用他的话说，所谓的"负一重力"状态。［摘自沃利·希拉与 R. 比灵斯（R. Billings）1988 年合著的《希拉的太空》（*Schirra's Space*），由昆兰出版社出版，第 23 页。］

关太空对非人类物种影响的实验。苏联工程师倾向于用狗做实验，而美国为了展示其自由民主的优越性，选择了猴子作为实验对象。[1]如果允许非人类物种享有优先权，那人类将不得不与猫、狗、老鼠、乌龟、黑猩猩、果蝇以及各种猴子竞争。这让人联想到诺亚方舟，只是并非每个物种都能有幸抵达彩虹的尽头。

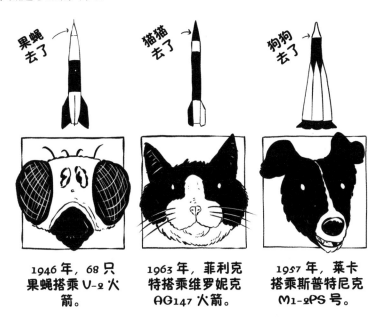

1946 年，68 只果蝇搭乘 V-2 火箭。

1963 年，菲利克特搭乘维罗妮克 AG147 火箭。

1957 年，莱卡搭乘斯普特尼克 M1-2PS 号。

莱卡（Laika）是一只在莫斯科街头流浪的温顺"串串"狗，它有幸成为绕地球轨道飞行的第一只动物。在 1957 年 11 月 3 日火箭升空仅仅 6 小时后，莱卡便因飞船意外过热而不幸离世。尽管这次旅程缩短了它的生命，但事实上影响并不大，因为它所搭乘的"斯普特尼克 2 号"（Sputnik 2）并没有配备返回舱。在 1960 年，苏联的太空小狗贝尔卡（Belka）和

---

1 这并不完全是个笑话。据口述历史记载，前纳粹导弹设计师沃纳·冯·布劳恩（Wernher von Braun）博士后来成为将人类送上月球的火箭设计者，他坚持认为送灵长类动物进入太空是超越苏联的必要条件。还有一个有趣的事实：唯一上过太空的猫是法国人送去的菲利克特（Félicette）。

斯特雷卡（Strelka）成为首批成功绕地飞行并平安返回地球的狗狗。如今，它们的标本仍然保留在莫斯科航天纪念博物馆（the Cosmonautics Memorial Museum of Moscow）中，生动地展示着它们的辉煌历史。在着陆后，它们似乎并没有因太空飞行而受到太大伤害。然而，并非所有的太空动物都能如此幸运，即使是那些幸存下来的动物也并非毫发无伤。例如来自美国的黑猩猩哈姆（Ham），它在加加林升空前不久登上了太空，并在短时间内承受了15倍地球重力的加速度。在第二天的新闻发布会上，它表现得相当暴躁，对着记者和摄影师们怒吼并露出獠牙。这并不是美国航天员能做出的典型行为，但好消息是，从纯生理学角度来看，哈姆还活得好好的。

事实上，在太空中度过了一个半小时后，加加林同样健康如初。他不仅活了下来，还享用了人类史上的第一顿太空餐：两管肉泥配一管巧克力酱。

加加林完成的这次单圈绕地飞行任务也标志着人类太空医学的开端。但是，就像早年太空竞赛的其他飞行任务一样，它对于我们关于太空移民的研究几乎没有任何帮助。就算你对那些令人着迷的任务有所了解，熟知他们分秒必争的决策、险象环生的经历、辉煌的成就和悲剧故事，但很抱歉，这对于我们的研究帮助甚微。阿姆斯特朗（Armstrong）和奥尔德林（Aldrin）在月球表面漫步了约3小时，而在20世纪70年代前，最长的太空旅行也不过两周时间。这些时间还远远不够解决目前已知太空医学中最为严峻的问题。

长期的太空医学研究始于苏联。在登月竞赛失利后，他们于1971年发射了第一个空间站"礼炮1号"（Salyut-1），从而揭开了空间站时代的序幕。自此之后，空间站的数量非常有限，我们用一页插图就可以将它们完整记录下来。[1]

---

1 "礼炮2号"从未成功升空。

礼炮 1 号（1971）可居
住容积：90 平方米

天空实验室（1973—1974）
可居住容积：361 平方米

礼炮 3 号（1974—1975）
可居住容积：90 立方米

礼炮 4 号（1974—1977）
可居住容积：90 立方米

礼炮 5 号（1976—1977）
可居住容积：100 立方米

礼炮 6 号（1977—1982）
可居住容积：90 立方米

礼炮 7 号（1982—1991）
可居住容积：90 立方米

和平号（1986—2001）
可居住容积：350 立方米

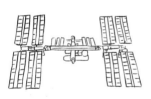

国际空间站（1998—至今）
可居住容积：388 立方米

天宫一号（2011—2018）可
居住容积：15 立方米

天宫二号（2016—2019）
可居住容积：15 立方米

天宫空间站（2021—至
今）可居住容积：110
立方米（建设中）

本插图并未按比例绘制。
可居住容积为最大值。

在此期间，航天员的航行时间普遍变长。1994 年至 1995 年期间，苏联航天员瓦列里·波利亚科夫（Valeri Polyakov）在"和平号"（Mir）空间站创造了连续工作 437 天的记录。此后，只有极少数航天员在一次太空任务中的飞行时间超过了 6 个月。尽管如此，我们大部分的太空医学知识还是来自国际空间站的研究。它仍是有史以来建造的最大空间站，其空间约是"礼炮"系列空间站的 6 倍。它的固定机组由 6 人组成，而早期的空间站通常只有两到三名航天员执行长期任务。[1]

关于太空还有一个好消息：它不会立刻要了你的命。只要设备运转正常，太空环境本身在短期内似乎并不那么危险。通常威胁航天员生命的并不是太空环境，而是出现故障的飞行器。然而，正如笔者夫妇分别照看孩子时不断提醒对方的那样，在生与死之间还存在着很多中间状态。通过研究这些状态，我们可以更加深入地了解太空移民可能面临的健康问题。

真空环境，或者说你的身体就是一个汽水罐

在地球上，周围的空气以约 14 磅 / 平方英寸[2] 的恒定压力推向你的皮肤，或者用那些可笑的国际单位制来说，这相当于一个标准大气压。这意味着你每平方厘米的皮肤需要承受一升水的重量。你通常不会察觉到这种压力，就像深海里的小虾不会察觉到周围的液体足以压垮潜水艇一样，你的身体已经适应了地球表面的压力环境。你的身体会自然抵消周围环境对我们的挤压，所以你也很少会经历突然的气压变化。

但让我们来想想汽水。当你买到一瓶密封的健怡可乐时，你知道里面

充满了气体，但难以察觉到明显的气泡存在。这是因为瓶内的气压约为地球表面气压的 4 倍，这使得二氧化碳能安静地在瓶子里待着。当你拧开瓶盖后，里面的液体暴露在了地球相对温和的大气中。所有溶解在汽水里的气体会迅速冒出，形成我们熟悉的泡沫。如果你想避免这种突然的气体冲击，你可以在海底 40 米深处打开瓶子，海水的压力将会阻止气体逸出，而且海水也无法让健怡可乐的味道变得更糟糕了。

　　你的身体就像是那瓶汽水一样，只不过你体内悬浮的气体是从大气中吸收的氮气[1]，如果你此时被传送到零气压[2]的外太空，你的体液会表现得像刚打开的健怡可乐，只不过此刻不会有泡沫喷涌而出，取而代之的是无数氮气泡泡在你的静脉和动脉里肆意游走，阻碍正常血液、氧气和营养物质的正常流动。潜水员很熟悉这种情况，当他们从深海快速上升至地面时，常常会面临同样的问题。过快地从高压环境切换到低压环境会导致"减压病"，俗称"弯腰病"，因为它常常会影响到关节，导致患者痛苦地弯腰。如果这种情况发生在你的肺部，那就会导致"呼吸困难"。如果发生在你的大脑，则会让人感受到"步履蹒跚"。

　　如果你突然暴露在太空中，死亡几乎是无法避免的。事实上，历史上在太空中丧生的人都是因为突发的失压事件[3]。1971 年 6 月 30 日，航天员乔治·多布罗沃尔斯基（Georgiy Dobrovolkskiy）、维克托·帕萨耶夫（Viktor Patsayev）和弗拉基米尔·沃尔科夫（Vladislav Volkov）从"礼炮 1 号"空间站返回地球。这三位航天员在太空度过了数周时间，还表演了零重力杂技。这一切都在电视上实况直播，受到了苏联群众的热烈欢迎。虽然在进入返回舱时遇到了短暂的密封问题，但他们最终成功脱离对接，开始了回归之旅。然而，当地面人员抵达并打开太空舱时，发现三位航天

---

1 从理论上来讲，这意味着你的身体更像一杯健力士啤酒。

2 物理学家朋友告诉我们，理论上来讲，外层空间的粒子数量并不为零。凯利同意这个观点，而扎克认为他们应该在更高的轨道上用气压计再测试一下。

3 还有其他与航天飞机相关的死亡事件，但它们都发生在地球大气层中。

员仍安静地坐在座位上，但已经进入了永恒的长眠。所有的急救措施都无济于事——每位航天员都遭受了严重的脑出血。随后的调查发现，当他们脱离空间站时，返回舱上的一个阀门意外开启，导致他们暴露在几近真空的环境中。

减压病不仅在事故中会构成危险，在每次使用压力服时都可能产生这个问题。你可以将太空服想象成一套笨重的衣物，但普通衣物并不需要像太空服那样提供封闭的生存环境。更确切地说，太空服更像是一个碰巧呈人形的皮革气球。就像气球一样，内压越高，弯曲就会越困难。在一个人形气球中，高压意味着弯曲关节比你所想象的还要困难许多。有一种被称为"指甲脱层"（fingernail delamination）的现象已经有详细的记录，但我们不建议你去深入了解它到底是什么。因此，虽然国际空间站内的气压和地球上一样，但美国和俄罗斯的太空服内的压力都只有地球的 1/3 左右。

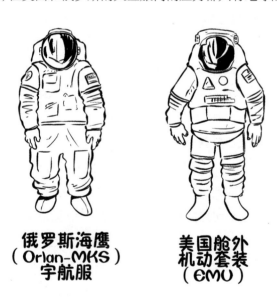

俄罗斯海鹰
（Orlan-MKS）
宇航服

美国舱外
机动套装
（EMU）

那么，为什么航天员穿上太空服之后不会出现弯腰病、呼吸困难或者步履蹒跚的现象，也不至于丧命呢？因为在太空行走前，他们会预先吸入纯氧，排除掉血液中的大部分氮气。一旦氮气被排除，就不会再出现氮气泡的问题。[1]虽然在电影中，英勇的航天员似乎可以轻松穿上太空服，纵身一跃进入太空进行各种救援，但事实上，按照目前的设计，结果只会导致布拉德·皮特（Brad Pitt，美国电影演员）抓着酸痛的关节蹒跚前行，并且艰难地（虽然依然帅气）走向痛苦的死亡。

一些科技爱好者可能会好奇，为什么不把空间站的气压调整到和太空服一样的低水平呢？简而言之，虽然只要有足够的氧气，人类就可以在低压环境下生存，但工程师们就必须重新设计所有设备，使其能在低压、纯氧环境下运行。

然而，纯氧环境其实极度危险。1967 年，在"阿波罗 1 号"飞行任务的准备阶段，乘员舱内出现了火花，在纯氧环境下引发了大火。爱德华·怀特二世（Edward White II）、罗杰·查菲（Roger Chafee）和加斯·格里森（Gus Grissom）三位航天员不幸遇难。温度和压力的急剧升高，导致他们无法使用向内打开的舱门逃生，同时，剧烈的高温又使得救援人员无法展开营救。

一个类似的，但不为人熟知的故事发生在早些时候的苏联。1961 年初，瓦伦丁·邦达连科（Valentin Bondarenko）正在接受航天员的训练，其中一项训练是在一个高氧加压舱中待上 10 天。训练即将结束之际，他摘下了身上的一个医疗传感器，用酒精棉片擦掉残留在身上的黏胶。他不经意地把棉片扔到一边，正好落在了电热板上，引发了大火。火势迅速蔓延，焚毁了他的太空服。救援人员必须先将舱室中的氧气释放掉，才能接近他，但他很快因休克而去世。这件事发生在加加林成为进入太空的第一人仅仅一个月前。由于苏联对此类悲剧采取沉默的处理策略，因此当"阿波罗 15 号"任务在月球上留下一块纪念碑——上面刻着在登月竞赛中牺牲的各国航天员的名字时，邦达连科的名字并未被包含其中。直到近 25

---

1 你可能会问，为什么氧气不会像氮气一样冒泡呢？答案是氧气被人体内的各种分子结合在一起，在压力降低时，不会像氮气那样产生大气泡。

年后，这段尘封的历史才逐渐为人所知。

我们往往会忘记，太空中没有空气。然而如果人类真正进驻太空，空气将成为我们每时每刻都要面临的问题。太空环境既可能带来致命的危险，又是一个持续不断的困扰。随着人类太空探索的步伐不断加快，风险自然随之倍增，因为太空探索意味着物体之间会存在相对高速的移动。例如，物体在轨道上的移动速度高达 8 千米 / 秒。而当速度达到 3 千米 / 秒时，一旦有物体撞击飞船，所产生的动能大约相当于该物体自身重量的炸药。当然，只要两个物体以相同的速度向同一方向运动，一切就都没问题，但太空的实际情况往往并非如此理想。特别是当某国决定摧毁卫星时，四溅的太空碎片就会构成潜在的风险。至今，中国、美国、俄罗斯和印度都曾采取过这样的行动。

在开放空间建立定居点的问题比在地面上更为复杂。但无论人们选择在何处建立定居点，如果死亡的阴影无处不在，这无疑会给社会与政治带来深远的影响。

在太空定居点，人们可以通过化学或生物手段制造氧气，但无论采取哪种方式，都离不开人类亲手设计和建造的系统。而这样的系统必定属于某个人或某个组织。有学者在探讨太空移民时认为，我们对人工大气环境的依赖可能会带来对生命必需品的独裁控制。为了避免这一问题，天体生物学家查尔斯·科克尔（Charles Cockell）博士提出了一个被称为"自由工程学"的理论，主张制造氧气的系统应该被分散管理，而不是集中控制。虽然我们不知道这种做法是否可行，但太空定居点的政治情况很可能受到其物理条件的影响，这不一定是件好事。

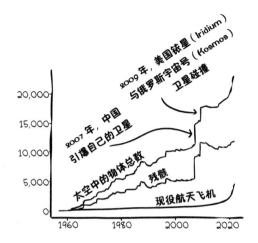

爆炸与裸体——太空辐射带来的教训

假设你已经找到了应对太空近乎真空的环境所带来的挑战，那么接下来我们需要面对的，是在这片无垠中潜伏的另一个敌人：辐射。虽然在某些特定情况下，辐射可能会迅速致命，但在太空中，人们更担心的是辐射导致的慢性健康问题，尤其是癌症。当我们希望在太空中养育下一代，而不仅仅是让成年专家在轨道上进行短暂的停留时，这种担忧就变得尤为重要了。防御辐射已经成为影响人类设计太空定居点时必须考虑的主要因素，这无疑也会对我们在太空中的生活质量产生巨大影响。然而问题在于，我们目前仍很难预测辐射对人体会产生何种影响。

辐射无处不在

人们有时认为辐射是非自然产生的，只有在接触核废料或者原子弹时才会受到辐射的威胁。然而事实并非如此，你周围的一切物质都会释放辐射——不管是天空、大地还是食物中，都存在着辐射。例如，由于香蕉里含有放射性同位素钾 -40，"香蕉等效剂量"（Banana Equivalent Dose，BED）成了衡量辐射量的一种常用指标。但尽管如此，香蕉仍是健康的饮食选择，并且本书作者之一认为它在布丁里尤为美味。此外，有些生活习惯——例如吃巴西坚果、与人同床共枕或者去科罗拉多州的丹佛市（Denver）旅游——都可能稍稍增加你接触的辐射量。当然，也不排除有些胆大妄为的人可能会一次性尝试以上三件事。

与大气压类似，人体也是在地球上的特定辐射环境中进化而来的。我们平时接触到的大部分辐射，人体都能自然处理并消除，因此由辐射引发的癌症或超能力现象都还是挺罕见的。我们身体的死皮层如同一个天然的护盾，而我们体内的生理机制也很擅长修复或消除受到辐射伤害的细胞。

然而，在太空中，一切都会变得更加复杂。除非我们采取充足的屏蔽措施，太空中的辐射剂量要远远高于地球，而且辐射类型也更为复杂。这些辐射主要来自两个地方——太阳，以及遥远的宇宙深处。

太阳想将你置于死地

作为一个等离子体辐射星球，太阳大部分时间都在四处散发炽热的离子。幸运的是，地球的磁层和大气层能为我们挡下大部分这样的辐射。如果你身处太空，虽然太阳辐射不会立即夺去你的性命，但你肯定会希望远离它的影响。然而，太阳有时会突然爆发出"太阳耀斑"（solar flare），这使它的亮度在短时间内急剧上升。

接下来还有更糟糕的情况：有时太阳耀斑会伴随着"太阳粒子风暴"（solar particle event）出现。这种风暴虽然被称作"粒子事件"，但其实更像海啸中的狂潮巨浪。想象一下，太阳上的某个小区域突然喷发出大量的质子，它们就像死神的手电光一般，集中向某个地方射去。

但我们也有一些好消息。正如科幻小说大师道格拉斯·亚当斯（Douglas Adams）所言，"太空实在是太广阔了"。这样随意发射的致命光束大概率不会击中渺小的人类飞船。然而，如果你不幸正好位于这致命光束的路径上，那么接下来你将会面临急性放射病的侵袭。它的症状包括呕吐、皮肤灼伤、心脏问题、肺部损伤、免疫系统受损等等。如果你接受的辐射剂量过高，最终可能会遭受难以忍受的痛苦死亡。

你可能会好奇，如果身处的太空飞船发生了这种情况，我们应该怎么办。在近期重返月球的计划中,美国国家航空航天局科学家凯里·李(Kerry Lee)博士提出了一个解决方案:"……尽量使用一切的手头资源。"换句话说,就是将飞船或空间站内所有物品进行重新配置,因为这些物品现在成了你的防辐射盾牌。那为什么不直接使用专门的防辐射材料呢?因为那需要大量的物质,并且将其运送到月球的成本也很高,而且使用后可能就会被遗弃在月球上。未来的太空定居点必须有更好的办法应对这个问题。而目前最有可能的策略,正如我们稍后将要探讨的那样,可能是选择在地下生活。

实际上,整个宇宙都想将你置于死地

有时,恒星会发生爆炸。虽然这种情况并不常见,但发生的频率足以让太空中充满爆炸的残骸。尽管这些残骸密度相对较低,但高速的带电粒子却遍布其中。这些粒子大部分都是低质量的单个质子或氦原子,但也有一小部分是重型的高速带电粒子。

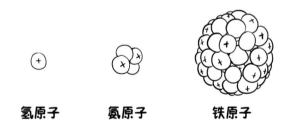

氢原子   氦原子   铁原子

这些粒子非常危险。在一项实验中,科学家们向凝胶物质发射了高能的铁原子核,以模拟太空对人体的潜在伤害。单个铁原子核——仅仅是一个原子——就能在凝胶中打出一条与人类头发粗细相当的通道。

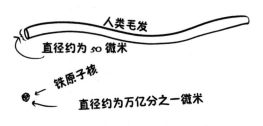

人类毛发

直径约为 50 微米

铁原子核

直径约为万亿分之一微米

本插图并未按比例绘制。

暴露在这种"银河宇宙辐射"（galactic cosmic radiation）中是太空生活的常态。有时候，航天员会报告只有他们自己才能看到的"光线闪烁"，这可能就是因为他们的眼睛被这些来自遥远星球的粒子击中了。根据目前的估计，一旦离开了地球保护层和磁层，你体内的每个细胞核每隔几天就会被一颗质子击中，每隔几个月就会被较大的带电粒子撞击一次。

辐射将会袭击你的设备

同样，辐射也会干扰我们的技术。1859 年，地球经历了一次太阳耀斑的冲击，这次事件以英国的天文学家理查德·卡灵顿（Richard Carrington）的名字命名，被称为"卡灵顿事件"（Carrington Event）。在那年的 8 月 28 日，美国各地都有关于这次事件的记录。例如，在下午 6:30 左右，波士顿某个办公室里的电报系统突然停止工作。在匹兹堡，电力系统中涌入的剧烈电流迫使工人们紧急切断电源。在操作途中，"火光"和火花四溅。那晚，从加利福尼亚到英国，从希腊到澳大利亚，人们都目睹了天空中如同北极光般的壮丽景象，有人形容它就像"……燃烧的熔铁炉，被五彩斑斓的柱子撑起……"这次的电磁干扰持续了整整一天，正如一位作者所述，"地球的大气层里仍充盈着电能和磁能"。如果这种情况发生在宇宙飞船上，后果可能会更加严重。幸运的是，自那以后，我们再也没有经历过这样的事件。但在 2012 年，一次相似的太阳辐射事件与地球擦身而过。天文学家菲尔·普莱特（Phil Plait）博士告诉我们，"这次的幸免距离，并不足以让人感到真正放心"。

在国际空间站上，辐射问题偶尔也会引起一些麻烦。美国航天员特里·弗茨（Terry Virts）在记录国际空间站的生活回忆录《如何成为航天员》（*How to Astronaut*）中分享了一个真实的故事：在 2014 年的一次任务中，弗茨突然听到一阵刺耳的警报声。机组成员急忙跑去检查情况，发现是代表大气层（atmosphere）的 ATM 警报灯亮了。弗茨最初认为只是个小问题，或者虚惊一场，但意大利航天员萨曼莎·克里斯托弗雷蒂（Samantha Cristoforetti）迅速意识到了问题的严重性，并大声喊道："不，是氨气泄漏！"

在空间站里，你绝对不希望遇到氨气。虽然氨气对冷却系统有益，但对人类来说却是致命的，而且难以清除。如果泄漏的氨气过多，整个空间站都可能变得无法居住。最糟糕的情况是，过多的氨气可能导致舱室内压力过大，甚至引发舱体超压破裂。

当发生这种事时，他们应该遵循的操作步骤如下：

1. 立即戴上氧气面罩。
2. 飘到俄罗斯舱段，并关闭第一道舱门。
3. 脱掉所有衣物。
4. 关闭第二道门，封锁美国舱段。

你可能对其中一个步骤感到有些奇怪。但这背后其实有一个简单的原因：俄罗斯的冷却系统使用的是乙二醇，而不是氨。所以，如果出现氨气泄漏，那一定是在美国舱段。

对了，还有第三步。氨气会污染衣物，所以为了安全起见，你应该把衣服留在氨气区，并祈祷俄罗斯那边有多余的内衣。当氨气警报响起后，航天员们决定不用严格按照步骤来处理。他们没有闻到氨气的味道，所以猜测这可能是一场虚惊。又或者，也许他们觉得在失重环境下突然看到同事的裸体，可能比死亡更糟糕。

当氨气警报第二次响起时，大家已经默认了跳过第三步。这也给了那些期望规划、控制人类行为，或者基于人类理性逻辑预测人们在太空中行为的规划者提供了一个深刻的教训。

那么，这和辐射有什么关系呢？虽然无法百分之百地确定，但大家猜测误报的原因可能是设备受到了辐射的冲击。

辐射在更遥远的太空也造成了一系列问题。在 2003 年，当火星奥德赛探测器正在环绕火星运行时，太阳突然释放了巨大的辐射冲击波，导致探测器与地球的联系中断，进而触发了安全模式。其中一个用于探测辐射的传感器因为辐射遭到了永久性的破坏。有科学家形容，它被数据给"噎住了"。试想一下，你正身处绕火星运行的飞船上，突然与地球失去了联系，接着得知你的辐射检测器由于辐射超标而停止工作，那是一种什么感受呢？

你的防护罩也想置你于死地

这真的是一个非常有趣的现象——即便你为飞船装备了厚重的防辐射屏障，但你依然可能受到"散裂反应"（spallation）的影响。虽然前文提及的斯坡姆和散裂反应在词源上没有关系，但"spallation"这个词其实源自一个古老的概念，它的意思是断裂掉的"小碎片"。当高速的重离子撞击上防护层并减速时，它们会产生一系列的次级粒子和对生物有害的粒子，这种现象有时也被称为"核簇射"（nuclear shower）。

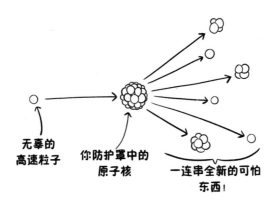

无辜的
高速粒子

你防护罩中的
原子核

一连串全新的可怕
东西！

"散裂反应"尤其能说明，一旦涉及细节，太空设计的复杂性会大大超出我们的想象。比如说，如果你使用了特别厚重的铝制防辐射罩，那么你最终受到的辐射可能比没有任何屏障的情况还要多。

关于核辐射问题的最终答案

所以，太空辐射是个大问题，对吧？

嗯……没错。至少我们是这么认为的。

事实证明，对太空辐射进行科学研究真的很难。我们目前手头上的最佳数据主要来自实验室的动物研究，以及那些在工作中接触到放射性物质的人，还有一些重大事件，如切尔诺贝利事故或美国对日本广岛和长崎投放原子弹。但这些数据对于评估太空辐射还不够准确。例如，受原子弹影响的人通常是在瞬间受到了大量的中子辐射，而太空中，人们面临的则是长时间的带电粒子辐射。此外，对实验动物的研究结果也不完美，因为它们与人类生理不完全相同，而且在实验室中，模拟太空辐射的条件也是极其困难的。

但你可能会反问，我们已经有了 50 年的空间站经验，难道没有从中学到什么吗？确实，我们学到了一些，但所有的空间站都在地球磁层的保护下运行，这意味着航天员接受的太空辐射约为深空中的 1/3 或 1/2。

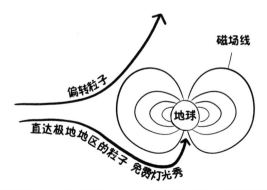

因此，如果想真正了解磁层之外的辐射对人体的影响，唯一资料只有那些前往月球的阿波罗任务。其中，持续时间最长的是阿波罗 17 号任务，

但也仅仅持续了大约 12 天半的时间。

通常，前往火星的旅程大约需要 6 个月。令人欣慰的是，尽管阿波罗任务的航天员受到了大量的辐射，但他们似乎没有表现出更高的癌症发病率。这无疑是一个好消息，但问题在于我们只有 24 名航天员的数据。而且，这 24 人并不普通——他们都是精英中的精英，其中大多数都是试飞员。他们都经历了严格到近乎虐待的体检，其中包括一项常人极其难以忍受的检查，他们称之为"钢鳗"。如果这群人的癌症率低于预期，也许是因为他们相较于大多数人更为健康强壮。

另一种更令人担忧的解释是，辐射与癌症之间确实存在某种联系，但我们还没有完全了解其中的关联。这一点在太空研究领域中尤为突出。如果你想看看科学界毫无帮助的那些论文，你可以读一读 2018 年钱塞勒（Chancellor）等人作出的结论："……我们并没有明确证据表明太空辐射会导致人类罹患癌症，但有理由相信，确实有这种可能性。"

尽管科学研究尚未给出定论，但太空机构还是需要制定相关的政策来应对辐射风险。根据国家辐射委员会（National Radiation Council）的模型，美国国家航空航天局制定了航天员辐射剂量的相关规定——每位航天员"由于暴露导致死亡"[1] 的风险不得超过 3%。然而，这一看似合理的标准也带来了一些奇特的后果。事实上，死亡的概率并不平等。一些原子弹幸存者的研究数据显示，卵巢和乳腺组织对辐射的敏感度较高。因此，一些太空探索的支持者甚至呼吁禁止女性参与长期火星任务。这无疑对于未来太空移民的人口增长计划造成了挑战。但也许这并不是问题的关键。至今，在太空停留时间最长的是航天员根纳季·帕达尔卡（Gennady Padalka），他总共在太空度过了约 29 个月，而典型的火星任务则需要连

---

1 给真正的太空爱好者解释一下，最近美国国家科学院（National Academy of Sciences）的报告这样解释这项数据："……这 3% 的概率实际上意味着，如果有 100 名航天员，那么其中 3 人在其一生中可能会死于与辐射相关的癌症。"

续进行 30 个月。

这已经违反了美国国家航空航天局对航天员所设置的年龄和性别的限制标准。所以这不只是阻止女性进入太空，而是根本不让人类进入太空。对于那些已经快达到或者达到辐射限制的资深航天员来说，他们的太空之路也将变得遥不可及。那有什么解决方法吗？美国国家科学院在最近的一篇研究中提出了一个简单的建议：如果我们确实希望让经验丰富的航天员执行前往火星的任务，那么我们可以动用地球上最有力的保护手段——让他们签订一份豁免责任的协议。

太空的特殊问题——微重力

虽然航天员还在地球引力的牵引范围内，但由于他们沿着环形轨道移动，就好像一直处在向地球"自由落体"的状态，如同坐在一辆不停运转的过山车上。在这种状态下，航天员飘浮在空中，就好像完全不受任何强大的引力影响。像过山车一样，这种下坠感最初常常会让航天员感到恶心，但通常几天后这种不适就会消退。一旦适应了，太空中的微重力体验便成了航天员在太空之旅中最特别且愉快的体验之一。

然而，微重力对人体并不友好。在这种环境下，人体会经历一系列可预测的生理变化。有些变化是短暂的，但有些可能是长期甚至永久的。有些问题可能还没有被发现，因为人类在太空中的停留时间还很短。

如果这本书只是关于在太空中待上一年的旅游计划，那我们可以给出很好的建议。但你的目标是在太空长期定居下来。我们面临的一个主要挑战是，目前的数据大多都是基于微重力环境下的研究。然而，真正的太空移民可能并不在微重力环境下进行。大部分的太空移民计划都集中在月球，它的重力是地球的 1/6，或者火星，它的重力是地球的 2/5。还有人提议建设可以模拟地球重力的旋转太空站。

关于部分地球重力下生活的医学数据非常有限。我们最详尽的数据来自 12 名航天员,他们在月球上才待了不到一个月。如果在这样的重力环境下存在有害影响,那么它们可能需要更长时间才会显现出来。

这意味着我们的了解可能存在很多不准确的地方。也许月球的微重力与地球重力足够接近,减少了微重力会带来的最严重的问题。又或者,月球带来的影响与在微重力环境中的影响类似,只是需要更长的时间才能显现出来。还有可能会出现一些我们之前未曾预见的问题。

为了更好地了解太空环境,我们能做的最好的事情就是告诉你迄今为止的情况是怎样的。但请注意,我们目前可以提供的结论是有限的,要获得更详细和准确的数据,我们可能需要等待未来的大型旋转太空船实验或首个月球基地的建设。

你即将变得悲惨的体质——微重力下的人体

从骨骼的角度来看,在地球上行走其实就是反复受到重力的拉扯和冲击的过程。我们的身体已经适应了这种环境,但它也是个小气鬼。骨骼和肌肉都是"用进废退"的组织,但当我们飘浮在微重力环境中时,它们往往变得没那么必要。

在太空中,双腿可以提供离开墙壁的推力,同时也能帮助我们将身体固定在各处的尼龙搭扣上。但是,大多数的活动都是通过上半身完成的,这会导致身体的其他部位逐渐萎缩。如果在太空中执行为期 4 个月的任务,航天员的脊柱质量每个月都会减少 1%。

顺带一提,在零重力状态下,你的脊椎不仅会退化,还会拉长。因此,航天员在太空或返回地面后,经常会感到腰背部疼痛。迈克·穆兰(Mike Mullane)在回忆起其 1984 年的一次飞行任务时描述,包括他在内的 5 名男性航天员都受到了背痛的困扰,而唯一的女性航天员——朱迪·雷斯尼克(Judy Resnik)博士——却安然无恙。穆兰回忆,她当时调侃说,"真是难以置信!我和 5 个男人同吃同睡,结果他们全都得了背痛"。

在太空中,不仅骨骼会受到影响,肌肉也会经历类似的过程。一项针对国际空间站航天员的研究显示,经过 6 个月在国际空间站的驻留,航天员的小腿肌肉萎缩了 13%。虽然这听起来不那么严重，但你得知道，在这半年中，航天员还坚持着每日多小时的锻炼。尽管大部分航天员在返回地球后一两个月内就会恢复正常，但在某些情况下，他们需要长达半年到 3 年的时间才能完全恢复到原先的状态。

因此，在太空中待上一段时间后，你可能会面临骨质疏松、肌肉无力和背部酸痛的问题。另外，骨钙流失还可能导致便秘和肾结石。这就像你刚刚离开了地球的摇篮，便进入了太空的养老院。

经过半个多世纪在太空站的研究和探索，如今这个问题的最佳解决方案可能是人们最不喜欢听的两个词——均衡饮食和规律锻炼。服用维生素 D 和针对骨质疏松的药物似乎能在一定程度上缓解骨质流失，但与此同时，航天员还需要坚持每周 6 天、每天 2.5 小时的锻炼，以减缓肌肉和骨骼的退化——尽管太空锻炼也是导致他们受伤的主要原因之一。

对于那些拥有微低地球重力的太空定居点来说，居民们可以通过穿着厚重的衣物来模拟地球上的重力环境。但是，目前我们还不清楚长时间在零重力或微低重力环境中生活会带来什么长远的影响，特别是在太空中成长的孩子，我们对此尚无任何了解。

它就在你的脑海中——可怕而迷人的流体转移

我们常常将人体的循环系统比作一个带管道的泵。心脏不断地跳动，将血液输送到有需要的地方。虽然这种比喻在一定程度上是准确的，但实际上人体的循环系统要比这更为复杂。心脏上方的血液只需顺流而下就能回到心脏。而来自脚部的血液则需要强大的力量推动才能向上流动。但是，如果你正在倒立，情况就完全相反了。令人难以置信的是，无论你是躺着、侧身还是头朝下，你的循环系统都能正常运转，而这在房屋的管道系统里是难以实现的。

然而，当你在零重力状态下待上一段时间，情况就会变得有点奇怪。你的双腿好像仍然在与已经适应的地球重力做斗争。体液会向上移动，导致腿部的体液减少。这种现象被一篇论文称作"肿脸 - 鸟腿"（Puffy

Face-Bird Leg）综合征。此外，由于身体对各种液体上浮"感到困惑"，你会更频繁地前往洗手间。

这样的现象真的很糟糕吗？看你问谁了。在超前的著作《太空性爱》（*Sex in Space*）的采访中，资深航天员苏珊·赫尔姆斯（Susan Helms）提到，你的体重会下降、皱纹会减少，同时你的腿会变瘦，身高还会增加。虽然并非每个人都喜欢看到那些太空旅行的亿万富翁变得更加性感迷人，但"好消息"是，他们的身体将会忘记如何在重力下管理血液的流动，这可能导致他们在登陆火星时感到头晕，甚至昏厥。

目前，我们的最佳建议并没有什么技术含量：在回到地球之前，多喝些含盐的饮料，比如清汤或运动饮料。在恢复正常重力前，多补充一些电解质和液体，这有助于恢复身体的正常水分平衡和血压。

你的眼睛进入太空后……可能会遭受永久性的伤害

微重力环境还有可能破坏你的视力。虽然具体原因尚不明确，但目前最可信的推测是，由于体液向上流动，头部压力增加，从而改变了眼球的形状和血管结构。

在太空中停留的时间越长，视力受影响的程度也越严重。根据一项涉及 300 名航天员的调查，23% 参加过任务的航天员在返回地球后表示，他们很难看清近处的物体。鉴于航空任务的时长通常只有两周或更短，这一比例显得相当令人担忧。而在国际空间站上停留时间更长的航天员中，这一比例更是高达 50%。超过 40 岁的航天员尤为容易出现这个问题，所以他们通常会提前配备远视眼镜，以备不时之需。这种眼镜被称为太空预视眼镜，英文缩写为"SAG"（space anticipation glasses）[1]。真的要感谢美国国家航空航天局的缩写小组，给这种眼镜取了个如此有"创意"的名字。所有 40 岁以上的航天员，向你们致敬。

我们对眼球受微重力影响的问题有了一定的了解，但也许眼睛只是最

---

1 SAG 意为下垂、身体萎靡。——译者注

容易被察觉的受损部位，大脑可能也正在受到某种难以察觉的影响。虽然我们并不打算在这个问题上花费太多篇幅，因为当前的数据还不足以得出确切结论，但我们不能排除太空环境会对人的思维产生影响。坦白说，考虑到空间中的辐射和体液流动的变化，太空旅行导致的大脑损伤并非不可能发生。如果这是一个随着时间推移会逐渐恶化的潜在问题，那它对于任何的太空移民计划都会构成不小的挑战。

至于我们讨论过的所有与微重力相关的问题，在长时间的太空停留后，它们可能都会变得更加严重。想象一下，如果你在火星的低重力环境中生活了 10 年，你还能适应回到地球的重力环境吗？我们现在还不能确定。尤其是，如果你从出生就开始在火星上生活，那我们真的不知道答案。

虽然我们还没找到完美的解决方案，但目前有一个经过多年测试的设备，能够对人类的下半身施加减压，从而促使体液流向腿部。美国航天员斯科特·凯利称这种设备为"吸力裤"（pants that suck）。不过，这种装置可能存在一定风险。据他描述，一名俄罗斯航天员在使用这种裤子时因心率下降而晕倒。由于压力设置错误，凯利本人也险些失去意识。

在地球上，为了研究眼球的问题，研究人员会让参与者连续躺下好几天，这种状态能模拟出与太空中眼部相似的变化。这种方法使得新设备得以进行测试，而最新的尝试已经不再局限于那些原始的吸力裤了。有一项地面实验测试了吸力睡袋，结果显示它确实有效。至于在太空定居点是否需要使用吸力裤或吸力睡袋，那将是未来的冒险家们需要解决的问题。

当你在思考太空移民时，你可能不会首先考虑体液转移之类的问题。然而，随着时间的推移，这些问题可能会成为最重要的考虑因素。在低微重力环境中生活也许不会带来同等程度的伤害，但如果真的发生了，太空定居点必须提前考虑为大部分居民的严重视力问题做好准备。如果还有更加严重的问题，例如对认知能力的影响，我们只能希望那些吸力裤的设计能与时俱进，适应未来的需求。

太空家园的医疗护理——外太空的创伤医学

我们在进行医疗选择时，最常用的策略之一，就是淘汰那些患有轻微疾病的候选人。但这种筛选方法对于预防意外伤害却无能为力，因为我们无法预测"在某个实验中意外受伤"的概率。

在地球上，常见的外伤包括气道阻塞、骨折，以及一些在不该出血的部位出现的流血现象。创伤外科医生的首要任务是确保患者能正常呼吸，并控制出血——最好能在事故现场迅速处理，并在几分钟内能够完成。但即便在与地球距离仅几百英里[1]的国际空间站，撤离也需要6~24小时。

这确实让人感到担忧。在经历了漫长的太空旅行后，太空旅行者不仅身体会出现前文提到的各种不适，还会因为重力改变而出现短暂的反应，比如恶心、头晕和变得笨手笨脚等[2]。之后，他们将进入一个陌生的环境，还得马上开始工作。这种情况下，事故几乎是无可避免的。

除非有一个配备了先进的空气过滤系统的专用病房，否则太空定居点的外科医生很难拥有一个理想的手术环境。在微重力环境下，食物、微生物和人的排泄物可能随处飘浮，这无疑给手术带来了更大的挑战。因此，

---

1 1英里约等于1.609344千米。——编者注

2 笨手笨脚的问题在于，你的本体感受——你对身体各部分位置的感知——会被打乱，因为在重力改变后，身体的自然悬挂方式发生了改变。很多航天员表示，他们常常会忘记在有重力的情况下，一旦松开某个物品，它会往下掉落，因此他们打碎了不少东西。

医生必须针对他们所处的特定重力环境接受专门的培训。例如，有研究指出，血液在太空中会"……聚集形成圆球形，在被外科手术器械干扰时会分裂成小滴"。因此，太空创伤外科医生可能需要接受特殊的影像训练，以便为不同的重力环境做好充分准备。

虽然太空中至今还没有专门的医疗中心，但在太空定居点，这些设施肯定是必备的。目前，人们提出了一些新的设计方案，包括为空间站特制的"创伤舱"（traumapods）或者"外科工作站"（surgical workstation）——这是一种围绕在病人周围的可充气帐篷，既可以保护病人不受外界的影响，同时也防止手术区域对外部环境造成污染。

另一个建议是采用"微创手术"（minimally invasive surgery）。医生只需要一个很小的无菌切口，然后在体内完成所有手术操作，这实际上就是把人体内部变成了一个手术工作台。这种方法听起来很先进，而且在地球上已经展现出显著成效，但它能解决的医疗问题仍然有限。尤其在微重力环境下，医生可能会面临一些在地球上从未遇到过的问题。比如有篇研究报告提到，"在手术过程中，肠子会在手术区飘来飘去"。而另一篇报告指出，"器官可能会不受控制地从手术切口处突出"。

你可能会好奇，至少在手术过程中会给使用麻药吧？确实会，但我们不能使用吸入式麻醉剂，因为一旦发生泄漏，整个密闭空间里都会充满笑气。还有一种选择是脊髓麻醉，但因为体液都向上流动，麻醉剂可能不会到达你想要的位置。因此，最理想的方法可能就是在手术部位直接注射麻醉药。但值得注意的是，它可能并不像我们预期的那样有效。研究表明，在失重的环境中，人体吸收营养和药物的速度会发生变化。考虑到体内的液体都会流动不定，胃里的食物也都处于漂浮状态，这种情况下药物效果会有变化也不足为奇。这也意味着，对于每一种不同的重力环境，我们都需要重新验证药物的使用和效果——特别是麻醉剂这样需要慎重对待的药物。

你可能会好奇，我们是如何知道这么多关于零重力创伤手术的知识的。

在太空中已经进行了多次紧急创伤手术了呢？答案是一次也没有——至少对人类来说是这样。不过，我们的确在两次太空任务中在啮齿动物身上进行了外科手术的实验。其中一次实验成功验证了局部麻醉的可行性。但这并不能解释我们为什么知道很多奇怪的细节。例如，在失重状态下，我们仍然可以进行缝合，甚至在飘浮状态下也能进行颅骨钻孔。血液会形成小圆球，而内脏会四处飘浮。

对于那些好奇的读者，我们推荐他们查阅那些包含着"猪"和"抛物线"字样的科学文献。比如有一个标题叫《微重力下的心脏复苏：抛物线飞行对猪的效力》（"Cardiopulmonary resuscitation in microgravity：efficacy in the swine during parabolic flight"）的论文。为了模拟失重的环境，科学家们常常使用抛物线飞行的方法。简单地说，让飞机沿特定轨迹进行抛物线 [1] 飞行，我们便能获得大约 30 秒的自由落体时间。

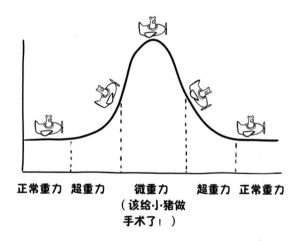

正常重力　超重力　　　微重力　　　超重力　正常重力
　　　　　　　　　　（该给小猪做
　　　　　　　　　　手术了！）

如果你反复进行这样的实验，你甚至可以在一天内积累 1 小时的模拟失重经验。而如果你还带上了一只死猪和一群非常敬业的医生，你或许还能学到一些关于太空医疗手术的知识。

----

1 美国国家航空航天局的抛物线飞行器被命名为"呕吐彗星"。

　　然而遗憾的是，我们无法在此深入探讨，因为这本书的重点不是那些勇敢的医生和科研者。他们为了科学，反复承受着像过山车一样的飞行体验，就为了在一个过去"呼哧呼哧"的小猪身上进行高精度手术。或许他们的事迹不会被诗人所歌颂铭记，但也许这也未必是他们所追求的。因此，如果你曾好奇地问过："我们能否掌握在太空中进行开颅手术的方法？"答案是肯定的。当猪能飞起来的时候，我们也能学会这种手术技巧。

　　对于太空定居点的外科医生来说，好消息是低微重力可能会起到关键作用。如果有人在月球上流血，血液会缓慢下落，但它最终还是会沿着地面流向排水口。但坏消息是，医生们不得不在一个陌生的环境中，在狭小的空间、有限的物资支持下进行手术，同时也无法将患者迅速转移至外伤病房。因此，面对意外伤害，我们必须做好万全的准备。即便是阿波罗计划中的那些英勇的太空英雄，他们在月球上行走和安装实验工具时也经常摔倒。考虑到太空定居点将是一个持续建设的地方，雇用的工人们也都是在完全不同的环境下成长的，因此无论如何，具备应对意外伤害的创伤医学技能都是必不可少的，哪怕这意味着需要大量的物资投入。

未来：会变得更糟吗

　　至今为止，我们还未在太空中进行手术，部分原因在于，通常不会让可能面临医疗问题的候选人成为航天员。但随着太空逐渐走向商业化，这一情况正在逐渐改变。随着太空旅游的兴起，进行太空旅行的标准不再是过去的个人能力、严格的健康和训练要求，而变成是否拥有足够的财力，以及是否愿意接受相关的风险。这就意味着，未来的太空医学将更多地转向处理已经存在的健康问题，而不仅仅是选择身体最为健康的探险者。这无疑是一个更具挑战性的问题，但如果我们真的想在其他星球建立城市，那解决它就变得尤为重要。

　　现在，请花一点时间来感受一下我们究竟有多无知。迄今为止，人类最长的太空飞行时长只持续了 1.3 年，而很少能有航天员的累计工作时长可以达到这个数字。对于地球磁层之外的放射性辐射会对人类产生怎样的长期影响，我们还不得而知。而在微低重力环境下的生存情况，我们同样知之甚少。我们手头也没有关于慢性病患者在太空中生活状况的数据。

虽然存在这些问题，但我们认为它们并不会阻止太空移民的计划。如果我们有无尽的资金和高端的技术，建立一个带有厚厚保护罩的巨大旋转式空间站似乎能够解决几乎所有问题。我们稍后会深入探讨这是否是个好主意，但现在需要明确的是，上述问题可能并不是无法解决的障碍。这些问题并不能直接决定我们是否能够进入太空，它们只是在我们的太空探险路上设置了一些障碍。而随着科技的发展，这些障碍也将变得更加容易应对。

那么，这对于我们的勇敢探险者阿斯特丽德来说意味着什么？她需要一套宇航服、一条吸力裤和一副太空预视眼镜。

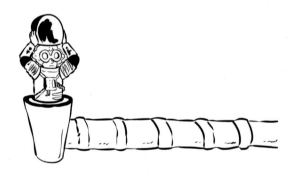

令人欣慰的是，目前她只是在身体上感到有点不适。但随着我们深入一个更为私密的话题，她的感受将会有所改变。

第三章　太空性爱及其后果

"这地球最适合爱，
因为我不知道，还有什么更好的去处。"

——罗伯特·弗罗斯特，选自诗歌《桦树》

拉格朗日点的奇异之旅：太空中是否能缔结情缘

在零重力状态下，从生理机制的角度来说，发生性关系可能是"可行"的。然而，这背后的物理原理可能会让事情变得复杂，因为任何动作都会产生相等或相反的作用力。而且，从物理意义上讲，在零重力状态中，没有明确的上或下的概念。在地球上，我们只需使用"水平"一词或者某种舞蹈名称就可以创造富有新意的性暗示，但在零重力中，没有什么是"水平"的。这可能会使"无方向感的曼波舞"（暗指性行为）变得有点尴尬。太空领域的知名人士詹姆斯·奥伯格（James Oberg）和阿尔塞斯蒂斯·奥伯格（Alcestis Oberg）曾这样描述，那些尝试在太空中进行性行为的人"……可能会像被困在沙滩上的比目鱼那样无助地挣扎，直至找到一个可以撞上的墙壁。"[1]

　　这种情境当然不是大家想看到的，所以你可能会需要某种工具来帮助双方保持亲密接触。我们见过不少创意提案，例如，有人提出了所谓的"非贞操带"——一种适合两人使用的松紧带。此外，还有一个被称为"依偎隧道"（snuggle tunnel）的设计概念，它或许能够吸引那些愿意在狭窄且通风不佳的管道中享受亲密时刻的人。当然，还有一种名为"双人套装"（2suit）的设计，它通过尼龙搭扣带将恋人们紧紧连接在一起。其中最有趣的建议来自 20 世纪 70 年代，由工程师兼未来学家托马斯·赫本海默（Thomas Heppenheimer）博士提出。他在其著作中写道："如果你想要在这种零重力环境下体验这种欢愉，可以考虑一下太空雪佛兰面包车。"

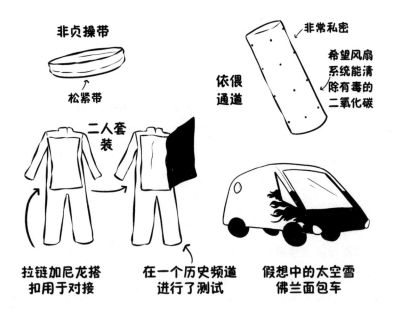

非贞操带
松紧带

依偎通道

非常私密
希望风扇系统能清除有毒的二氧化碳

二人套装

拉链加尼龙搭扣用于对接

在一个历史频道进行了测试

假想中的太空雪佛兰面包车

---

1 在同一本书中，奥伯格夫妇还创造了第二个关于鱼／性的比喻："腿会变细，胸会变大，这对男女来说都是好消息。这是体液上升的结果。然而，这些液体也会使脸部膨胀，因此你爱人的五官会像河豚一样饱满。"

　　不管结果如何，在微低重力下的生活可能更像我们在地球上的日常，只不过一切东西掉落的速度会更慢些。这意味着我们可能不再需要"依侬隧道"，但雪佛兰的想法还是挺吸引人的。至于哪种重力环境最理想，还是留给后人去研究吧。

　　物理现象就是这样，那生理学现象又是如何呢？有证据显示，人的身体在太空环境中似乎会产生生理反应。太空游客丹尼斯·蒂托（Dennis Tito）描述了他在太空中产生的一些生理反应，而资深航天员迈克·穆兰在描述自己的体验时写道——他显然是希望为后人留下一些趣闻——"我体验到的勃起如此强烈，甚至感到疼痛。我觉得我甚至可以钻透氪石。"虽然氪石更为人知的特性是削弱超人的力量，而非它的硬度，但从字里行间读来，穆兰似乎已经为发生亲密关系做好了准备。

　　航天员们似乎也无法摆脱人的基本欲望。航天员亚历山大·拉维金（Aleksandr Laveikin）坦言，在太空中他经常怀念地球上的女性，而这种思念通常会通过"性梦"得到释放。这种情感可能还得到了一些特殊的帮助——有记录显示，"和平号"空间站里存有一些欧洲的软色情电影。诺姆·塔加德（Norm Thagard）回忆道，"其中一些电影并不是真正的 X 级电影，而更像是软色情片。维洛加（Veloga）经常放这些电影，而根纳季似乎对此毫不感兴趣，他总是坐在一旁，沉浸在自己的书中。而维洛加和我会一同观看类似《艾曼纽尔》那样的影片……"

　　当面对太空中性需求的处理方法时，一些替代方法也被提上了议程。航天员波利亚科夫是连续太空居住时间纪录的保持者，他提到过有人曾建议将"一种在成人用品店里可以买到的玩偶"带到太空，虽然这一提议实际并未被执行。波利亚科夫认为这是一个明智的决定。他反对在太空使用此类玩偶，理由是男性"可能会患上所谓的玩偶综合征，换句话说，开始对玩偶产生某种特殊的喜好……"。有时，简短的话语背后隐藏着深刻的含义。

　　无论如何，我们可以非常确定地说，航天员确实会在太空中享受"单人性行为"。拉维金表示，航天员在太空中的自慰行为是很常见的。近期，当航天员斯科特·凯利完成在国际空间站为期一年的任务后，他接受了《奇趣地图》(*Atlas Obscura*)杂志的采访。当被问及"航天员在太空中是否自慰"这一问题时，他尴尬地笑说："我可以不回答这个问题吗？"有一篇医学论文提到，这些航天员的想法可能是正确的："关于太空中的性行为，我们了解得很少，但射精次数过少可能会导致前列腺分泌物堆积，从而增加细菌增长的风险。"[1]

但若要在太空中诞下一个孩子，意味着我们需要从"单人性行为"走向"双人性行为"。或者，这是否已经实现了？作为非常努力寻找答案的研究者……我们实在无法确定。甚至对于这件事的可能性，我们也存在分歧。查克认为只有 5% 的可能性，而凯利则认为可能性高达 75%。这种分歧也导致了很多婚姻中的争论，甚至引发了"你在开玩笑吧"之类的言语攻击。

在我们看来，这个问题主要分为三大阵营：

1. 认为这种行为并未发生，因为没有直接的证据支持。
2. 认为考虑到人类在太空中共度的漫长时光，这种事情很可能发生。
3. 确信这种事情已经发生了。

最后一派的观点是错误的。我们发现，这种观点的支持者通常都会提到 1992 年的一次特定航天任务。马克·李(Mark Lee)和简·戴维斯(Jan Davis)被选中参加"奋进号"(Endeavor)的任务。他们在培训过程中坠入爱河，并在任务发射前秘密结婚。两位新婚航天员在航天飞机上，确实可能发生某些事。但要知道，航天飞机的生活空间大约只有一辆校车那么

---

1 尽管我们真心尝试，甚至有点愚蠢地努力寻找过，但我们没有找到任何女航天员承认过这一行为。这可能是因为性别之间确实存在某种行为差异，或者仅仅是因为大多数长期在太空的探索者都是男人，而且他们中的很多人也没有公开承认进行过这种"零重力下的舞蹈"。或者，女性只是选择了沉默，因为她们在职业以外的行为已经受到了足够多的关注，而不想再给自己增加这一层的负担。

大，而且上面有 7 名成员，他们处于完全密闭的环境，还没有淋浴设施。虽然对某些人来说这种环境可能是个理想的场所，但如果李和戴维斯真的在低地球轨道上发生了什么，其他机组成员肯定会发现。我们不能完全排除存在这 7 人都在太空中偷情的秘密阴谋，但如果真的有这回事，那么在早期的空间站上只有 2~3 人的机组似乎更容易保守这个秘密。[1]

航天飞机：

短期任务

7 名工作人员

可居住容积为 72 立方米

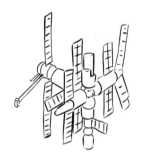

和平号空间站：

长期任务

3 名工作人员

可居住容积为 350 立方米

有《艾曼纽尔》之类的影片

接下来是我们最喜欢的太空性行为传闻：据火箭科学家和科普作家 G. 哈里·斯坦恩（G. Harry Stine）描述，美国国家航空航天局已经在中性浮力水箱进行了一些"秘密试验"。这些实验无可争议地证明了在零重力条件下，人们是可以进行性行为的。但斯坦恩提到，有匿名人士告诉他，

---

1 另一方面，大部分的航天员团队成员都是男性。当然，这并不能排除性活动的可能性，但值得注意的是，太空探索时代的大部分时间都是对同性恋持有强烈偏见的时期。谈空中尝试秘密性行为已经足够冒险了，如果再涉及不能被社会接受的性行为，风险会更大。

在进行这样的行为时，最好有第三个人"在关键时刻提供推动力"。那些在太空中尝试过这一行为的人自称为"三海豚俱乐部"的成员，他们甚至还拥有自己的会员胸针。

他声称："至 1990 年为止，在航天飞机上已经发生了 7 次计划之外的私人活动。"

不过这个传闻的问题在于，海豚实际上并不会那么做[1]。实际上，我们甚至都不确定第三名航天员应该如何助力。让我们来想象一下——也许还是算了。不管怎样，这个故事的作者在 1997 年离世。据我们所知，没有人继续深入搜寻他的档案，去追溯这个"三海豚"传闻的来源。但考虑到尽管有源源不断的"三人行"传闻，但没有其他类似报告出现，我们怀疑唯一被欺骗的可能是斯坦恩先生本人。

好了，结束了关于太空三人行的无聊话题，让我们回到一个更为有趣的问题：在雪佛兰车里的亲密接触是否真的能带来我们想要的结果——孕育生命。

---

1 感谢顶级流行科学作家玛丽·罗奇（Mary Roach）的启发。在她的《前往火星的准备》（*Packing for Mars*）一书中，她首次指出了这个问题，也是受到她的启发，我们深入研究了斯坦恩对太空性行为的详细看法。

太空中的婴儿之梦——为什么在每秒 7.8 千米的高速轨道旅行中不适合怀孕

想象一下，有人告诉你，存在一种能给人带来无限乐趣的药品，但它也可能导致你骨质缓慢流失，体内液体失衡，肾结石、肌肉无力、头晕和眼球损伤。虽然看到很多潇洒的年轻人纷纷尝试，你或许也会心动想要跟风。但如果你有孕在身，可能就会变得更加谨慎。如果这种药物的副作用和太空生活对你的影响差不多，你就会明白在太空中坚持避孕的重要性。

太空对怀孕的每个阶段都可能带来潜在的负面影响。在任何人穿上"双人套装"之前，精子和卵子都会暴露在持续性的辐射中。这时，不管是所孕育的胎儿，还是正处于发育阶段的孩子，以及他们的生殖细胞，都面临着潜在风险。微重力问题也不容小觑。虽然胎儿在子宫中，就像处在一个小型的中性浮力舱里，重力变化对子宫内的发育影响可能并不显著。我们在谷歌上找到的第一个结果显示，如果你觉得有必要，甚至可以在怀孕时进行头倒立。但是，从未有人在零重力或低重力环境下怀孕。如果胎儿的正常发育需要类似地球的向下引力，那么太空环境很可能会产生一定影响。一个可能的解决方案是通过旋转空间站来产生人造重力，但这样做的成本非常高昂。另一个办法是让孕妇坐在离心机中，这种设备甚至可能在分娩时也能派上用场。发明者认为，这是一个值得申请专利的创意。[1]

---

1 说白了，这个想法如果在地球上就很糟的话，未来上了火星也可能是个不妙的选择。这个发明来自乔治·布朗斯基（George Blonsky）和夏洛特·布朗斯基（Charlotte Blonsk），"利用离心力促进婴儿出生的装置"（1963 年），美国专利号为 US3216423A。

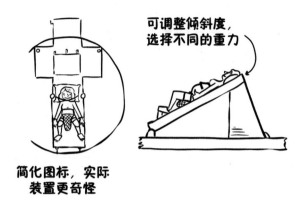

可调整倾斜度，
选择不同的重力

简化图标，实际
装置更奇怪

图片来源
HTTPS://PATENTS.GOOGLE.COM/PATENT/US3216423

旋转可以带来所需的重力，而且孕妇们再也不用猜测自己会不会孕吐了。但当我们讨论生育的特殊性时，我们要知道在微重力中，孕妇的骨骼会变得更为脆弱，即使是在微低地球重力下也可能是这样。一个令人担忧的问题是，如果骨盆变得脆弱，分娩是否还会安全。在这种情况下，那个为孕妇设计的离心机[1]或许还真是个不错的选择。

对于在太空中出生的新生儿来说，他们的后续成长发育确实令人担忧。目前，航天员主要通过锻炼来保持骨骼健康。但让一个 3 个月大的宝宝每天进行 3 小时的抗阻锻炼几乎是不可能的。如果我们在月球或火星居住，也许可以考虑让婴儿穿上特制的负重连体衣来模拟地球的重力环境，但因为美国国家航空航天局尚未实际尝试这一方案，我们只能想象那样的场景有多么可爱。虽然我们期望未来有药物可以抑制太空中的骨密度流失，但

---

1 我们的一位朋友，乔·巴特维尼斯（Joe Batwinis），提供了他作为航空工程师的优化思路。他认为，如果我们设计出了人造子宫，我们就不需要专为孕妇设计的离心机了，我们只需要子宫离心机。

这样的药物是否适合婴幼儿使用还是个未知数。目前，我们对于太空环境对骨骼影响的认知仅限于成人，但对于正处于生长期的孩子会带来什么影响，这仍然是一个未解之谜。

从孕期到儿童成长的每个阶段，激素都扮演着举足轻重的角色。有证据表明，航天员在太空中的激素水平会发生变化，例如男性的睾酮水平会下降。这可能是因为他们乘坐巨大的"爆炸管"冲破大气层，并在高压环境下工作所带来的压力，但具体情况我们尚不清楚。而且，我们目前只知道这种变化对成年男性的影响，对于正在成长的男孩来说，这些影响还是个未知数。

火星对人体激素的影响也值得关注。我们稍后会深入探讨这一点，但首先你需要知道，火星的土壤中富含高氯酸盐，这种物质会对甲状腺激素产生负面影响。

另外，我们将在什么样的大气环境中抚养孩子呢？如果你居住的环境类似于国际空间站，那么所处环境中的二氧化碳浓度将会相对较高。这对于婴儿的成长来说无疑是一个新奇的环境，但其中可能也潜藏着其他风险。例如，每当有新设备被送到国际空间站，都需要经过严格检查，以确保它不会释放有害的挥发性有机化合物。试想一下，当你购买了一台刚出厂的崭新电脑时，你并不会过分关心它是否会释放出一些奇怪的合成气体，只会一边想着"幸好我没有生活在一个密封的小空间里！"，一边继续你的生活。

美国国家航空航天局制定了一份名为"飞船最大允许浓度"（Spacecraft Maximum Allowable Concentrations，简称 SMACs）的清单，它规定了在太空旅行中可接触的各种化学物质的最大允许浓度及时间。例如，如果你只在太空停留 1 小时，大气中的一氧化碳浓度不能超过 0.0425%。但如果你在这样的环境中停留 24 小时，那么这个数值不能超过 0.01%。如果在太空停留超过 1000 天，这个限制会降至 0.0015%，差不多等同于你在拥有燃气灶的厨房里可能遇到的一氧化碳含量。那么，为何不始终保持与地球相同的标准呢？因为这会增加成本。斯科特·凯利和特里·弗茨两位航天员都曾抱怨，在国际空间站的生活中，由于二氧化碳浓度偏高，他们经常感到头痛。这个问题对于潜艇乘员来说也并不陌生。然而，将这个标准维持在一个合理水平也并非易事。有研究指出，"地球上的空气质量标准并不适用于太空的微重力环境"。

综上所述，再考虑到迄今为止没有人在太空中连续停留超过 1.3 年，当我们讨论在太空中安全怀孕和生育的相关问题时，会发现大多数答案都是让人深感不安的未知数。

然而，我们应该记住，在 20 世纪 50 年代，科学家曾经担心人类根本无法在微重力下存活。因此，或许在未来，太空生育同样能够实现。不过，虽然我们能将动物（如狗或猿）送入太空，以测试其短期内的存活能力，但测试太空中分娩的成功率以及孩子正常发育的可能性要比前者复杂得多。不仅测试难度大，而且一旦真正发现人类在外太空存在重大生殖问题，也很难确定其背后的原因。试想一下，如果未来某一天，我们在火星上建立了一个定居点，并发现儿童发育异常率是地球上的 3 倍，那么问题出在哪里？可能是重力的变化或辐射，也可能是在与一个特定的微生物群和在恶劣环境中的生存压力结合时导致的辐射问题，或者是某种被大家忽视的气体。如果涉及在太空中受孕出生的孩子，我们还必须考虑问题是在哪个阶段出现的：是在父母的生殖细胞中、子宫内，还是孩子出生后？

我们为什么了解得那么少

探索太空中的生殖现象是一项既极具挑战性，又需投入巨额资金的研究。再加上建立国际空间站的初衷并不在于使其成为一个孩子的摇篮，以美国为代表的太空机构文化对此类研究一直有所回避。这样的态度并非无缘无故，因为对于只有 6 名成员的空间站来说，太空生育显然并非当务之急。而且，考虑到这些机构接受了丰厚的公共资金支持，我们推测他们不想向公众解释，为什么要将资金投入研究零重力性行为。

遗憾的是，至今进行的相关研究都不够系统化。这些研究都是在不同的动物身上、不同的装置中、采用不同的方法且在不同的时间段内完成的。这些实验的共同特点是，它们的研究周期都过于短暂，无法为太空移民研究提供有价值的参考数据。如果我们的终极目标是在太空中繁衍生息，那么仅仅证明太空中可以受孕和生子是远远不够的，我们需要确定在太空出生的孩子能够正常成长，并拥有生育下一代的能力。据我们所知，尚无任何研究观察到太空中的哺乳动物从受孕到出生的过程，更不用说记录下一代的发育和繁衍过程了。

虽然地球上可以进行一些太空环境的模拟实验，但模拟变化的重力条件确实非常困难。友情提示：如果你对动物实验感到不适，请谨慎阅读下面这段文字。

有些实验对小型哺乳动物进行了所谓的"后肢悬吊"（hind-limb suspension）实验，即通过悬挂它们的尾巴，让其后腿悬空来模拟异常的重力情境。实验结果显示，当这样处理老鼠时，它们的睾丸会向腹部移动，导致阴囊温度改变，这可能会对精子造成损害。为了解决这一问题，在另一项实验中，研究者采取了手术的方法，将老鼠的睾丸固定在阴囊内。至今，我们还没听说有实验对人类进行类似的尝试。但如果真的有人尝试这种方法，得到的数据能有多可靠呢？如果研究发现精子出了问题，到底是模拟的"重力"环境引起的，还是手术带来的压力所致？即使我们真的找到了答案，这种解决方案在真正的太空环境中又是否适用呢？

太空实验也会面临类似的问题。火箭的升空过程中会产生极高的加速度和强烈的震动，还有在太空中飘浮的体验。对于一只老鼠而言，它完全不理解发生了什么，而这些压力因素可能会导致一些异常的生理反应。比如，最初科学家们认为老鼠在太空中可能不会经历发情周期。然而，经过长期的实验观察，我们对返回地球前的老鼠进行检查时，会发现它们仍然经历了这一过程。这很可能是因为老鼠在太空中待的时间足够长，已经适应了新的环境，而且没有因为返回地球而感受到压力。但是，这仍需要我们进行更深入的研究来证实。

虽然我们手头上尚缺乏系统的长期研究数据，但就目前的研究结果而言，我们人类不应轻率尝试在太空中生育后代。实验表明，辐射对生殖细胞有毁灭性的影响，而失重状态可能会破坏细胞骨架。如果你不太记得高中生物课上学过的内容，可以将细胞骨架理解为细胞的支架，就像在你家中支撑着整个房子的木梁一样。

涉及蝌蚪、蝾螈、壁虎、鹌鹑（蛋）、大鼠和小鼠等生物的实验结果表明，失重状态会导致畸形率增加，比如游泳模式异常、头部过大、尾巴过长、幼崽死亡率上升、鸟蛋的孵化率降低等。实验还发现，催产素（一种促进分娩和亲子关系的重要激素）的水平会下降。在一次实验中，由于一只过大的幼崽无法通过母亲的产道，最终导致整窝老鼠都胎死腹中。

然而，也有一些研究表明情况一切顺利。还有一些研究结果显示，尽管在初期阶段出现了一些异常，但随着时间的推移，这些异常会逐渐消失。因此，缺乏长期持续的研究就成了一个问题：我们无法确定太空环境是否会不可逆地损害生殖周期的某个阶段，还是说生物体能够适应太空环境，最终恢复正常。

至于这些研究结果是否适用于人类，目前也还是一个未知数。

有些女性航天员在回到地球后成功生育了孩子[1]，不过她们通常需要依赖辅助生殖技术来完成生育。然而，导致这一情况的原因与太空旅行关系不大，而是因为一种更为常见的因素：年龄。统计显示，女性航天员首次进入太空的平均年龄为 38 岁，而这些女性通常会在完成飞行任务后再考虑生育问题。值得庆幸的是，与同年龄的地球妈妈相比，航天员妈妈并不会更容易遭遇自然流产的情况。这无疑是个好消息。然而，受持续的性别歧视影响，截至目前，进入太空的女性航天员总数只有 75 人，因此，我们能获取的数据还是十分有限的。

---

1 同样的情况也适用于男性，不过男性的生殖细胞能够随时间而不断更新，而且孩子不是在他们的体内形成的。

我们真的希望能提供更多信息，但说到在太空中的生育问题，我们实在难以对其抱有多大的信心。我们遇到过许多热衷于太空移民的人，他们认为我们由于不清楚是否会遇到问题，就应该默认一切都可以解决。但基于我们对太空医学的了解，以及目前从动物繁殖实验中得到的有限信息，我们认为这种观点并不妥当。任何不考虑提前解决这些问题的太空移民计划，都存在严重的研究缺陷。

火星可不是养育孩子的地方

有趣的是，在艾尔顿·约翰（Elton John）的经典歌曲《火箭人》（*Rocket Man*）中，并未提及孕妇在分娩时可能面临的骨盆骨折风险，或者孕期需要经受的离心力。这就是艺术创作魅力所在，它赋予了创作者无拘无束的自由。然而，事实上，我们对这些问题的答案依然一无所知，而且看起来我们也不会在短时间内找到答案。如果真的想验证人类是否能在太空中安全生育，也许我们可以尝试占用整个国际空间站的空间，将其改造成一个跨世代的啮齿动物群落实验室，以此进行观察。目前国际空间站上进行的与这一主题最相关且质量最高的项目，可能是由日本宇宙航空研究开发机构（JAXA）运行的 MARS——多重人工重力研究系统（the Multiple Artificial-gravity Research System）。该系统能够模拟重力的效果。但即便是这一先进的系统也不能模拟特定太空地点的所有问题，例如火星上的有毒物质或月球的辐射水平。

我们并不是说这些问题无法解决。但就像太空医学一样，我们需要积累大量的知识，才能确保在太空中的生育活动既安全又符合伦理标准。这将是一项庞大的工程，需要投入巨大的资金和几十年的时间来完成。但令人费解的是，那些积极主张在未来 30 年内建立大型太空定居点的人，似乎并未投入相应的资金来获取这些重要的答案。

我们需要指出的是，从目前的知识水平来看，想要在太空中成功进行生育是一件极其复杂的事情，这不仅涉及复杂的科学问题，还涉及科学伦理的问题。成年人可以自愿选择参与实验，但婴儿却无法作出这一选择。

在我们从其他生物实验中获得足够的积极数据之前，我们无法将儿童置于太空环境中。在理想情况下，我们应该在太空中建立一个灵长类动物研究中心，其中包括猴子日托中心和类似于猴子版的雪佛兰面包车。当然，这将会是一项巨大的投资，不仅需要巨额的费用，也需要耗费大量的时间，同时还需要考虑到涉及的伦理问题。如果没有迫切的需要进行太空移民，那么在无法表示同意的动物和年幼的人类身上进行实验的伦理依据又是什么呢？

技术解决方案

我们还可以探索另一种可能，那就是构建一种与地球环境类似的设施，以确保其安全性。我们很快就会讨论到轨道空间站，它们的一大优势就是能够模拟地球的重力。如果我们发现在火星或月球上，因为微低重力而无法安全地生育和抚养孩子，那么一个可能的解决方案就是建立一种轨道婴儿生产站。这将是一个结合了蜜月套房、日托和幼儿园的空中设施。

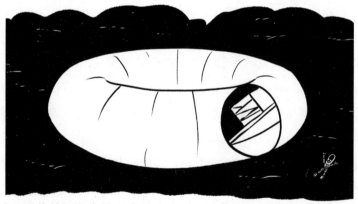

对于那些希望留在地面上的人来说，或许还有其他选择。有一位作者建议在火星表面建一个巨大的斜坡。怀孕了？没问题，只要跳上模拟地球重力的"转转乐"就行了。

即使拥有了这套被称为"怀孕圆环"（pregnodrome）的设施，我们仍然可能需要防辐射的屏障。因此，这不仅是一个怀孕圆环，而且还是一个建设在地下的怀孕圆环。

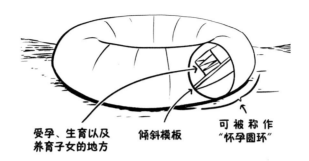

受孕、生育以及　　　　倾斜模板　　　可被称作
养育子女的地方　　　　　　　　　　　 "怀孕圆环"

这种方法代价巨大，危险性高，而且说实话，跋涉 4000 万英里去住在泥土中实在有些让人沮丧。另一种选择就是等待更为先进的技术，但在你已经构思出一个怀孕圆环的情况下，有些所谓的未来技术仍然显得太过遥不可及。在 2021 年凯利参加的国家空间协会研讨会上，"人类对太空环境的生物反应小组"（Human Biological Response to the Space Environment group）强调，我们需要一种配备防辐射屏障的人造子宫。但是，人造子宫——我们为这个玩笑道歉——目前仍然处于其起步阶段。

这可能听起来有些奇怪，但如果不提前思考和解决这些问题，我们可能会面临更奇怪的难题。正如我们所看到的，辐射的风险受到年龄[1]和性别的影响。如果我们的目标是成功繁衍后代，就必须考虑到这一点。例如，是否应该让所有正在发育的人待在地下，而让老年人去探索地表？如果是这样，那么在被允许离开基地的情况下，会不会存在性别差异？

又或者，假设人类直到 18 岁才需要完整的地球重力，那么作为父母，你的责任是什么？地球和太空站是否会成为人类在整个生育期都需要返回的孵化地？请注意，如果你在火星长大，返回地球甚至可能都不是一个可行的选择。如果你在微低重力环境中生活了足够长的时间，你的骨骼可能

---

1 如果你年龄较大，那么你患上辐射诱导癌症的时间就会较短。也就是说，如果太空辐射会增加你每年得癌症的概率，那么一个选择就是把那些年纪较大、剩余生命时间较少的人送上太空。

无法适应地球的重力。另外，如果在太空定居点生活可以避免患上在地球上人畜共患的疾病，那么在相对无菌的火星环境中训练出的免疫系统可能无法应对居住在地球上的病原体攻击。而且，我们目前有限的知识很难预测基本的科学事实最终会以何种方式影响社会和政治格局。

生物技术的解决方案及其问题

许多学者和科研人员提出，可以通过基因工程来解决太空环境给人类带来的挑战。事实上，已经有专门的著作深入探讨了太空环境下的基因修改问题，包括延长人类寿命和改变 ABCC11 基因（这个基因在某些人群中会导致腋窝有异味）等方案，以此来促进人类社会的和谐共处。当前，我们已经具备了编辑单一基因的能力，但要实现如增强皮肤对辐射的防护能力，或者通过基因改良帮助骨骼适应微重力环境等更为复杂的目标，目前看来科学领域还有很长的路要走。

更重要的是，这样的科学突破可能引发巨大的伦理争议。当前的生物伦理学家们已经在围绕"设计婴儿"是否道德展开激烈的辩论，而我们认为，为了让人类适应太空的恶劣环境而创造新的人类种群，将会涉及一个道德的灰区。如果不在婴儿身上进行一系列漫长的且医学价值存疑的基因实验，这样的设想很难变为现实。除非人类迁往火星成为一种刻不容缓的需求，否则我们很难为这种做法进行辩护。然而，目前的情况并非如此。

在讨论人类定居地的人口和增长问题时，我们通常会从一个更宏观的视角来看待人类，把他们视为生态和经济的一部分，就好像他们是某种定居策略的统计数据。作为书呆子，我们自然对数字和统计数据情有独钟。一般来说，采用这种鸟瞰的视角来审视问题往往能够更好地把握全局。尽管我们在听到"统计数据不能代表一切"这样的说法时可能会不自在地推推眼镜，但我们也必须警惕，因为这种抽象的分析方式有时候可能会让我们忽视潜在的不公和危害。

如果你的目标是在一个容易引发医疗问题的环境中迅速繁衍后代，那么你很可能会面临这样一个问题：有一大部分儿童可能无法适应这种严酷且充满挑战的环境。这些孩子可能会产生身体或认知障碍，这使他们无法像健康的儿童那样为社会贡献力量。也可能会有一些孩子因为某些未知因素，难以在太空的封闭环境中健康成长。那么，太空移民的支持者对这些艰难的问题有什么应对策略呢？据我们所知，大多数人根本没有去正面解决这个问题。而那些试图解决的人，通常对可能的后果持一种令人意外的淡然态度。

太空人类学家卡梅隆·史密斯（Cameron Smith）博士是我们认为的太空社会科学领域最卓越的研究者之一，他也认为太空社会有可能通过进化来适应新环境。史密斯博士指出，我们或许会见到一种文化，愿意忍受"痛苦的过渡期"，让"自然选择塑造个体，使之更好地适应新环境"。另一位人类性学领域的知名研究者亚历山大·莱恩德克（Alexander Layendecker）博士在其著作中写道："如果人类灭绝，那么道德和哲学问题的讨论都将变得毫无意义。从历史的视角来看，人类在绝望的时刻常常会将道德和伦理放在一边，转而专注于如何确保生存。"最坦率的或许要数专注于太空探索伦理学的哲学家康拉德·索契克（Konrad Szocik）博士，他在 2018 年的一篇论文中与合作者共同表示："保护每个发展阶段的生命这个理念在火星殖民地可能不再适用。"在同一篇论文中，他们还提到："我们认为火星殖民地的环境可能会倾向于支持自由的堕胎政策，因为生育残疾儿童会严重损害殖民地的整体利益……火星社区可能会设定新的或更高的标准来评判有价值的后代，并最终形成一种倾向于只保留那些更适合火星环境的个体和生理特征。"

现在，你或许会觉得这些并非真正的道德辩论，只是在预测未来的发展。你可能认为，这些观点并未涉及未来应当如何，而是在描述未来可能成为什么样。如果我们讨论的是一群人在孤岛上生活数代的情形，那么这种说法似乎在情理之中。他们确实可能逐渐形成一套过去被认为在道德上存有争议的规范和制度。然而，太空移民的情境截然不同。我们在决策时已经充分意识到潜在的危险和后果。如果有人计划将一百人送往南极洲定居，并且在计划书中指出未来的南极居民可能会演变出一种视残疾儿童的道德问题为无足轻重的文化，那么你的反应很可能不会是"太好了"，而是"千万不能让他们去那里"。

对那些梦想在火星上建造城市的人来说，这个项目代表了人类的憧憬——通过一个崭新的开端，让人类变得更加美好。然而，如果我们为了实现这个新的开始，却需要创立一套让地球上绝大多数人都感到反感的新伦理框架，那这样做还有什么意义呢？值得注意的是，这个问题不仅仅关系到移民者和他们的子孙。如果你同意丹尼尔·多德尼的观点，即人类在太空的大规模存在赋予了我们自我毁灭的巨大力量，那么在建立定居点时，你就应该三思而后行，因为那里的文化可能会轻视人类的生命。

大举前进

很抱歉，我们从"依偎隧道"的玩笑谈起，却以优生优育结束。不得不说，婴儿总能让事情变得有些奇怪，是吧？

以下是我们的总体看法：太空中的繁殖问题十分令人担忧。虽然这并不意味着我们永远不能在太空定居，但它确实告诫我们要避免走某些道路。许多太空移民提案都提倡自给自足的方法，即从一个最小的基地开始建设，然后每次登陆都为下一次登陆做好准备，从而实现定居人口的指数级增长。[1] 尽管这可能是增长人口的最快途径，但如果真的没有迫切理由让一百万人迁居火星，那么"等待，然后大举前进"的策略似乎更为稳妥。这也是我们在本书中反复强调的观点，核心思想是：首先，等到我们拥有足够的数据和技术，才能安全、符合道德地前进；其次，如果我们真的尝试建立一个太空定居点，那么在短短几年内安置大量人口将是更理想的选

---

[1] 这并不一定会涉及生育，但除非你准备对几百万人实施节育措施，那么生育问题是在所难免的。

择。虽然在技术上还有很长的路要走，但从医学的角度看，这种方法的优点是非常明显的。更多的人口意味着专业化——更多的人可以专门从事医学工作，这也意味着社会将有足够的护理人员和替补人员，不会再有人需要对孩子说"让进化来决定他们的命运"。

如果当前的技术只能勉强保持生存，并且只能通过摒弃传统的道德观念来实现人口的自然增长，再加上目前并无迫切离开地球的需要，我们为何不选择耐心等待呢？未来几十年里，我们应该集中力量，致力于推进人类繁殖科学的研究，同时不遗余力地发展与太空移民息息相关的各项技术。这样，我们最终能够将众多的太空移民者送入太空，这些移民者将拥有尖端的技术，而无需我们为他们设立"高标准的优质后代"这样的准则。

至于太空移民者阿斯特丽德，我们希望她在生育问题上能迎来一个美满的结局。接下来，她面临的挑战就如同每位新手父母一样——如何保持头脑的清醒和理智。

第四章 太空心理学

在这一章中，我们唯一能确定的是航天员是骗子

根据我们的经验，当人们谈及太空心理学时，通常会有两种截然不同的观点：一种是认为这不过是一些过分保守的人在小题大做；另一种则是认为在遥远而与世隔绝的火星上，人们可能会在夜晚发疯，或者说，严重的精神疾病可能会成为常态。

在这里，我们要提出第三种观点。太空心理学将成为太空移民的一个重要限制因素，并非因为它会引发戏剧性的问题，而是因为太空移民与地球原住民心理疾病的发生率可能非常接近。地球上有大量的设施和专家可以解决这些心理问题，因此太空定居点也应当做好相应的准备，这也就意味着，建立一个人口众多的大型定居点是非常必要的。

人们担心出现类似"太空疯子"这样的情况并不令人意外：太空定居点很有可能会让人感到幽闭和危险。那些看过太多恐怖电影的人可能会怀疑，太空移民者在这样的环境下是否会经历某种心理崩溃，甚至变得暴力。这确实有可能发生，而且我们应该为此做好准备——但这种情况也很可能是罕见的。人类已经在太空、潜艇和南极基地这些幽闭且孤立的环境中生活了近一个世纪，虽然有过极少数严重的事件，但总体来看，一切都进行得相当顺利。虽然有很多关于在南极附近感到无聊或消沉的逸事，但在地球的其他六大洲上，人们也会时不时地感到无聊或悲伤。因此，太空也很可能会是这样。

我们还要补充说明的一点，各位现在应该已经很熟悉了——相关的心

理学数据真的堪忧。它可能甚至比生理数据还要不可靠。我们熟知的问题包括非系统的实验和缺乏长期研究，现在，我们还需要告诉大家一个事实——我们很快就会加以说明——航天员都是骗子，特别是在心理学的问题上。他们提供的自报数据往往是不可信的。另外，我们至今仍不清楚长期暴露在太空环境中是否会对大脑产生负面的生理影响，因此，在我们动手建造火星城市之前，还需要更多的科学依据。

太空移民的规划者对这些问题的态度淡定得令人吃惊。凯利曾经参加过一次太空会议，会上讨论了一种新的系统，用于监管航天员的心理状态。这个想法非常巧妙——他们计划在航天员身上安装传感器，这样就能监测他们的情绪波动。一旦系统检测到有人情绪失调，就会自动锁上门，将他隔离起来。凯利当时询问演讲者，航天员是否会接受这种持续的监控。这时，会议的主持人突然插话说，别忘了著名的航天员约翰·格伦（John Glenn），他在"友谊7号"（Friendship 7）飞船上的整个飞行过程中都戴着直肠温度计，可我们从没听说他有什么怨言。

情况确实如此。至少在格伦的航程中，确实包括了这种非常私密的数据收集方式。但值得注意的是，他的旅程仅仅持续了约5小时，与未来可能进行的为期多年的火星探险，甚至是在火星上建立永久居住地相比，简直是微不足道。

我们还发现了一种关于人类心理学的理论，证实我们并不是唯一这么认为的人。在约翰霍普金斯大学的一份研究论文中，我们找到了一种计算机系统，它能在航天员的食物中自动添加药物，以维护社会的和谐。我们认为这种做法可能有些过分干预的性质，这甚至反映出了科学界中某些人把航天员当成某种肉体机器来对待的现象。

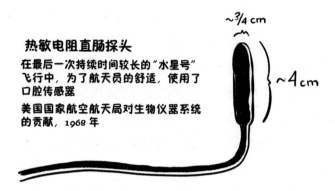

热敏电阻直肠探头
在最后一次持续时间较长的"水星号"
飞行中，为了航天员的舒适，使用了
口腔传感器
美国国家航空航天局对生物仪器系统
的贡献，1968 年

~3/4 cm

~4 cm

但我们也不能走向另一个极端，过分强调人类的脆弱性。有位知名的太空心理学家提出了"视野外的地球"（Earth-out-of-view）的效应，指出人们在深空旅行时，当他们意识到地球已经变成太空中的一个小点，可能会出现严重的心理问题。然而，据我们所知，这个看似诗意的观点在观察和理论上并不成立。我们必须意识到，虽然地球在太空中可能看起来只是一个点，但它仍与我们的日常生活密切相关。我们认为太空心理学非常重要，如果未来长期数据显示的结果不乐观，它的重要性可能还会大大增加。这并不意味着太空移民计划可以忽视心理健康问题，恰恰相反，我们需要在太空建立起至少与地球上类似的基础设施，以保障人的心理健康。至于这些设施会是什么样子，现在还难以预测，但我们可以为你展示目前太空中的做法。

什么是太空心理学

简而言之，太空心理学的主要目标是确保航天员能够集中精力完成任务。有时人们更喜欢使用"行为健康"这个词，因为它能够在一定程度上避免"心理健康"这个词组可能带来的负面印象。从根本上说，行为本身才是太空心理学关注的重点。太空心理学家不仅关心航天员的心理健康，还会研究食物质量、生日庆祝等细节对航天员心理产生的影响。但最终，他们的目标都是保证任务能够顺利完成。

你可能会问，航天员——这些精英中的精英，还从事着他们梦寐以求的工作——为什么会有心理问题。简单来说，因为太空的日常生活并不像想象中那么美好，也并不像《星际迷航》里所展示的那样理想。航天员的任务包括做饭、清洁卫生间、擦洗霉菌、清点库存等枯燥的家务。他们的私人空间只有棺材那么大，废物处理设施散发的恶臭随风飘来，食物也很单调。甚至他们有时需要连续穿着同一件运动服的时间，远远超过地球上的人所能忍受的极限。人类排泄物的碎屑和脚上掉下的死皮在空中飘浮，而设备的噪声让人难以入睡，再加上太空站历来总是人满为患。国际空间站的居住空间相当于两间普通的美国公寓，但它却需要容纳 6 个人，他们的所有设备、食物、运动用品、实验品，以及从食物容器到粪便的各种废物都要跻身其中。

虽然直肠温度计已不再是空间站的标配，但作为一个科学实验室，空间站依然会定期进行抽血等身体检测。除了这些涉及体液的检测，航天员的时间表还包括各种科学实验、公共关系活动和设备维护等任务。除了这些繁重的工作，航天员还需随时准备应对火灾、太空服进水以及寻找空间站泄漏点等紧急情况。

我们所熟知的太空是一种极为特殊和与众不同的环境，有时也被称为"与世隔绝的密闭环境"，人在这种环境中通常会感到某种程度的不适。太空心理学的目标是找出这种环境可能产生的问题，并采取措施防范和解决。为实现这一目标，太空心理学家们采取了一系列所谓的"对策"。

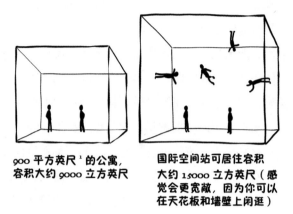

900 平方英尺[1] 的公寓，
容积大约 9000 立方英尺

国际空间站可居住容积
大约 15000 立方英尺（感
觉会更宽敞，因为你可以
在天花板和墙壁上闲逛）

太空抑郁症的对策

"对策"这个词语听起来可能略显临床和专业，但其实它涵盖了所有
能够改善行为健康的手段和方法。要做到这一点，主要有两种途径——一
是筛除那些可能会出现问题的人及可能在心理健康方面出现问题的人；二
是对那些通过筛选的人提供必要的支持和帮助。

飞行前的对策

随着时间的推移，"适合太空的素质"这一概念也在不断变化。从曾
经充满传奇色彩的太空英雄时代，过渡到长时间驻留太空的航天员时代，
理想的心理素质也在随之转变。下面的几段话可以说明其中的差别。第一
段来自最早的水星计划航天员之一德克·斯莱顿（Deke Slayton）的回忆
录，他在书中回忆了年轻时作为飞行员的日子：

> 我们在晚上喝酒，白天服用提神药。回想起来，我们喝了那
> 么多酒，还完成了那么多次飞行任务，我都觉得不可思议。

1　1 英尺 =0.3048 米。——编者注

下面这段话来自航天飞机时代的航天员迈克·马西米诺（Mike Massimino）博士最近的一段回忆录：

> 从太空回来的航天员必须在水中着陆，而我讨厌水。我不太擅长游泳……我还有恐高症，现在还是有。站在四五层楼高的阳台上往下看？算了，我可不想做这种事。我也不喜欢过山车，太恐怖了。在上面倒挂着？那会让我感到恶心。谁会想去做那种事？

很明显，太空旅行已经进入了中年时代。

虽然选拔航天员的标准已经不同以往，但总体的流程却并未发生变化，其中包括一系列的医疗检查、心理评估和候选人面试等关键环节。不同的太空项目甚至还会有自己独特的选拔方式。例如，日本宇宙航空研究开发机构会让候选人在一周内叠1000只千纸鹤，以检验他们在执行枯燥单调的任务时，是否依然能保持极高的标准。而俄罗斯的选拔过程更是充满创意，他们要求候选人从飞机上跳下，在空中完成手腕上绑着的拼图游戏，成功后才能打开降落伞。

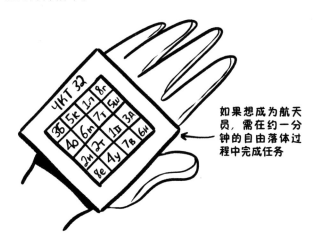

如果想成为航天员，需在约一分钟的自由落体过程中完成任务

但在全球范围内，选拔航天员的基本目标是一致的；理想中的航天员应该像奈德·弗兰德（Ned Flanders）[1]一样超级称职——他应该稳重可靠、性格平和、可能略微有些无聊，但在关键时刻，比如被要求在燃烧的喷气机上进行脑外科手术时，他能够从容应对。

被选拔成为航天员之后，候选人通常需要等待多年——有时甚至超过十年——才能真正踏上太空之旅。这主要是出于实际考虑。太空飞行的机会并不多，有时还可能会延期很长时间。不过，漫长的飞行前准备期也为心理医生提供了宝贵的机会，让他们有足够的时间全面评估候选人在团队中的协作情况。

这些筛选机制非常关键，但对于建立一个永久的定居点来说，其效果可能有限。虽然我们可以通过筛选找到合适的申请者，但要实现埃隆·马斯克提出的百万火星移民计划，我们不可能找到一百万个都像克里斯·哈德菲尔德（Chris Hadfields）[2]那样优秀的人选。这意味着标准必然会有所降低。这个项目本身的性质也可能吸引到一些不太合适的人。举例来说，现已不复存在的"火星1号"（Mars One）计划，要通过真人秀的方式在火星上建立定居点，这一计划成功吸引了数千人报名参加这趟单程火星之旅。虽然这个项目最终并未实施，但值得注意的是，其中许多报名者都有家庭，甚至有孩子，但他们依然愿意抛下自己的家庭前往火星。我们并不想对这些人做过多批判，但如果我们的目标是在火星上建立一个全新的社会，那么这些人在我们看来反而有点"反社会"了。

另外一些不符合标准的候选人可能就是我们的下一代。通常航天员的选拔都会考虑年龄这一因素，因为许多精神健康问题的首次出现往往在青少年时期或20岁左右的时候。尽管一个45岁的人可能需要佩戴SAG眼

---

1 奈德·弗兰德是美国动画片《辛普森一家》中的一个角色，他是主人公的邻居，以其宗教信仰严谨，性格和善、平和而著称。——译者注

2 克里斯·哈德菲尔德是一位经验丰富、成就卓越的航天员，具备良好的心理素质和专业技能，符合航天员的高标准，是加拿大第一位航天员。——译者注

镜，但我们通常能对他的心理健康状况作出较为准确的预测。在太空定居点，人们也会生儿育女，但要让一个新生儿填写心理问卷或与心理学专家进行面谈几乎是不可能的。从长远角度来看，筛选并不能有效解决人类的心理健康问题，未来太空移民的心理学将更侧重于心理健康的管理。

飞行中的对策

　　与地球上的亲人保持联系，是对抗太空环境孤独感最常见的心理对策之一。航天员瓦伦丁·列别杰夫（Valentin Lebedev）在他的 211 天轨道飞行期间，经历了情绪的低谷。任务控制中心发现了这一点，并在他飞越地球时安排了他的儿子为他弹奏钢琴。列别杰夫马上认出了弹琴的人，不禁泪流满面。

　　与过去相比，现在的情况已经有了巨大的改善。在太空探索的大部分早期历史中，与家人的联系总是受到很多限制。例如，列别杰夫与家人的通话必须在一个短暂的开放通信时段秘密进行，而且还得优先考虑任务本身的信息传递。如今，国际空间站已经接入了互联网，航天员们可以随时随地使用电子邮件、视频、语音通话以及心理咨询服务来缓解他们的孤独感和心理压力。

　　在太空定居点能否提供这种心理关怀服务，往往取决于其规模和地理位置。例如，月球离地球足够近，人们就可以和精神科医生进行类似的实时交流。然而在火星上，情况就完全不同了。尽管在早期的火星探险或基地建设阶段，可能不会花费巨资引入专业的精神科医疗团队，但在一个规模较大的火星定居点应该这么做。至少，应该对部分人员进行跨领域的培训，让他们掌握一定的精神科知识和技能，以便能够在问题升级之前及时采取干预措施。至于与地球上的亲人和朋友保持联系，这确实是个难题。在距离最远的情况下，信号从地球传到火星再返回地球，整个过程需要40 分钟。因此，与地球上的亲人和朋友通信，更像是通过书信往来，而非实时的对话。

　　对美国国家航空航天局的航天员来说，有时能收到威廉·夏特纳

（William Shatner）[1]的电话，比家人、朋友或出现心理困境时的贴心指导更为重要。威尔·史密斯（Will Smith）[2]、斯蒂芬·科尔伯特（Stephen Colbert）[3]、教皇，甚至法比奥（Fabio）[4]，都曾与航天员通过电话。航天员可以提出这样的请求，而美国国家航空航天局也会尽力满足他们的需求。不过遗憾的是，在火星定居点，他们可能无法与法比奥进行实时通话。

太空中的日常娱乐活动已经越来越丰富多彩。早在1997年，迈克尔·弗勒（Michael Foale）博士就在"和平号"空间站上安装了一台录像机，并现场翻译了《全面回忆》和《鳄鱼邓迪》两部电影，为他的俄罗斯同胞加分不少。如今，国际空间站的航天员们可以在网飞上观看电影，特里·弗茨透露："俄罗斯的心理学家还上传了《五十度灰》的俄语版本。"虽然这些影片可能不算是高级艺术，但如果我们的目标是增加人口的话，那么这些影片也算是不错的选择。

航天员还会定期收到补给送来的小礼物。有一次，一个装有冰淇淋的科技冰箱被送到了空间站，让航天员们得以摆脱常规的温热食品包。补给品还会带来新鲜的水果和蔬菜，不仅美味可口，还富含营养。维克托·帕萨耶夫在"礼炮1号"空间站上度过的太空生日，就用了新鲜的柠檬和洋葱来庆祝。阿纳托利·别列佐沃伊（Anatoli Berezovoi）和瓦伦丁·列别杰夫非常渴望吃到新鲜的洋葱，他们甚至吃掉了"礼炮7号"空间站上为实验种植所准备的迷你洋葱。对迈克尔·弗勒来说，新鲜苹果的香味给他带来了家的味道。补给品中还会带来节日和生日的小惊喜。特别是那些来自家人和朋友的关怀包裹，它们通常包括简单的小礼物，能让航天员们感受到亲情的温暖。香农·露西德（Shannon Lucid）博士回忆起，"和平号"空间站的航天员曾经收到过生命中的重要女性寄来的香水信，这让他感到

---

1 加拿大演员、作家和制片人。——译者注

2 美国演员。——译者注

3 美国喜剧演员、制作人。——译者注

4 意大利裔美国模特、演员。——译者注

非常欣慰。露西德自己最开心的时刻是收到了果冻和一大袋巧克力豆。

讽刺的是，对于遥远的太空定居点来说，获取新鲜苹果可能比巧克力豆要更容易。我们在后面会详细探讨这个问题，如果不建立一个可以种植食物和净化空气的生态系统，太空移民几乎是不可能实现的。虽然我们也不是说不可以，但在另一个星球上种植苹果的成本，与将其运送到那里的成本相比，价格可谓是天壤之别。

从古老的极地探险日记中，我们可以看到人类非常重视庆典活动和食物。在那些重复而单调的探险旅途中，船员们总是会抓住任何可以庆祝的节日，只为给自己的生活增添一些新鲜感。现如今，国际空间站的航天员会收到专门为生日或节假日准备的主题礼包。虽然人类每两年才能抵达火星一次，但我们仍然可以借鉴国际空间站的做法，将一些地球上难以获得的美食或其他珍贵礼物送上火星，以便在特殊的日子里分发给火星上的居民。

太空农业的发展还有可能带来精神方面的好处。其中一部分原因是航天员对于新鲜食物的喜爱，但也是因为在人工的太空环境中能增添一抹大自然的风景和芬芳。航天员阿纳托利·别列佐沃伊曾在 1982 年的 211 天飞行任务中，通过聆听自然界的录音寻找心灵的慰藉。他回忆说："我们有各种声音的磁带：雷鸣、雨声、鸟鸣声等等。这是我们最常听的录音，永远都不会感到厌烦。"特里·弗茨在他的回忆录中也提到，俄罗斯的心理学团队曾为国际空间站的航天员们带去一套名为"地球之声"的录音，其中包括海浪和咖啡馆的环境声音，这些录音深受航天员的喜爱。弗茨就曾在整整一个月的时间里，每晚都伴着雨声入睡。有一次，空间站的机组人员还一致决定整个周末都通过笔记本电脑播放这些美妙的自然声音。

在太空人体工程学领域，学者们不仅会研究航天员们最喜爱的食物[1]，还会探讨他们的睡眠质量，以及他们在私人日记中的抱怨和牢骚。尽管航天员的行为健康并非无可挑剔，有时还会出现争执，甚至有不服从安全指令的情况发生——例如"阿波罗 7 号"的机组人员在返回地球的过程中，因患感冒而拒绝戴头盔——但这些其实都只是正常的人类行为。从心理学的角度看，太空中的生活其实还不错，只是过于单调乏味罢了。

这可能和你听说的不一样——在我们的经验中，人们经常隐约记得听说过航天员因太空生活而发疯的传言。如果太空生活真的能引发重大的精神病发作，我们当然对此很感兴趣。那么，它真的会导致这样的情况吗？

太空中的发疯事件……

……实际上很难找到。

听着，这是一本科普读物。我们正尽力让太空精神医学这个话题变得更有趣。我们真心希望能告诉你，克里斯·哈德菲尔德曾经发疯，用锋利的航天员冰淇淋碎片攻击过他的同事，或者萨莉·赖德试图劫持航天飞机，驾驶它飞往木星。但遗憾的是，这些事情并没有发生。虽然在地球上，太空旅行者的确经历过许多问题，但在太空中却出奇地平静。我们查阅了大量资料，据我们了解，那些被人们一再传述的太空疯子的奇闻逸事，往往不是夸大其词，就是谬误百出。

举个例子，在社交媒体上流传甚广的航天员瓦列里·鲁明（Valeri Ryumin）的一段话，大意是："如果把两个人关在一个 18 英尺乘 20 英尺的小屋里，让他们在一起待上两个月，那么所有谋杀的必要条件就都满足

---

1 还有他们不喜欢的食物。杰克·斯图斯特（Jack Stuster）博士让航天员写日记，以记录他们的感受。其中一篇日记里提到："我和俄罗斯人因为俄美食品的不平等分配（本应各占一半）而发生过争执。事实上，飞船上总是有更多的俄罗斯食品，他们的理由是人们更喜欢俄罗斯食品，但我认为那完全是胡说八道。"

了。"这话听起来令人不寒而栗。但问题在于，这并不是鲁明的原话，他只是在引用文学作品而已。鲁明的原话是："欧·亨利在他的一篇故事中写道，要让谋杀这一技艺蓬勃发展，你只需把两个人关在一个 18 英尺乘 20 英尺的房间里，共度两个月即可。当然，现在这听起来挺有趣的。老实说，哪怕是与一个讨人喜欢的人一同度过漫长的日子，本身也是一种考验。"这听起来就不那么恐怖了。事实上，鲁明一直是一位模范航天员，在他的职业生涯中，他获得了众多奖项和晋升的机会。并且据我们所知，他从未杀害过任何人。

回忆录和口述历史确实会暴露出一些问题。比如约翰·布拉哈（John Blaha）在"和平号"空间站度过的四个月里经历了中度抑郁。杰瑞·利宁格（Jerry Linenger）博士在进行太空行走时，突然产生了自己在迅速坠落的恐惧感，但他硬是咬牙挺了过去。其中一个最令人印象深刻的故事，是关于航天飞机载荷专家泰勒·王（Taylor Wang）博士的。他带了一台复杂的科学仪器进入太空，结果不幸的是仪器出现了故障。地面控制中心告诉他没时间修理，经过一番周旋后，他告诉他们："嘿，如果你们不给我机会修理我的仪器，我就不回去了。"幸运的是，没人去揭穿他的虚张声势，因为正如他所说的："如果你试图在失重的状态下上吊，你最后只会在那儿荡来荡去，像个傻瓜。"[1]最后，也没有人因此而发疯：船员们齐心协力分担了王博士的其他工作，让他有时间去修理机器。

需要指出的是，如果把这些故事放在正常的环境中，它们可能马上会显得索然无味。但在太空这个特殊环境下，它们却显得特别吸引人、充满戏剧性。以"天空实验室 4 号"（Skylab 4）任务为例，当时航天员们对工

---

1 他的原话是："我松了一口气，因为如果他们揭穿了我的虚张声势，我真的不知道怎么才能不回去。按照亚洲的传统，切腹是行不通的，因为航天飞机上的所有东西都是以安全为设计原则的。飞机上的刀甚至连面包都切不了。你可能会想把头伸进烤箱，但那实际上只是一个食品保温器，你连烧都烧不伤自己。而如果你试图在失重的状态下上吊，你最后只会在那儿荡来荡去，像个傻瓜。"

作时间安排不满，爆发了被后人称为"天空实验室 4 号叛变"的故事。在这里我们不再详细赘述，但事情的经过其实只是机组人员觉得工作太繁重，于是和任务控制中心展开了一番商讨，最后调整了工作计划。最终，他们甚至还超额完成了任务。如果这也能算作叛变的话，那只能说，航天员的叛变能力也太差了。

想象一下，如果这种情况发生在地球上的普通办公室，你的朋友会怎么跟你描述。这可能会是一段关于跟老板抱怨的长篇故事，最终两者在工作计划上达成了某种妥协。如果你能坚持听到故事结束，你可能会觉得老板的立场更为合理。不过，一旦这种事情发生在太空轨道上，就变成了一个传奇故事。在太空心理学的学术文献中有一个经常被引用的案例，涉及了一位航天员担心潜在的牙疼问题而显得过于焦虑。我们设法找到了1985 年关于这个案例的参考资料，发现真正的故事是这样的：该航天员有些担心牙疼，他梦见自己真的牙疼，醒来时觉得很痛，到了早上却又没事了。从心理学的角度来看，这里并没有什么值得大书特书的。与此同时，我们还发现另一位名为尤里·罗曼年科（Yuri Romanenko）的航天员在太空中真的遇到了牙根暴露的情况，但他并没像流行科学作家所希望的那样失去理智，而是在整个任务期间硬挺了下来。

在我们不断地查找这些太空故事的过程中，心中一直盼望着能找到至少一个令人兴奋的太空疯子事件，好让读者能够一饱眼福。我们开始质疑，究竟有没有发生过此类事件。我们可以自信地说……也许吧？

某种意义上的……太空中潜在的适度发疯事件

在我们对从 1971 年至今空间站生活的研究中，发现了两起可能因心理问题导致任务缩短的案例：

1976 年，俄罗斯航天员鲍里斯·沃利诺夫（Boris Volynov）和维塔利·日洛博夫（Vitaly Zholobov）在"礼炮 5 号"空间站上执行任务。两人的关系并不融洽。虽然这种情况时有发生，但在"礼炮 5 号"空间站的例子中，特别是从第 42 天开始，一些条件使问题变得更为严重。

以下是空间历史学家阿西夫·西迪基（Asif Siddiqi）博士在 2003 年的一篇论文中对当时情况的描述：

> 当机组人员正在进行工作时，空间站的警报突然响起，同时所有的室内灯光熄灭，几个机载系统也瘫痪了。当时，空间站正从地球的夜面经过。在黑暗中，伴随着刺耳的警报声，机组人员彻底蒙了。短暂的惊慌过后，他们首先关闭了警报，随即周围一片死寂，仿佛空间站的所有系统都停止了运转。沃利诺夫立即向地面控制中心发送了紧急消息："空间站上发生了事故。"

数分钟后，当地面控制中心努力弄清楚发生了什么事时，航天员们已经超出了通信范围。姿态控制和生命支持系统失效，空间站在失去照明的情况下，默默地在地球的阴影上空旋转。航天员们经过了两个小时的努力，才成功将空间站恢复正常运转。随后，任务被缩短，机组人员提前返回地球。

我们查阅了众多资料，找到了各种各样导致任务被缩短的原因。其中有一种说法是，空间站里弥漫着一股难闻的气味，这让机组人员不得不提前撤离。但也有说法认为这种异味纯粹是心理因素造成的，因为随后有一组航天员登上了"礼炮 5 号"，却并未闻到任何奇怪的气味。在更为戏剧化的版本里，日洛博夫要么是因为与人的关系陷入僵局，要么是被无垠的宇宙空间所压垮，最终心理崩溃。我们百分之百确定，在同样的环境下，我们自己也难逃一劫。但考虑到太空心理学的案例通常都是平淡无奇的，我们敢打赌真相肯定是最不刺激的那个版本：机组人员彼此埋怨不休，再加上空间站出现了重大技术故障，最终导致任务提前终止。

我们的另一个例子来自俄罗斯航天员亚历山大·拉维金，他就是那个在第三章中提到所有航天员都会自慰的人。他的"和平号"空间站之行不得不在 1987 年提前结束。关于究竟发生了什么，即使是拉维金本人的描述也有前后不一致的地方。不过大家公认的事实是，心电图显示拉维金出现了心律不齐的现象。在一系列医学检查后,医生没有发现他有任何问题,但是这种情况在一次太空行走中再次出现,于是医生决定让他返回地球。拉维金说,他对这个决定感到意外和不安。后来他回忆说:"在飞行过程中,我感觉非常好,整个任务期间我都觉得没有任何问题。但是你不能和医生争辩。"

然而,几十年后,当玛丽·罗奇在撰写她的著作《前往火星的准备》时采访拉维金时,他在喝了几杯威士忌后坦承,这次太空任务远比他预期的要困难得多。繁重的工作任务、空间站内的噪声让人感到烦躁不安,加之他还遭遇了晕动病的困扰,这一切使他最终陷入了深深的沮丧,甚至产生了自杀的念头。他还透露出一个似乎在航天员圈内并不罕见的想法:"我想上吊自杀,但因为太空中的失重现象,这根本就是不可能的。"

再次强调,我们无法确切知晓事实的真相。拉维金与他的指挥官罗曼年科(那位因牙根暴露而遭遇病痛的航天员)显然与地面控制中心存在严重的分歧,因此至少从行为上来判断,情况似乎并不理想。但若考虑最糟糕的情境,即拉维金因严重的心理健康问题导致心脏疾病,并因此被提前召回地面,那么这将是史上唯一一次在没有重大外部触发因素的情况下,完全由于对太空生活的心理反应而中断的太空任务。

我们汇总这些案例的主要目的是澄清一点:直到今天,还未有证据证明心理学将成为太空活动中的主要障碍。至少从目前的情况来看,对航天员的严格筛选以及飞行过程中的预防措施已经取得了明显的成效。在国际空间站上,从未发生过类似于上述两起事件的意外情况。

其他现有的数据也描绘出了类似的乐观画面。

一项分析了 1981 年 4 月至 1998 年 1 月期间所有航天飞行中报告的每一起健康问题的研究发现,在这段时间内共有 34 起被归类为"行为体征和症状"的事件。值得注意的是,这 34 起事件包括了"焦虑"和"恼火"等情况,因此这个数字实际上是非常低的。我们光在编辑这一章的过程中,就经历了 34 次焦虑和恼火的事件。

根据美国国家航空航天局的报告，在航天飞机或国际空间站上，没有航天员患上过精神疾病。换句话说，国际空间站上的航天员可能会感受到沮丧、恼火或焦虑，但这些情绪从来没有严重到需要进行诊断。

基于这些数据，你可能会认为，至少最早一批的太空移民者不会遇到重大的心理问题。虽然我们没有足够长期的数据，但我们手头的几乎所有数据都让人感到安心。

这的确是个美好的想法。但问题是：**航天员都会撒谎**。

谎言成真：太空谎话的丰富历史

当艾琳·柯林斯（Eileen Collins），未来的首位女性太空飞行员，前去接受美国国家航空航天局的心理评估时，她感到有些紧张。她填写了一份看似简单的心理健康问卷，原以为这将是一个愉快的、持续一个小时的交流时光。

然而，心理咨询师告诉她，她有几个问题"答错了"。心理学家要她"描述一下产生幻觉的经历"。面对柯林斯的疑惑，他解释道："在问卷中，对于'当我走在街上时，我能看到其他人看不见的东西'这一问题，你答了'是'。"柯林斯惊讶地澄清道："举个例子，当我和我丈夫在一起时，我会注意到街上的花、园艺和行人的衣着，而他却对这些毫无感知。他注意的是其他事物。"心理医生回答说："好吧，这个问题的设计初衷是为了判断你是否会产生幻觉。"

注意柯林斯的反应。她没有说"这里有些误会"，也没有说"这个对幻觉的定义真是奇怪"。她是这么说的："先生，恕我直言，一个想成为航天员的人是不会承认自己有不寻常的心理问题的。"

事实上，柯林斯的反应无疑是一个跨越几代人和许多国家的宏伟传统。瓦伦提娜·波诺马廖娃（Valentina Ponomareva）曾是 1963 年首位太空女飞行员的替补飞行员，多年后她在一次采访中透露，在执行任务期间的医学检查中，女性航天员会作弊。她说："……第一组的（男性）航天员对我们很好；他们很关心我们，帮助我们，还教会我们如何欺骗医生，如何更容易地通过测试。"迈克尔·柯林斯（Michael Collins）是阿姆斯特朗和奥尔德林的月球搭档，他曾对外保守了一个秘密——他在穿上太空服时会感到幽闭恐惧。尽管他在任务中不得不进行太空漫步，他还是将太空服称为"讨厌的小棺材"。而岁月也并未削弱这种传统。特里·弗茨在他 2020年出版的回忆录中回忆道，无论个人生活或私人情感状态如何，他在与心理咨询师交流时总会装作开心。

在阅读那些愿意坦白真相的航天员和航天员候选人的回忆录时，我们发现他们对医务人员说了很多谎（包括他们不承认的谎言）：比如色盲、身高、胸痛、背痛、疑似心脏病发作、疑似骨癌、严重的内耳问题导致方向感丧失和眩晕、整个童年经历、试飞员训练中是否在手套里呕吐，或者在与天空实验室对接时是否呕吐。甚至，至少有一个航天员从自己的医疗记录中撕掉了几页，以便隐瞒飞行外科医生给出的信息。[1]

航天员和飞行员为什么要向负责保持他们健康的医疗专业人员撒谎？答案其实很简单：你走进医生的办公室时可能是个合格的飞行员，但走出门的时候，你要么保持飞行资格，要么就被停飞了。对任何负面的事情说实话都是没有好处的。医生和心理咨询师都知道这个游戏规则，因此飞行员和医疗人员之间自然存在一种对立的关系。据说资深航天员兼医生乔·克尔文（Joe Kerwin）告诉美国国家航空航天局的心理学家阿尔·霍兰德（Al Holland）："小伙子，你得明白，除非最后一位心理咨询师被最后一位飞行

---

1 我们希望指出，由于一些人反复犯事，这份名单变得有些长了。

外科医生用肠子勒死，否则机组人员永远不会满意。"[1]

要让我们读完航天员的个人经历，并且完全相信他们提供的数据，是根本不可能的。迈克·穆兰——那位撕掉医疗记录并对自己童年撒过谎的航天员——曾写道："我们甚至会撒谎说我们没有假肢或玻璃眼。这就是我们的态度。"在玻璃眼方面，你可能很难撒谎，但谎称自己的心理状态却很容易，尤其对于那些事业处于关键时刻的精英专业人士来说更是如此。如果你正在规划一个太空定居点，并且试图通过航天员的报告来了解他们的心理状态，那你就大错特错了。

寻找其他解决方案

因此，我们面临着这样一个问题：我们希望将至少数千人送入太空，最好是更多。然而，我们缺乏长期的数据，而我们现有的数据多来自那些善于掩饰真实情况的专业人士——航天员。那么，我们还有其他选择吗？答案是肯定的。研究人员可以通过所谓的"类似情景"或"模拟实验"，尝试在地球上复现太空的环境，从而获得更多有价值的数据。

相似情景

许多研究人员认为，最好的研究对象是寻找地球上与太空相似的情景。实际上，有许多书的主题就是关于"太空类比"的。这些书通常特别关注

---

1 平心而论，我们的研究只找到一个案例，其中谎言对任务产生了负面影响。1985 年，指挥官弗拉基米尔·瓦西尤廷（Vladimir Vasyutin）因为明显的"急性炎症"而提前从"礼炮 7 号"空间站返回。我们有充分的理由相信，他在飞行前就知道这个问题，但对此保密。对于我们这些关心宇宙中的谎言的人来说，更为有趣的是同胞航天员叶卡特琳娜·伊万诺娃（Yekaterina Ivanova）的反应，她的飞行因瓦西尤廷的提前返回而被取消。她非常愤怒，但不是因为瓦西尤廷对自己的健康状况撒了谎，而是因为他违反了飞行员和航天员之间的默契规则："有一个基本的规则——如果有人问你感觉如何，你总是要笑着说我很好，即便你连站都站不稳……但是瓦西尤廷做不到，所以我又一次被停飞了。"这就意味着，对医务人员撒谎是可以接受的，不可接受的是停止撒谎。

南极洲和潜水艇的环境，因为在这两种环境中，人类会在建筑结构内部长期生活，而外面的环境十分恶劣。

从这些环境中得出的基本结论通常是让人感到安心的。尽管互联网上充斥着关于南极科研站因象棋比赛引发暴力事件的奇怪故事，但从统计学的角度看，总体情况还是相对乐观的。在南极科研站的人们确实会感受到抑郁，并且由于需要与一小群人在寒冷且缺乏阳光的环境中共度时光，他们将面临心理上的挑战，但这些问题很少达到需要临床诊断的程度。一些研究甚至发现，科研站的人员的整体心理健康状况比他们自己国家的普通人群还要好。这在一定程度上可以归功于心理测试的预先筛选，以及类似于太空任务所采取的应对措施。另一方面，也可能是因为自我选择的原因——人们并不是被随机选中前往南极的，那些主动决定前去的人，或许对于在极夜中享用罐头食品的生活还充满期待。

在潜艇环境中，我们也观察到了相似的结果。虽然现有的数据有限，但研究报告显示，在潜艇里的人经历心理困扰的比例并不高，有时甚至比他们所在人群的平均水平还要低。同样，这可能是由于潜艇工作人员是经过精心筛选、自我选择并采取了有效的应对措施的结果。

老实说，我们读了很多文献，发现关于这些特殊环境的研究结果都相当有趣，我们也很乐意告诉你更多关于它们的信息。我们主要的发现包括：潜艇的生活条件出奇地糟糕，而在南极科考站的人员则有着令人吃惊的性活跃程度，他们有时甚至还会在户外裸奔。当尝试将这些数据应用于太空移民时，我们发现由于在太空定居点裸奔的吸引力会大打折扣，甚至可能导致窒息，因此这件事是不太可能发生的。自我选择并经过预筛选的专业人士通常能够很好地应对太空环境。

然而，这些数据并不能完美地适用于我们的太空情境，因为以上两种环境的人口数量都较少，且都是短期的。南极没有永久居民，潜艇也没有永久的工作人员。需要在特定的时间内应对恶劣的环境，和需要永久居住在某个地方并抚养下一代，这两者之间有着天壤之别。

模拟实验

另一种可以用来推测太空移民的行为健康状况的方法，就是通过所谓的模拟实验（simulations），或者简称为"sims"。简单来说，就是将人们置于某种类似于太空的受控环境中，然后对他们进行观察。比如，让人们居住在沙漠中，只能依靠基地里的资源生存，外出时要穿着模拟的宇航服。在整个过程中，我们会监测他们的心理状态。

这些模拟实验常常成为媒体报道的焦点，也有不少纪录片和书籍对其进行了详细的介绍。我们也有朋友参与过这些实验。然而，我们对于这些模拟实验在太空活动中的实际应用持保留态度，认为它们除了能够解决一些小的人体工程学问题，作用十分有限。我们并不是唯一有这种看法的人——一些学者认为模拟实验因为不涉及死亡风险，所以在分析真正的太空心理学时并不具备参考价值。如果所有参与者都知道他们可以随时离开，转身就能走进麦当劳，那么这样的实验怎么能真实地模拟在火星上的生活呢？而且，除了个别例外，大多数模拟实验的持续时间只有几周或几个月，远远不足以深入探究在一个孤立、封闭的环境中，与少数人长时间共处会对心理造成何种影响。

另外，老实说，一些数据的收集方法在科学上是存在争议的。以"火星-500"实验为例，这是历史上最为复杂的太空模拟实验之一，持续了520天，有6名航天员参与。在研究这一实验时，我们发现了一篇论文，其作者之一竟然也是实验的参与者。这在科学研究中是大忌，因为实验的"受试者"事先知道哪些发现可能最引人注目。虽然我们愿意相信他们是在试图做出诚实的观察，但很难保证结果没有某种程度的偏差。

在未知的交叉点上

所以，我们的备选数据源并不尽如人意，也没有长期的数据，更不用说航天员在回答相关问题时可能并不完全诚实。这该如何是好呢？在翻遍了大堆研究资料后，我们唯一可以肯定的是，尽管这些数据质量参差不齐，但它们至少都指向同一个方向。在包括太空的恶劣环境下，经过事先筛选的专业人员似乎并不会面临特别的心理健康问题。除非在 1.3 年的时间界限之后隐藏着某些潜在的问题，我们认为太空移民者的心理状况并不会与地球上的任何地方有太多差别。不过需要注意的是，虽然在太空中发生急性精神错乱的概率并不一定更高，但其可能造成的危害却要大得多。

如何应对太空中的严重心理问题

尽管有的太空任务不得不提前终止，但直至今日，我们还未在太空中见证过因心理健康问题而紧急撤回的先例。如果出现这种情况，相信我们也能在短时间内妥善处理。事实上，南极考察和潜艇任务中，就有类似的操作程序。一旦队员出现医疗或心理紧急状况，我们通常会通过空运将其送往可以获得专业治疗的地方。

但如果某人当下即对自己或他人构成威胁，同时又无法进行撤离，我们该怎么办呢？值得庆幸的是，我们有《国际空间站综合医疗手册》（*International Space Station Integrated Medical Group Medical Checklist*）这份宝贵的指南，其中专门设有一章节讲解如何应对"急性精神错乱"的情况。

> 请取出药品分包、灰色胶带、松紧带和毛巾。与"病人"沟通，告知他们你正在"使用约束工具以确保他的安全"。使用胶带捆绑病人的手腕和脚踝，在胸腹部使用松紧带固定。如果需要束缚病人头部，可在颈部下方放一条毛巾，然后用胶带固定。

之后，向病人提供口服镇静剂和安定剂。如果遭到他们拒绝，可以通过肌肉注射的方式给药。医务人员应陪同病人，仔细监控并记录其生命体征。对于有自杀倾向的病人，也建议采取类似的处理方式。

然而，迄今为止，太空中还未发生过这种情况。如果在国际空间站遇到这样的情况，我们可以在返回地球的过程中使用镇静剂来控制患者的状态。对于距离地球相对较近的月球，紧急返回地球也是可行的，预计只需几天的时间。但对于火星这样遥远的定居点，我们就必须在当地找到处理心理紧急状况的方法。这意味着在移民的早期阶段，我们必须确保有足够的精神卫生服务与药物供应，并且针对那些对自己构成危险的人，我们可能还需要采取措施，将他们安全地限制起来，直到问题得到解决，或者能够送他们返回地球。这绝非易事——因为轨道力学的限制，最坏的情况下，患者可能需要被限制超过一年的时间，再经过 6 个月的航行才能返回地球。并且，这种情况只有在一个足够大的、包含专业人员和设施的定居点才能得到妥善处理。如果这种情况发生在一个只有 100 人的前哨基地，那可就真的是个大难题了。

心理学与太空移民

从大局上看，太空心理学到目前为止一切都进展顺利，但不能期望一切都完美无缺。

我们认为，心理学可能不会成为太空移民的一大障碍，至少不像生育问题那样令人担忧。如果仅凭电影和小说，可能会认为人在孤立环境中很容易精神崩溃。但实际上，极地探险的历史告诉我们，尽管困境重重，食物供应越来越少，但在被困时，探险队员们还是能保持相对稳定的心理状态的，甚至在某些时候表现得很有风度。

尽管如此，缺乏太空对认知影响的长期研究数据还是令人担忧。就我们的"等待，然后大举前进"的策略而言，这确实是一个值得停下来等待的重要原因。我们希望能看到更全面的长期研究数据，以确定认知影响是否真的存在；如果存在，又该如何减轻这些影响。考虑到火星定居点将面临的孤立性和危险性，任何一种缓慢发展的心理健康恶化问题都可能变成一场噩梦。

日常需求和急性心理问题的风险意味着，任何太空定居点都需要制订全面的心理健康支援计划，以应对可能出现的各种精神病学疾病。虽然这听起来并不难，但实际上却是一个巨大的挑战。在人类开始在地球之外的地方定居，并在外太空抚养下一代的未来，我们必须找到一种方法，确保可以在当地照顾好人们的心理健康。这不仅涉及人员的选配和建筑设计，还包括药物的研制和供应。现代的心理药物并不是为了在太空辐射环境下保持稳定而设计的，而且整个心理药物领域的药品都只能在地球上生产。如果我们等到科技足够发达，能够轻松地将庞大的设施和人群送入太空，并且有常规的方式让人们返回地球，那么所有这一切都会变得相对容易一些。

至于太空移民阿斯特丽德和她的孩子们，我们假定他们在心理上已经完全适应了看不见地球的生活。整个家庭的身心都十分健康，唯一的问题是，他们将在哪里定居。

读者须知

走进电影的火箭技术——或者说，回顾昔日的太空资本主义

赫尔曼·奥伯特（Herman Oberth）生于 1894 年，逝于 1989 年，也是唯一一位能够见证阿姆斯特朗"人类的一小步"的火箭学创始人。

奥伯特是个奇才。在他罗马尼亚的童年时代，尽管还没学过任何高等数学，他就在儒勒·凡尔纳的《从地球到月球》（*From the Earth to the Moon*）中发现了一个错误。在凡尔纳的描述中，太空旅行者是从一个 275 米长的大炮中发射出去的。年少的奥伯特算出，这种发射方式将产生 23 000 倍的正常重力——足以把书中第 26 章的主人公瞬间化为液态。这不仅展现了他过人的智慧，更反映出他对人类福祉的高度关心，这对未来的火箭科学家来说是非常重要的。

在年轻时，奥伯特本希望投身于物理科学的研究，但遭到了他从事医学的父亲的反对。奥伯特虽然服从了父亲的意见去学医，然而，他对太空探索的兴趣丝毫没有减退。在第一次世界大战中，奥伯特身为一名年轻的军医，尝试通过服用药物降低自己的平衡感，然后浸入浴缸中，借助一根管子呼吸，以此模拟太空中的失重状态，从而更好地了解未来的火箭科学家可能面临的挑战。虽然我们并不推荐在家中尝试奥伯特的这一方法，但他的实验确实证明了通过药物、潜水，并在失重状态下保持方向感是可行的。事实上，在当时的第一次世界大战中，这算得上是一次相对安全的尝试。

我们可以想象，奥伯特其实更希望有别人充当他实验的"小白鼠"，但在火箭研究的初期阶段，由于资金的匮乏，他几乎无法找到试验的志愿者。等到他父亲最终妥协，奥伯特便全身心投入太空研究。因为缺乏经费，他将重心放在了理论研究上，并利用妻子的资金出版了《飞往星际空间的火箭》（*The Rocket Into Interplanetary Space*），这部著作在德国掀起了一股火箭热潮。虽

然他曾有机会获得一个火箭项目的风险投资，但因为一位教授坚称奥伯特的构想并不可行，他的梦想破灭了。没有学术职位和资金支持，奥伯特最终成为一名乡村小学的教师。他在空余时间与其他太空研究的爱好者通信，并撰写了一些科普文章。

就在 1928 年的某一天，他收到了世界著名电影导演弗里茨·朗（Fritz Lang）的电报。当时朗正在制作一部名为《月里嫦娥》（*Frau im Mond*）的太空旅行电影，并希望该片在技术上做到尽量精准。于是，奥伯特收拾好了行李，前往柏林的乌发电影公司（UFA）。

最终，奥伯特负责了一个推销噱头，他的任务是制造一枚 13 米高的探空火箭，并在这部电影的首映式上将其发射至平流层。让我们稍微停下来，想象一下这是多么不可思议。奥伯特是一个教授物理学的理论家，而非工程师。这就好比让爱因斯坦从零开始制造原子弹，但仅仅给他一个阁楼、一个助手和一点点资金。

对于奥伯特来说，首要的任务是开始尝试使用液体火箭燃料。虽然他是那种愿意为了科学服用使人眩晕的药物并在水下进行实验的人，但如果他能从 20 世纪 20 年代末的视角预见到有多少人——包括他的朋友——会因为摆弄火箭燃料而丧命，他肯定不会去做接下来的事情。

如果你想知道把液态氧气倒在汽油上会发生什么，至少在这个案例中，我们可以告诉你，你会被炸到房间的另一头，耳膜破裂，左眼受伤。但如果对火箭有足够的热情，你会立刻回到工作岗位上。

由于最后期限只有 6 周，没有时间建造风洞，测试火箭设计的空气动力学的唯一方法是把模型扔进烟囱里。根据奥伯特的朋友博里斯·V. 劳申巴赫（Boris V. Rauschenbac）博士的描述，UFA 找到了一个绝妙的办法：他们拍了下落的火箭模型的照片，把它倒过来，然后当作宣传资料发了出去。

奥伯特最终并没有完成火箭的制造。事实上，他在首映之前就因为神经衰弱回到了家乡。UFA 以电影公司的典型风格，通过营销赚取了丰厚的利润，却并未提供实质性的火箭。而奥伯特则回到了他的乡村。在其他人建造早期太空时代的伟大机器时，他扮演了一个理论家的角色。这是他与太空资本主义的最后一次接触。

第二部分

茫茫太空，星球之上的家

人类将在哪里建立外太空的家园

1835 年，纽约的《太阳报》（*The Sun*）曾宣称，约翰·赫歇尔爵士（Sir John Hersche）（他应该是法学博士，皇家学会会员）在南半球的探险中使用一台"尺寸巨大且原理全新的望远镜"观察到了月球上的生命。赫歇尔在近距离观察月球时惊讶地发现，那里的生命比地球上的丰富多彩——在山谷里的独角兽、长角的熊、直立行走的海狸，还有一种在河岸上翱翔的人形蝙蝠。

这个故事虽然流传甚广，但后来被证实包含了太多不实之处，现在人们只记得，它就是 1835 年的月球骗局。这并非第一次，也不会是最后一次，有聪明人被愚弄，认为太空对生命是友好的。直到 20 世纪，还盛传着一种理论，声称火星表面布满了运河，是外星人为了保护日益减少的水资源而修建的。在无线电尚未发明的年代，人们曾提议用光、火或在森林中刻画形状来向火星发送信号。直到 1964 年，一项关于火星探测任务还提议让航天员登陆火星，"调查火星上的生命形式，探索其潜在的营养价值"。但当 1965 年的"水手 4 号"（Mariner 4）探测器抵达火星轨道后，真相就变得一清二楚了——在地表的森林里刻上"打扰一下，火星人，你们的营养价值是多少？"毫无意义，因为根本就没有火星人会收到这个消息。除了地球这颗淡蓝色的小行星以外，月球、金星以及我们所知的整个太阳系中，情况都是如此——并不存在生命的迹象。

可能在月球上
不存在

　　为什么？因为太空实在可怕。整个太空都非常可怕。在月球和火星表面拍摄的照片和视频可能让我们产生误解。它们看起来似乎还不算太糟，就像是尘土飞扬的沙漠和丘陵一样。这里就算没有快乐山谷里的长角的熊和人形蝙蝠，但也并非完全让人反感。要正确解读这些图像，我们需要了解它们无法展示的东西。月球不仅仅是一个没有空气的灰色撒哈拉沙漠，而且它的表面由锐利、带电的微小玻璃和石头组成，这些物质会黏附在宇航服和登陆器上。火星也不仅仅是一个外星版的死亡山谷，它的土壤还含有毒性化学物质，其稀薄的二氧化碳大气层会带来遍布整个星球的尘暴，一次就能遮蔽阳光数周之久。

　　但相比其他地方，这里可算是太空登陆的好去处了。

　　金星上有着烘烤般的高温、海底的巨大压力和硫酸云，与地狱相比也有过之而无不及。水星裸露在太阳附近，其赤道温度变化可超过 600℃。用当前的技术，到达较远的行星需要数年时间，从那里看太阳显得暗淡且遥远。木星或土星的一些卫星可能在其温暖的地下海洋中孕育着生命，但即便那些深海足够温暖以支持生命，也被厚达数千米的冰壳挡在了人们的视线之外。

对于那些有志于太空移民的人来说，问题不是"哪里是好地方"，而是"哪里是可以生存的地方"。我们的选择其实并不多。虽然太空浩瀚无垠，但适合定居的地方却寥寥无几。在达到极为先进的技术水平之前，我们只能指望在月球和火星这两个世界定居。火星的陆地面积与地球相当，但那只是因为它没有海洋。同样，月球上也没有海洋，其陆地面积大约相当于1.25 个非洲。

除了这些，我们还可以尝试探索建造一个巨大的空间站。这个项目难度很大，但它也获得了许多杰出人士的支持，我们稍后将对此进行探讨。

就当这是一本关于大气层以上区域的旅游指南吧。我们会为你介绍可能前往的地方、那里的设施与服务、住宿条件如何，以及潜在的死亡风险——当然，我们不会在这些内容上过多停留。

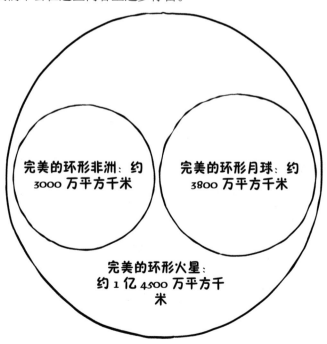

第五章　月球

地理位置极佳，但需要一些翻新

巴兹·奥尔德林曾用"壮丽的荒芜"来形容月球表面。关于"壮丽"的部分有待商榷，但"荒芜"在科学方面是无可辩驳的。如果你在月球上建立定居点，那么生活中的主要特征就是，你总会感觉物资匮乏。

反对在月球上定居的理由

月球表面几乎找不到碳元素。仅有的那一点碳元素是在数十亿年的时间里，通过太阳风和太空物体的撞击沉积下来的。这就是问题所在，因为人类需要大量的碳元素，我们的身体中有 20% 的质量是由碳组成的。植物对碳的需求更是高得惊人，例如树木的干重[1] 中有一半是碳元素。除此之外，月球表面缺少其他重要的元素，比如氮和磷，我们所了解的生命形式根本不能在月球提供的物质基础上生存。目前，月球上只有 6 个地方有高浓度的碳，那就是阿波罗计划的月球登陆地点。太空时代的英雄们在那里留下了总共 96 袋的粪便、尿液和呕吐物。不过遗憾的是，法律禁止人

---

1 指的是去除水分后的物质重量，即物体在完全干燥状态下的重量。——编者注

们使用这些珍贵的文物。[1]

除我们稍后会提及的一些小区域外，月球基本上也是个干燥的地方。虽然月球表面确实含有一些水分，但严格来说，混凝土里也含有水分。事实上，根据最新的研究，混凝土中的水分含量甚至还要更高。我们曾经粗略计算过，如果要从月球土壤中提取水分，大概需要处理 6 吨的土壤，才能满足人每天大约需要的 3 千克水。这还不包括洗漱和偶尔的水球大战。但是，亚利桑那州立大学的月球表面专家罗伯特·瓦格纳（Robert Wagner）还告诉我们，"你计算中用的似乎是比较湿润的材料……"

月球没有防御辐射的磁层，也没有厚重的大气层——这不仅对呼吸至关重要，也能为我们防御辐射和流星。

没有保护层也影响到了月球表面。地球表面有风、有水，还有生机勃勃的松软世界。而月球的表面只有数亿个未愈合的伤痕——这些都是大小不一太空物体猛烈撞击的结果。这些撞击产生的热量使月球表面熔融，同时粉碎了原有的地表。这种熔融和粉碎的过程重复持续了数十亿年。加上极端的高温之后是极端的寒冷，导致地表不断产生裂缝，最终月球被一层"风化层"（regolith，希腊语，意为"岩石毯子"）覆盖，上面都是尖锐的小石块和玻璃碎片。

因此，你要从这些土壤中提取 3 千克水，绝不是一件轻松的事。"阿波罗 17 号"的航天员哈里森·施密特（Harrison Schmitt）就曾报告说，他在吸入月尘时出现了类似过敏的症状。一些栖息地研究人员担心，如果长期吸入过多的月尘，可能会导致类似硅肺的病症，即反复出现的肺部微

---

1 这些排泄物袋具有历史和科学价值。根据现行的太空法，这些排泄物是美国政府的财产，并受到美国航空航天局 2011 年发布的指引文件《NASA 对从事太空活动实体的建议：如何保护与保存美国政府月球人造物品的历史和科学价值》（"Recommendations to Space-Faring Entities: How to Protect and Preserve the Historical and Scientific Value of U.S. Government Lunar Artifacts."）的保护。因此，如果你曾经梦想利用阿姆斯特朗留下的排泄物在月球上种植蔬菜，我们遗憾地告诉你，是时候放弃这个梦想了。

小瘢痕使呼吸变得极其困难。

最小块的碎片厚度约合人类头发直径的 1%

　　这对设备同样不利。就像约翰·扬（John Young）在"阿波罗 16 号"任务期间所说的那样：

　　　　"休斯顿，这些尘土就像是磨砂纸。你越是擦拭，就越看不清楚。我们的通信系统和……（停顿）所有的装备都是这样。换句话说，用摩擦的方法来清洁是个错误的做法。"

　　　　月球上的风化层是个恼人的存在，人们绝不能低估它的影响。月球表面带有电荷，就像新洗的衣服一样会吸附在一起。这不仅对机械设备不利，还会导致温度失调。

　　虽然我们常常认为黑色是宇航服最酷的颜色，但实际上宇航服总是白色的。这是因为白色能够反射阳光，而这一点对宇航服设计至关重要。阳光在照射到月球表面时，不会受到空气的影响，因此强度非常大。然而，由于月球表面的风化层具有静电吸附作用，未经清洗的宇航服会逐渐呈现出月球特有的深灰色，从而吸收更多的热量。若覆盖层变得足够厚重，它甚至会起到一种绝缘作用，使得原本用于散发人体热量的设备无法正常运作。虽然目前人类在月球上停留的时间还不足以让这种情况演变成一个严重的问题，但它确实让人们的生活变得不那么如意。

　　而机器人的境况则更糟糕。据说苏联的月球车"月球漫步者2号"（Lunokhod 2）最后可能是因为覆盖在它身上的风化层过于保温，最终由于过热无法运转。

　　好的一面是，你会格外珍惜月球的日出，主要是因为它每两周才出现一次。月球的夜晚持续时间等同于地球的两个星期，也就是说，月球上有两周的光明时间和两周的黑暗时刻。再加上没有海洋和大气来调节温度，月球的表面温度变化幅度极大，范围从零下175℃到125℃。那些长期处于阴影中的区域，温度可能会更低。这对设备、人类都不利，如果你试图利用太阳能，两周的漆黑环境无疑会给你带来不便。

　　那么，面对这些困境，我们是否能得到什么积极的回报呢？从历史来看，人们总是愿意克服种种困难，以换取投资回报或不朽的名声。不过，名声的价值会随着时间流逝而逐渐减少，因此，在这里，我们将重点关注回报的价值。

　　如果你能将月球的土壤运回地球，它肯定价格不菲。但在未来，当太空旅行变得司空见惯的时候，送给你的心上人一瓶月球的玻璃和石头粉尘可能就不再那么浪漫了。月球上的矿物并不值得花费巨大的成本提炼并运回地球牟利。虽然太空旅行的经济学正在悄然变化，但至少在可预见的未来，任何要从太空开采并运回地球出售的商品都需要具有高附加值、低质量，且相对容易获取等特点。显然，月球上的任何东西都不符合这些条件。

你可能听过不同的观点。关于月球移民，不少书籍都会提到一种被称为"氦-3"的珍贵氦同位素。虽然编辑禁止我们在一本科普书中对氦同位素的经济学滔滔不绝地展开长达 10 页的讨论，但如果你想看一个书呆子气急败坏的样子，可以请我们喝杯啤酒，然后问我们这个问题。简单来说，虽然月球上的氦-3 比地球上的更常见，但实际上它极其分散。我们说的是十亿分之几的量级。据估计，从 150 吨的月壤中只能提取出 1 克氦-3 元素。换句话说，你可能需要处理数平方千米的月球表面，才能获得比较可观数量的氦-3 元素。那么氦-3 到底有什么用途呢？简单说来，它可用于一些医疗应用，以及未来可能实现的一种聚变反应堆。这种聚变反应堆在理论上是一个美好的愿景，但现实是我们还无法构建它，而且几乎没有人在尝试这么做——因为与我们同样无法构建的、更常见的聚变反应堆相比，这种反应堆的建造难度要大得多，而且其他反应堆使用的燃料也更为便宜和充足。至于氦-3，其实已经可以通过一种尽人皆知的核电资源——重水反应堆——来制造了。好了，屏幕上都是我们的唾沫星子了，还是就此打住吧。[1]

看吧，这就是月球的实际情况：它的温度比沙漠还要炎热，比南极洲还要寒冷，没有空气，受到太空辐射的侵扰，缺乏碳元素，且矿物也缺少回售给地球的价值。显然，它并不是一个淘金的好地方。哦，还有一个问题：长期生活在仅有地球重力 1/6 的环境中，同时不得不吸入微小的玻璃粉尘，

---

1 如果你也想成为那种因对月球同位素的研究激动得喘不过气的书呆子，我们推荐你阅读一篇论文：格利特·布鲁豪格（Gerrit Bruhaug）和威廉·菲利普斯（William Phillips）所著的《月球的核燃料资源：对未来月球核燃料利用的广泛分析》（*Nuclear Fuel Resources of the Moon: A Broad Analysis of Future Lunar Nuclear Fuel Utilization*）。

这会对人的健康产生什么长期影响呢？关于这个问题，你的想法可能和我们一样。

支持在月球上定居的理由

你应该看看它的地理位置！

除了太阳（我们基本不可能在上面登陆）之外，月球是太阳系中唯一与地球保持相对固定位置的地方。这位宇宙邻居总是与我们保持约 38.5 万千米的距离。

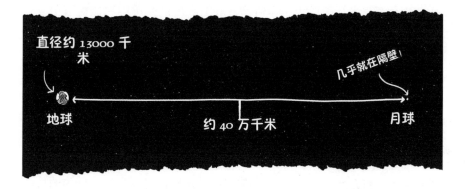

月球就像是宇宙中的周边游，来去都很方便。这意味着航天员可以定期接收新的补给，也意味着信号只需要约一秒钟的时间就能实现往返传递，因此在紧急情况下，我们可以进行几乎实时的通信。这还意味着可以从地球上远程操控建筑设备，而无需花哨的自动机器人。

月球也是进行火箭发射的绝佳地点。从能源的角度来看，航天飞行的困难之处不在于长距离的旅程，而在于首先需要离开地球。在前往火星的行程中，我们绝大多数的推进剂都会在达到地球上方稳定的轨道时被消耗殆尽。一旦进入轨道，只需要相对较少的推进剂就可以将我们送到其他地方。

你可以想象，太空就像一块巨大的空气曲棍球板，表面上有很多深井。

一旦你从深井中走出，或在其边缘旋转，只要你有足够的时间，就能轻松到达你想去的地方。地球是一个深重力井，而月球的重力井则远没有那么深。

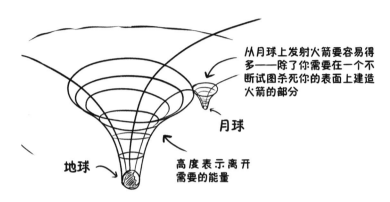

从月球上发射火箭要容易得多——除了你需要在一个不断试图杀死你的表面上建造火箭的部分

月球

高度表示离开需要的能量

地球

参考玛丽莲·达德利-弗洛雷斯（Marilyn Dudley-Flores）和托马斯·甘加勒（Thomas Gangale）在 2009 年的美国航空航天学会空间会议和展览上发表的《在月球制造，在火星制造——为地球之外的地球提供支持》（*Manufactured on the Moon, Made on Mars— Sustainment For the Earth Beyond the Earth*）一文中的图表（论文编号：AIAA-2009-6428）。

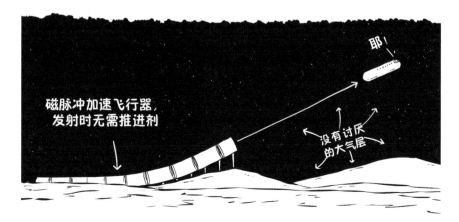

磁脉冲加速飞行器，发射时无需推进剂

耶！

没有讨厌的大气层

月球没有讨厌的大气层来减慢发射速度，这就为我们提供了一个相较于地球更为理想的平台，将物体投掷入太空。我们甚至还可以在月球上设立质量驱动器——这基本上就是一个通往太空的过山车，完全不需要火箭发射——在地球上是几乎不可能实现的。

但我们得明确一点，想要在月球上建立发射中心并非易事。尤其是在初始阶段，我们很可能需要把大量的材料从地球运送上去，而且成本相当高。但至少从理论上说，部分建筑材料是可以从月球本身获取的。月球的表面含有丰富的硅、铝、镁、铁和钛。硅可以用于多种用途，比如制造窗户或太阳能板。而铝、铁和钛都是优质的建筑材料。镁的熔点较低，所以加工相对容易，但它也有一个小缺点，当与人们常用的氧气接触时，它可能会爆炸。

但是，当你听到像我们这样的科学书呆子说"某样东西是可以制造的，因为所需的元素都在那里"的时候，你得小心了。我们说用金属和硅可以制造光伏电池，就好比说因为你家后院的土壤里有铝、铁和碳，所以你可以用它们来造飞机。只关注元素本身可能会掩盖其背后的复杂性。比如，钛的加工需要在特制的高温炉子里进行。太阳能板所需的硅只能从尖锐颗粒的灰尘或压缩的石块中获得。试图用月球上的铁来造建筑梁，就像试图从一堆锈铁里造出钢梁一样。虽然理论上可行，但难度巨大。值得注意的是，人们在谈论地球资源的时候，从来不会这么说。你绝对不会听到有人说"我们应该在这里开采铜，因为这里确实有铜"。所以，除非这些书呆子手里还拿着某种未来的无限能源供应——比如氦-3——否则面对他们列举的矿物质含量清单时，你最好保持谨慎。

虽然月球上确实存在一些有用的材料，但实际上，在月球表面的任何地方建立定居点都是充满挑战的。但并不是所有地方都不可行。月球上确实有一些诱人的位置，值得我们在寻找定居点的时候加以考虑。我们把这些位置称为月球的"黄金地段"。其中，特别值得关注的有三个月球特征：熔岩管（Lava Tubes）、永昼峰（Peaks of Eternal Light）和永夜坑

（Craters of Eternal Darkness）[1]。

月球的上层地壳

　　熔岩管是一种特殊的洞穴，同样可以在地球和火星上找到。它们的形成方式多种多样，但其中一种常见的方式是这样的：随着熔岩的流动，其外层逐渐冷却并变硬，这有点像河水在寒冷的天气下冻结成冰。这层"地壳"就像一个保温瓶，将熔岩包裹其中，使其保持热流。最终，当所有的熔融岩浆都流走后，这层地壳就会作为一个巨大洞穴的屋顶而留下，洞穴的拱形天花板高耸，仿佛一座地下的大教堂。

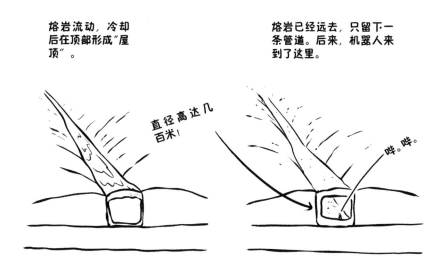

熔岩流动，冷却后在顶部形成"屋顶"。

熔岩已经远去，只留下一条管道。后来，机器人来到了这里。

直径高达几百米！

哔。哔。

注：这是形成熔岩管的几种过程之一。关于具体的地质细节，请参阅绍罗等人所著的《地球、月球和火星上的熔岩管：比较行星学揭示的熔岩管大小和形态综述》。

---

1 虽然按照技术术语，今天常用"永久阴影区"（Permanently Shadowed Regions）来描述这些地方，毕竟不是所有的地方都是陨石坑。不过，为了用词的优美，我们决定还是坚持使用这些传统说法。

如今月球已不再产生熔岩流，但在过去的某个时期确实有过。由于月球的重力较低，这些熔岩管尺寸巨大——甚至比地球上的任何类似洞穴都要庞大 10 倍以上。其中封闭的空间超过了 10 亿立方米，比国际空间站 388 立方米的面积宽敞许多。最让人感到不可思议的是，最近的研究证据显示，至少在某些情况下，这些月球洞穴的温度可能和地球相似，在 17℃ 左右。我们将在下一节中讨论栖息地的设计，但在此之前，你需要知道的是，这些洞穴可能可以提供一个天然的地下空间，这不仅能够保护我们免受辐射、微陨石撞击和极端温度的侵袭，同时也为我们在月球上的早期定居活动提供了极大的便利。

虽然熔岩管似乎是月球上的理想居住地，但也存在一些潜在的问题。首先，由于熔岩管的巨大规模，如何安全进入将是一项挑战。

在月球上行走本已是一项艰巨的任务，再加上探索洞穴的复杂性，难度可想而知。更关键的是，我们对月球熔岩管的了解还不够充分，它们的稳定性也是一个难以评估的问题。正如瓦格纳所言，"……证明月球熔岩管有多大（甚至是否存在），最有力的证据是观察到的坍塌段……"尽管如此，情况总体而言还是比较乐观的。近期的研究显示，在阿波罗时代拍摄的照片中已经发现了一些洞穴的存在。目前，科学家们正通过建立模型来分析哪些特征有助于形成更为稳定的熔岩管。此外，这些熔岩管已经存在了如此漫长的时间，其中一些至今仍然完好无损。当然，如果要在太空房地产市场推销这个地方，我们可能不会这么说，但既然这些洞穴存在的时间已经比地球上出现生命的时间还要长，有理由相信它们在未来的岁月里能继续保持稳定。

接下来是永昼峰和永夜坑。这听上去像在描述一个青少年跌宕起伏的情绪状态，但实际上，它代表着绝佳的商机，未来甚至有可能成为地缘政治出现矛盾的源头。正如我们先前所说，月球会有两周白天、两周黑夜。然而，就像在地球上一样，在月球的两极，昼夜周期会变得有些奇怪。科学家在 19 世纪初就开始推测，如果一个天体和太阳之间的角度正好，那么它的部分区域就会永远沐浴在阳光下。月球两极上的山峰尤其引人关注，它们似乎永远被阳光照耀着。

相对于太阳，地球倾斜了 23.5 度，因此我们有了四季。

相对于太阳，月球只倾斜了 1.5 度，所以有些山峰几乎能被永恒照亮。

最新数据基本证实了这一点。这些山峰被称为"永昼峰"，但更准确的说法应该是"几乎永昼峰"。具体来说，月球北极的皮尔里环形山（Peary crater）边缘大约有 89% 的时间能享受到阳光的照明，而月球南极的沙克尔顿环形山（Shackleton crater）边缘则大约有 94% 的时间能被照亮。这对于太空探索者非常有吸引力。首先，这意味着如果使用太阳能，他们可以持续获得能源，而无须应对长达两周的黑夜。其次，因为始终受到阳光的照射，而不会受到昼夜交替的影响，他们在这里可以获得大约零下50℃的稳定温度。虽然不像坎昆那样温暖，但至少也能达到如西伯利亚一样的温度，而不至于被瞬间冻死。

还有同样位于两极的"永夜坑"，它们可比名字听上去更有吸引力。由于阳光以如此刁钻的角度射向两极，月球有一部分陨石坑内从未见过阳光。你可以想象把一个巨大的咖啡杯放在月球北极，可能更容易理解一点。杯子的边缘和内部的一部分会被照亮，但只要杯子足够深，总会有阳光永远无法到达的区域。永恒的黑暗就意味着永恒的寒冷。

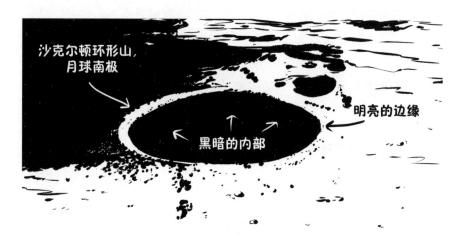

怎么会有人喜欢永恒寒冷的阴影地带呢？正是由于这里极低的气温，其中一些地方可能贮藏着水冰。太空探测器或者人类都还未探索过这些领域，因此我们对它们的了解还很有限。但这里的水资源可能来自撞击月球的彗星，或者很久以前月球上的火山活动。这些水可能在月球表面已经流动了上千年，最终被困在了这些异常寒冷的地方。在那里，它们被黑暗囚禁了几个世纪，结成了水晶般的神秘宝藏，直到蓝色起源公司的宇宙飞船在附近着陆才有了出头之日——杰夫·贝索斯需要为他的热水浴缸加满水。

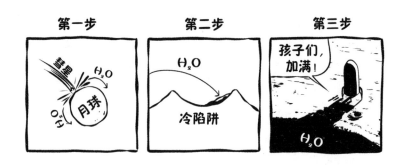

但要知道，这可不是一件轻松的事情。在极端低温下，冰块就像石头

一样硬，与你冰箱里的冰块完全不同。而且，它还含有其他化合物，比如甲烷、硫化氢和氨等。这些都是潜在的宝贵资源，但同时也是有毒的物质，任何人在喝之前都必须将其分离出来。虽然这些化学物质中包含了珍贵的碳元素，但遗憾的是，即便我们收集了阿波罗计划遗留下的粪便袋，我们手头的碳元素仍然远远不足以开始农耕活动。

不过，如果你能在这些充满黑暗和（几乎）永远光明的陨石坑里建立一个基地，你就拥有了太阳能和水资源，在太空这就意味着一切。你看，你的好朋友水是太空活动的万能工具。你可以喝下它，也可以将其分解为氧气和氢气，再用氧气进行呼吸。在适当的条件下，氢气和氧气还能反应生成火箭燃料或用于燃料电池。只要你有足够的能量，水就意味着生存、移动、逃生，而且，如果未来月球上的火箭燃料能找到市场，它甚至可能成为一门生意。

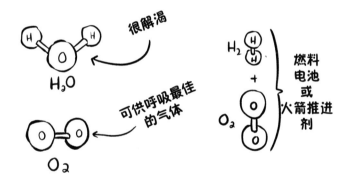

月球上这些黄金地段的主要问题在于，如果它们真的如此珍贵，我们可能会因它们而争斗不休。关于这些地方的法律规定目前还不够清晰，这个问题我们稍后再谈，但在这里我们想要强调的是，这些资源是有限的，且数量不多。

按照乐观的估计，永夜坑占月球表面的比例只有0.1%。而且那里的水资源也并不充足——可能最多有1亿吨。虽然听起来很多，但这也只相当于0.1立方千米的水而已。也就是说，这些永夜坑里隐藏的水总量可能仅相当于萨迪斯湖的 10%。你知道萨迪斯湖吗? 它位于美国密西西比州,是一个人工湖泊。我们以前也没听说过,但看上去倒是个不错的地方。

萨迪斯湖里有鲈鱼,还有餐厅。与那些富含水的月球坑相比,它还有一个明显的优势——它的水资源可以在非常短的时间内得到补充,而不需要亿万年的时间。如果月球上的水主要用于支持人类的生活,而你又非常善于回收利用,那么它还能用很长时间。但如果被用作火箭燃料,那么一旦燃烧结束,这些水就没了。

至于永昼峰呢? 据估计,它们占月球表面的千亿分之一。算一算,这些山峰的总面积甚至还不如两个网球场那么大。当然,你可以通过在平台上安装太阳能板或选择不那么持久的光源来扩大可利用的空间,但重点是,尽管月球的总面积比两个俄罗斯的面积略大,但这些特别优质的地段却少得可怜,其总面积甚至不如列支敦士登。如果未来有人争夺月球的土地,那么这些地方无疑将成为争夺的热点。

谁想在月球上建立家园

几乎没人会把月球作为最终的定居地,因为月球的大部分价值在于其独特的地理位置,而且缺少维持生命所需的资源,所以其主要作用是通往其他星球的跳板。这至少给了我们两个在月球上建立设施的理由。

第一个理由是,月球有潜力成为一个巨大的太空港。尽管地球是个美好的地方,特别是在周末的时候,但在地球上发射航天器却是一项艰巨的任务。如果我们能在月球上搭建起合适的设施,那么它就会成为一个理想的地方,可以在那里为旧的航天器补充燃料,或者直接在那里发射航天器。正如太空梦想家克拉夫特·埃里克(Krafft Ehricke)曾经说过的:"如果上帝希望人类能够成为可以太空航行的物种,那么他就会赐予人类一个月球。"

第二个理由是为了积累经验。在南极洲建立永久性科考站之前,人类已经在那里进行了 50 多年的探险活动。能够成功建立南极科考站，部分还要归功于那些在北极居住了数千年的居民的经验和知识。但对于月球，我们还缺乏这样的经验和知识。事实上，我们甚至几乎找不到经验丰富的月球旅行者。阿波罗计划中的 12 名航天员在月球上的总停留时间不到一个月，而截至目前，只有 4 人还在世。

虽然月球有它的局限性，但它距离较近，这使我们免去了前往其他地方时会面临的许多复杂的后勤工作。月球是一个理想的地方，可以在这里解决我们前面提到的所有问题，比如在低重力环境下的医疗问题，长期在太空中可能面临的心理健康问题，防尘问题，以及机器人建造、生儿育女等一系列的难题，还有一些可能还没预见到的问题。这就像我们在正式出海前先在湖里划划独木舟，积累经验。

这种观点也引起了许多大型太空机构和发射公司的共鸣。美国国家航空航天局的"2020 年阿尔特弥斯计划"就明确表示，"我们越早登上月球，就能越早实现将美国航天员送上火星的目标"。与此同时，中国也计划在 21 世纪 30 年代实现人类登月的壮举，并正与俄罗斯展开合作。杰夫·贝索斯的蓝色起源公司则对沙克尔顿环形山丰富的水资源、阳光和矿物质产生了浓厚的兴趣。美国国家航空航天局正在与太空探索技术公司携手合作，希望他们的"星舰"（Starship）能够成功将航天员送上月球，而太空探索技术公司也签订了一份私人合同，计划为游客提供绕月旅行的服务。

在未来的某一天，如果月球的发展达到可以运作大规模制造业的水平，那么探索甚至定居太空的其他地方可能会变得更加容易。由于从月球发射比从地球发射容易得多，因此原则上，在月球上制造推进剂或火箭零件的成本可能远低于地球。但这些都是次要的考虑因素——只有在其他地方更有价值的情况下，月球才有定居的价值。无论是通过公共还是私人资金，如果人类觉得将人类送入深空是值得的，那么月球的实用价值就可能证明，在这里建立全面定居点是合理的。然而，尽管这种可能性对许多太空爱好者来说很有吸引力，但他们大多数人认为月球不是终极目的地，而是通往更好地方的中转站。通常，他们所说的更好的地方是火星。

　　阿斯特丽德和她的同伴们还没有下定决心在哪里定居，所以我们在考虑最重要的替代方案时，先给他们一份旅行手册，让他们好好研究。

第六章　火星

无边的荒凉风景和有毒的天空，但真是个好机会！

把老年人送到火星吧，反正他们迟早都会离开人世。

——约翰·扬，航天员

我们接下来要论证的是，为什么火星是太空移民的理想选择。但首先需要明确一点：以地球的标准来看，火星的环境极其恶劣。火星离成为人类的备选家园还有很长的路要走。设想一下地球上最糟糕的气候场景：海平面上升 10 米，淹没了纽约市和波士顿；比利时和荷兰等地势较低的国家被海水整个吞没；热浪使得南半球部分地区无法居住；洪水、干旱、野火和巨大的热带气旋肆虐全球；超过一半的物种灭绝；雪山融化或被海水污染，淡水资源枯竭；热带疾病蔓延到原来的温带地区；农作物歉收，人们遭遇饥荒；超过 10 亿的气候难民冲击着相对宜居的北方国家紧闭的大门，暴力和冲突随之爆发。

这样的地球和火星或月球相比，简直就是伊甸园。地球依然拥有我们可以呼吸的空气，保护我们免受辐射的磁层，甚至很可能还有麦当劳早餐。虽然我们不愿意居住在那样的地方，但这里毕竟是太阳系中唯一一个裸奔 10 分钟还能活下来的星球。

火星对于太空移民者的吸引力不在于它现在的状态，而在于它未来的无限潜能。火星上的化学元素几乎可以满足我们长期居住所需的一切。碳、氧和水等最基本的物质都相对容易获取，至少以太空吝啬的标准来看是这样。因此，火星不仅是我们可以生存的地方，还是我们可以扩展和发展的乐土。只要有足够的时间和努力，火星最终有可能成为人类的第二故乡。

但不得不说，目前的火星环境确实相当恶劣。

反对在火星上定居的理由

像月球一样，火星表面也被一层死寂的风化土所覆盖。虽然风的吹拂会造成一定的侵蚀，但这并不能防止尖锐颗粒的产生。而火星上还有额外的问题——火星表面是有毒的。高氯酸盐在地球上是一类微量化学物质，它在火星表面土壤中占 0.5% 到 1%。这到底有多严重，取决于你的态度。乐观的太空移民爱好者会告诉你，高氯酸盐可以很容易地反应生成氧气。但我们应该注意到，高氯酸盐是一种相当危险的化学物质。在高剂量下，它们会与人体中产生某些激素所需的碘离子竞争，从而导致甲状腺问题。这对发育中的胎儿和儿童来说可不是好事。因此，我们更倾向于更悲观的看法。当人们谈论太空时，通常会对他们在地球上绝不会接受的条件异常宽容。想想看，如果你打算生孩子，并在寻找一处宅基地，而一个地产经纪人对你说："这里很不错，不过我必须告诉你，这片土地的表面含有对儿童有害的高浓度化学物质。而且它们还会被可食用的植物吸收，所以在你种植菜园之前，我建议你先把这些高氯酸盐转化成氧气。"你会怎么想？

火星的尘埃活动比月球要频繁得多。1971 年，第一个火星探测器"水手 9 号"接近火星时，科学家们惊讶地发现，火星的红色表面似乎变成了一个平滑的圆盘，原本应该是球形的星体看起来却像是一个平坦的盘子。原来，除了极地区域和高耸的火山峰之外，整个火星都被一场巨大的尘暴所笼罩。

令人震撼的是，从人类的角度来看，火星的大气层非常稀薄——其气压只有地球的 1%，并且几乎完全由二氧化碳组成。然而，尘暴却仍能频繁在火星上掀起巨浪。这也意味着，如果你走到户外，不仅会像在月球上一样迅速死去，而且还会不断面临天空被有毒尘埃遮蔽的危险。

这将使人类不得不待在室内。不幸的是，他们的户外设备，比如太阳能板，在被有毒的风化土覆盖后效能将大为降低。即使没有尘暴的情况下，光伏设备在火星上的性能也无法和地球上的相同纬度地区相比。太阳光遵循平方反比定律（inverse square law），离太阳每远一倍，亮度就会减少1/4。火星上单位面积的日照量不到地球和月球的一半[1]。

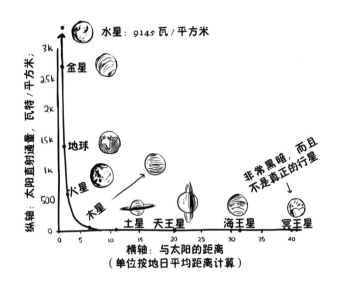

参考大卫·布登（David Buden）的《核热推进系统》（*Nuclear Thermal Propulsion System*）（科罗拉多州莱克伍德：北极星图书公司，2011 年）中的数据。

这就引出了移民火星的最大难题：距离。除非有某种超前的推进技术，否则一趟单程旅行将耗时大约半年时间。也就是说，你将在一艘狭小的飞

---

1 然而，如果不考虑有毒的尘暴，由于火星的大气层较为稀薄，日照量会稍微高一点。

船上度过 6 个月的时光，而这期间你既无法品尝到新鲜的苹果，也无法与法比奥实时通话。而且，你还需要带上充足的物资，包括够用 6 个月的食物、水、内衣和牙膏，其中任何一项都不能有所缺失。假如途中发生了什么意外，要想返回地球将会异常困难，因为前往火星的旅程本就需要极度节省燃料。通常情况下，前往火星的计划是这样的：

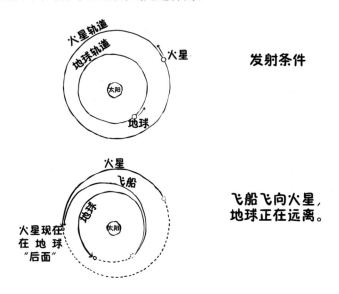

简单来说：你会以高速离开地球，在太阳的牵引下逐渐减速。当你抵达目的地时，你的外向动量刚好耗尽，这时你需要燃烧少量的推进剂，转而进入火星的轨道。现在，你可以安心地松一口气，因为此时地球已经在其较短的环绕太阳的轨道上超越了你的位置[1]。

即便是首次火星之旅，离开地球的总时间也将达到两至三年。[2] 一旦

---

1 从理论上讲，你完全可以燃烧大量的推进剂，直接向火星进发，但这种方式效率极低。不仅需要耗费大量的燃料才能加速，还需要在接近火星时再次耗费大量的燃料，防止直接飞过火星。即便我们在月球上有了基地，能够以较低的成本提供充足的推进剂，你也未必会选择这种方式，因为通过有效地利用这些燃料，可以在飞船上携带更多的物资。

2 关于火星着陆，有很多不同的提议，但所有的提议都涉及多年的航程。

你开始旅程，直到地球和火星再次接近对齐，你都无法回到地球。这种情况充满风险。当"阿波罗13号"任务的服务舱在前往月球的途中发生爆炸时，航天员能幸存下来，部分原因是物理学提供了一条非常短的"自由返回轨道"（free return trajectory），他们只需要耗费极少推进剂就能返回地球。

　　若在火星使用这种轨道，你返回地球的时间将会超过一年。在月球上，如果出了问题，你还可能通过来自地球的飞船或利用逃生舱得到营救。但如果在火星上出现了问题，很可能就只能依靠自己了。

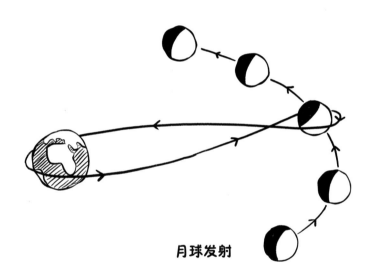

月球发射

　　在火星上，你甚至无法通过实时电话协助进行手术或修复工作。当火星和地球相距最远时，信号的单程传输时间需要22分钟。最短时，也需要3分钟。

　　和月球一样，火星上似乎也没有具有经济价值的矿物可供出口到地球。我们有时会在提案中看到氘的身影，这是一种在火星上浓度较高的氢同位素。然而，这比月球上的氦-3更为不现实，因为火星离我们更远，其经济价值更低，而且地球上也能较容易地获取氘。还有人表示，在火星上可能会发现稀有元素，因为火星尚未经历过几千年的人类开采。然而，我们并不知道这些元素是否容易获取，即使知道，也不意味着能够立即在火星上进行稀有元素的开采。因此，即便在热衷火星移民的人群中，火星投资计划的回报也往往集中在服务而非商品上，例如旅游、科学研究和媒体销售等。去往火星可能需要卓越的科学和精湛的工程技术，但想要用这个计划来赚取利润，恐怕只有真人秀能够助你一臂之力。

这就是火星的基本情况。除了在月球上会碰到的各种问题，火星还有毒尘暴和单程半年的飞行时间。那么，为何还有那么多人认为火星是人类理想的第二家园呢？

支持在火星上定居的理由

好吧，火星的地理位置也许不是那么完美，但其在园艺方面的潜力却不可小觑——当然，前提是得先将所有的毒素从土壤中清除干净。但你看，火星拥有你最喜欢的所有元素：氧、氢、碳，甚至连氮也不缺！大量的水资源被锁在火星冰盖中。火星的冰盖中蕴藏着丰富的水资源，即便你向南行至更远的地方，地下的水资源依然相当丰富，而且大气中也含有微量的水分。这比从石头中提取水，或者和杰夫·贝佐斯争夺冰冻的氨化湖泊要容易多了。

虽然火星的大气中95%是二氧化碳，但这只对人类有毒。植物非常喜欢二氧化碳，它们用二氧化碳来构建自己的身体，并且还能释放出游离氧。还有萨巴蒂尔原理（Sabatier Process），你可能没听说过，但火星移民爱好者们倒是对此了如指掌。如果在一个太空移民会议上大声背诵反应物的名称，一定会有人回答相对的反应产物是什么。[1]

---

1 我们写这句话本来是想开个玩笑，但后来得知这件事在国家空间协会的一次会议上真的发生过。

$$CO_2 + 4H_2 \rightarrow CH_4 + 2H_2O$$

大部分火星大气   可燃烧   打水枪很好用

阿门!

只要加入二氧化碳和氢气,就可生产出甲烷和水。在紧急情况下,充分的水资源能够保你三天内不会脱水而死,但从长远看,甲烷可能更具价值。如果你感觉对甲烷非常熟悉,那是因为它是肠胃胀气里常见的成分。不同于人们的普遍看法,实际上甲烷是无味的。另外,甲烷可以与氧气反应后燃烧,因此可以用来为火星探测车以及定居点提供动力,同时,甲烷在液体形态下也是一种优秀的火箭燃料。[1] 如果你是火星的首批探索者之一,那么主要任务之一可能就是进行化学反应,为返回地球的旅程积累甲

CO_2 加上 $4H_2$!

CH_4 加上 $2H_2O$!

---

1 氢也是如此,但是氢需要超低温度才能保持液态。在常压下,零下 162℃就足以使甲烷保持液态。而氢必须保持在零下 253℃,这几乎接近绝对零度。

虽然所有这些听起来并不轻松，但与月球相比，火星上的条件要好得多。在月球上，绝大部分氧气都封存在岩石中，大部分碳则都堆在排泄物收集袋中。而在火星上，氧气和碳都飘浮在空中。虽然火星表面仍然缺乏某些元素，但我们需要的其实只是微量的这些元素。你可以更容易从地球运送钾、硼和锰这些元素，这比起运送一整个农场的碳要容易得多。

火星的气候意外地宜人，至少对于太空标准而言是这样。通常来说，如果我们到一颗行星上，最常见的命运不是被烤熟，就是被冻僵或压扁。但在火星上，虽然全球平均温度为零下 65℃，冬天两极的温度可降到零下 140℃，但不至于把人冻僵。举个例子，1983 年南极的东方站记录到的最低温度是零下 89℃。而在火星靠近赤道的地区，夏天的温度大约可以达到 21℃或 70°F。加上与地球相似的 24.7 小时日夜周期，这里简直就像是我们的另一个家园——尽管外面有无边的荒凉风景和会笼罩整个世界的毒素风暴。

虽然火星与地球相距甚远，但作为发射点，它确实具有一定的地理价值。我们对小行星采矿业的前景持保留态度，但未来如果人类有能力从处理小行星中获利，火星就显示出其独特的优势。火星靠近主带小行星（Main Belt asteroids），其 40% 的地球引力和稀薄的大气层将使火箭发射比在地球上容易得多。或者，如果可以实现，在火星的小卫星上发射是更为理想的选择。

由于地心引力弱，呈土豆形

火卫一
逃逸速度：41 千米／秒

火卫二
逃逸速度：20 千米／秒

在一些设想中，这将形成一个三利互换的循环——将高科技产品从地球运送至火星，火星再将食品和其他低科技资源运送给小行星带上的工作人员。在小行星上，人们开采金属等有价值的原材料，然后运送回地球。当然，届时我们需要制定非常严格的规则，以防止有人将 100 吨的金属块直接掷回人类的发源地。

火星上没有月球那样的稀缺地产——不过，这主要是因为火星上有更多的好地方可供选择。不同的探索计划关注不同的地区，关键问题是，我们应该选择前往水冰丰富的寒冷极地，还是前往可能需要挖掘地下水资源的温暖赤道？或许可以选择前往火星的熔岩管。尽管它们不如月球上最大的熔岩管那样庞大，但仍然比地球上的熔岩管更为壮观。

或者，应该去寻找火星上可能存在的另一种东西，这种东西非常有价值，可以证明我们有理由为开发近期定居点而花费巨资——外星生命。直到 1968 年，阿瑟・C. 克拉克（Arthur C. Clarke）在他的著作《太空的承诺》（*The Promise of Space*）中写道，"……植物生长的证据令人印象深刻"。不过后来证明，火星上季节性扩张的黑暗区域并非植物，而是尘暴。

20世纪70年代，在"海盗号"探测器（Viking probes）的一项实验中，科学家们将一种营养液添加到装有火星土壤的容器中，结果立即产生了生命的化学迹象，这再次燃起了人们的希望。自那以后，人们对这一现象的意义一直争论不休，主流观点认为，考虑到反应的高速度，这种现象更可能是化学反应而非生物反应。尽管随后的火星探测确实未能检测到生命的存在，但发现了丰富的证据，表明火星在过去曾拥有一个温暖湿润的环境，至少在那时，我们所知生命所需的条件曾经存在过。

如果火星上的某个地方还有生命存在，熔岩管可能是它们最后的避难所。如果这是真的，我们可能终于有机会接触外星生命，检验它们的营养价值。但问题在于，尽管火星的微生物可能价值连城，但如果我们不慎消灭了我们所遇到的唯一的外星生命，那风险也是巨大的。因此，我们有充分的理由慎重考虑是否移民火星，或者至少在极其谨慎的情况下才考虑移民。

谁想去火星

……几乎每个想要进行太空移民的人都想去。火星是人们最常提议用于太空移民的地点，主要有两个原因：第一，它拥有我们所知的生命所需的一切生存条件；第二，太阳系的其他地方相比之下要糟糕得多。虽然太阳系广阔无垠，但真正适宜人类居住的地方却少之又少。如果你将月球和火星视为人类文明可选择的未来家园，那么火星的土地就占了80%。

在遥远的未来，我们有可能对火星进行地球化处理，也就是改造它的气候，使其更适合人类居住。有人提出可以使用巨型核武器或改变天体的轨道，让其撞击火星的两极冰盖，将水蒸气释放到空气中，产生温室气体效应。通过这种方法，我们可以使火星变得更温暖、更湿润，为引入植物创造条件。将来，这可能会成为一个人类不穿压力服就能外出的世界。不过，我们并不打算过多探讨这一点，因为这种技术在未来很长时间内都不太可能实现，而且，使用核武器和巨大天体来永久改变唯一适合定居的行星的气候，势必会引起一系列复杂的国际法问题。但是，如果你认同我们之前的观点，即"等待，然后大举前进"是太空移民的正确道路，那么火星地球化无疑是这一目标的终极版本。

　　说到头，月球和火星是目前的最佳选择。但是正如我们在探讨太空医学时所谈到的，微低重力环境可能会导致严重的长期生理问题。如果是这样的话，下一个最佳选择很可能就是在太空中建造巨型的旋转空间站。

第七章　巨型旋转太空轮

并不是最糟糕的选择

有些人认为，被称作"行星"和"卫星"的这些巨大的天体其实并不适合人类居住。你有认真观察过行星吗？仔细想想，它们实在是太浪费了。比如地球，我们根本就无法涉足它的中心部分。地球内部的 60 亿兆亿吨物质对我们来说真的有用吗？虽然地球拥有磁层和大气层来保护我们免受辐射的侵害，但我们实际上只需要一些简单的防护措施也可以做到。而且，虽然地心引力使我们在地面上行走的时候感到更舒适，但通过旋转一个百万吨的太空轮也能人工产生引力效果。既然我们有能力从零开始创造一切，那又何必费力去改造大自然呢？

简单来说，这个选项比其他已经相当难以实现的太空移民方案难度更大。这确实令人遗憾，因为在太空移民的概念发展历程中，巨型旋转空间站是最令人印象深刻的视觉元素之一——这些空间站通常被描绘成一片广阔的人造田园风光，其中森林和小溪的美丽景色与太空的点点繁星交相辉映。然而，并不是每个人都喜欢这样的愿景。根据我们与太空建筑师的对话，有人表示"我恨死那些愿景了"，因为它们让公众对太空移民的可实现性产生了严重的误解。

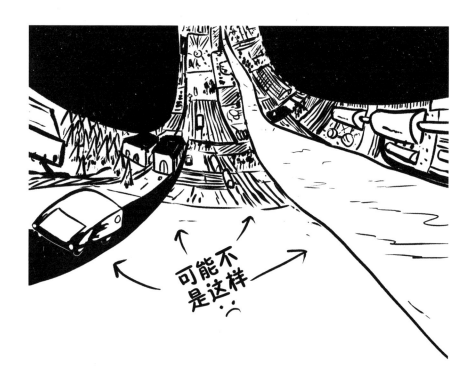

反对在开放空间站定居的理由

要在短期内建造的任何这样的空间站，其零部件很可能都需要在地球上制造。但是，地球是一个相当深的重力井，因此将太空站的零部件从地球发射到太空是一项巨大的挑战。在空间站定居的方案要求最终将数百万吨的材料从月球或小行星运送到太空的某个特定位置。在那里，原始的太空泥土会被加工成一个巨大的圆筒、球体或环形结构。这些结构不仅能够防止辐射，还能支持工业和农业的发展，更重要的是，它们还能为人类提供一个适宜的、可呼吸的大气层。

这将是一项艰巨的任务。首先，我们不能依靠现有的火箭技术。假设每次火箭发射能携带 50 吨的货物，这与地球上曾经使用过的最大火箭相当。那么，发射一百万吨材料，就需要两万次火箭发射。更为可行的办法是利用小行星的材料，或者在月球上运行质量驱动器。

所以，我们基本的计划是在外太空建造一个技术复杂的发射设施，设立一个"捕手手套"的装置来接收那些看起来不太有前途的工业原材料，然后将它们转化成人类有史以来构想最复杂的结构。

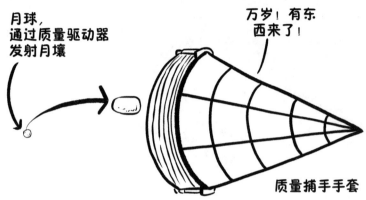

这听起来颇具挑战性。那么，我们能否缩小这些设施的规模呢？恐怕不行。为了防止人们在旋转的轮子里走路时感到眩晕恶心，这个转轮必须足够大。为什么呢？我们不妨举一个极端的例子来说明：想象你在太空中，而轮子的半径正好与你的身高一样长。

假设轮子旋转得足够快，足以在你的脚底产生与地球同样的重力感。但此时，你的头部位于轮子的中心，旋转速度要慢得多——几乎不受重力的影响。因此，你的上半身似乎在空中飘浮，而下半身却稳稳站在地上。这样的感觉会让你的胃部非常不舒服，甚至有可能让你想要呕吐。

因此，我们需要一个更大的轮子。那么，到底有多大呢？如果每分钟转 2 圈，你需要一个直径为 450 米的轮子来模拟出地球的重力。如果将转速提高到每分钟 4 圈，112 米的直径就足够了。[1]

---

1 当然，你也可以选择一种更经济的方式，比如只有一部分边缘，甚至只是一对通过绳索连接的居住空间，但这样你就真的与梦想中的大型空间站生活说再见了。

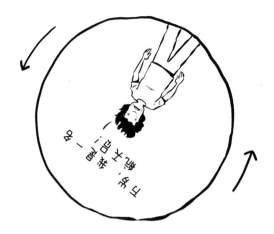

　　但是，如果把转轮的转速调整到每分钟四圈，人又会有什么感觉呢？说实话，我们并不完全确定。目前的研究通常样本量较小，持续时间不长，且大多是在不容易晕动的人群中进行的。此外，这些研究主要在地球上完成，而从"天空实验室"空间站的数据来看，地面上的旋转似乎比太空中的旋转更容易引起晕动感。即使我们假设最理想的情况，只需要 112 米的直径，这仍然比迄今为止建造的任何东西都要庞大。国际空间站耗资超过 1500 亿美元才得以建造，其最大长度约为 112 米，但它并未在边缘装上一个巨大的可居住的轮子。尽管近年来发射成本有所降低，但这仍将是一笔不菲的开支。

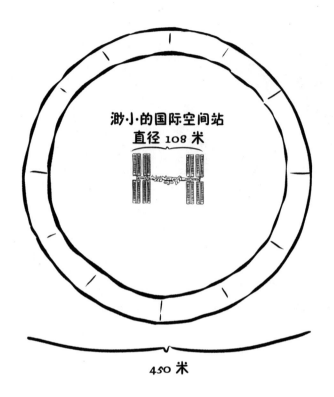

渺小·的国际空间站
直径 108 米

450 米

　　然而，小尺寸也会引发一些问题。一个小轮子需要极其巧妙地避免所谓的"洗衣机效应"。想象一下，你把一条厚毛巾放在洗衣机的一侧，然后开机转动。你会不可避免地听到一些令人担心的"咔嚓咔嚓"声。这就是旋转物体不平衡时所发生的情况，而当这个轮子还是一个小小的生命球，并处于充满敌意的虚空环境中时，情况将变得更为复杂。要解决这个问题，可以通过平衡"咔嚓咔嚓"声的来源来进行调整。例如，可以安装一个液压系统，通过水的流动来保持质量的平衡分布。

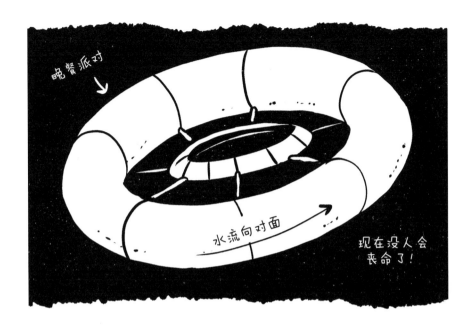

这让我们不禁感叹，似乎很难避免墨菲定律的影响。正如一篇论文所指出的："大幅度的重量转移（比如所有工作人员一起吃晚餐）将需要有计划、有控制地反向移动压舱物。"但愿在周五晚上聚餐时，管道不会出故障——你肯定不想看到桑德森女士的烤意面通过一个洞被抛到外太空。因此，最佳的解决方案可能是放弃小型空间站的构想——轮子越大越重，人类的微小动作对其产生的影响就越小。不过，这样一来，我们又回到了那个巨大且极其复杂的项目上。

虽然还有其他问题可以探讨，但关键在于：即便是旋转太空轮最基本的部分，也会涉及很多难题和危险因素，且成本高昂。虽然从字面上来说，太空中有足够的合适材料来构建这些东西，但这有点像说可以在月球上建太阳能板一样简单。对物理学家来说可能看起来容易，但对工程师或投资者来说，事情可能就没那么顺利了。

即便我们能够实现这一切，还有一个巨大的问题摆在我们面前："为什么要费这么大劲？"要在太空中建造一个400米宽的巨大轮子，就要预设我们已经具备了在月球上建造发射设施、使用巨型航天器捕捉小行星，还有在外太空建造工厂，把高速运输的风化土转变成住宅郊区的能力。但是，如果我们已经有了这种技术能力，为什么不利用这种能力直接留在月球或火星上呢？

这些设想真的有存在的必要吗？

首先，需要指出，人们通常提出的那些理由并不太站得住脚。我们经常听到人们说空间站的优势在于能够完全控制温度、光线和天气等环境因素。听起来似乎很有说服力，但其实在地球上的建筑物里，也能做到这一点。还有一种观点是，我们需要更多的土地，毕竟地球上的人口越来越多，而新的土地并不会自己冒出来。这种观点最早可以追溯到20世纪20年代，但在20世纪60至70年代的环保运动兴起之后，这种说法变得更为普遍。

关于地球的理想人口数量，不同的人有不同的看法。但有一点很清楚，提供人们居住的土地并不是我们最大的问题。以2018年为例，日本就有849万栋废弃房屋，而且某些农村地区的政府为了吸引居民，还推出了税收优惠政策。在谷歌上搜索一下，我们可以找到只要有人愿意搬过去就免费提供土地的小镇，仅在加拿大就有8个。比起太空的任何角落，南极洲似乎更加具有吸引力，而它的面积比整个欧洲还要大40%。即便在最繁忙的季节，这里的人口也不会超过一万。此外，我们确实在开发更多的土地——至少，如果你愿意将人类居住的人工结构算作"土地"的话。如果我们把空间站也算作一种人工建筑，那么这些结构的面积也不容忽视。虽然我们无法找到每年增加的居住空间总面积的数据，但以世界上最高的住宅楼——纽约市中央公园大厦为例，这座在2020年完工的建筑有接近12万平方米的建筑面积，相当于20个标准足球场，为人们提供了大量的居住、休闲和购物空间。而且，它的天气和气候是完全可控的，不需要任何旋转的太空轮。而地球上的人口增长并不是无休止的，事实上，预计在本世纪结束前，全球人口增长就会达到峰值。

从更为微观的角度看，空间站不仅创造了新的土地，更是创造了新的生物圈，从而减轻了人类及其制造的污染物对地球造成的压力。这在原则上是可行的，而且可能在未来的某一天实现，但这并不能及时拯救我们免受气候变化等重大环境问题的影响。即便我们能以环保的方式建造这些设施，为了保持人口稳定，我们每年也需要将大约 8000 万人送入太空，即每天需要有 22 万人进入太空。作为参考，中央公园大厦大约有 200 个公寓。考虑到太空站的居住空间可能更为紧凑，而且还需要为购物和酒店留出一部分空间，我们将其增加到 1000 个公寓，每套公寓要住 5 人。按照这个计算，为了保持地球人口不增长，我们每年需要将约 16 000 座中央公园大厦送入太空。当然，这还没算上人们需要的农场、商店和"太空雪佛兰面包车"服务。

空间站确实是一种令人着迷的存在。如果可以在任意太空移民概念中自由选择度假地，我们肯定会毫不犹豫地选择巨大的太空轮，而不是火星或月球的荒凉沙漠。但是，我们深入挖掘这个问题的细节时，就会发现在开放空间站中定居实际上等同于进行一场高难度的太空探险。

支持在开放空间站定居的理由

当然，在特定的条件下，我们可以为定居空间站找到几个合理的论据。

首先，我们需要面对的是婴儿的问题。作为对太空性生活及其后果有深入了解的专家，你应该已经知道在微低重力环境下生活会引发的种种担忧。考虑到月球和火星的微低重力环境对人类的健康和繁衍可能造成的负面影响，我们可能需要等到太空技术成熟，才能真正实现太空移民。但这并不意味着空间站就应该成为外太空生活的首选模式，因为它们可能更像是太空中的托儿所。虽然这与《星际迷航》中的宏伟愿景相去甚远，但不可否认，这样的设想要温馨得多。

其次，假设我们已经建立了一个发达的太空经济体系，空间站在这个体系中的确有其独特的价值。空间站所处的重力并相对较浅，这就意味着宇宙飞船能够在不耗费大量燃料的情况下自由来往。此外，太空站内的多重重力环境也可能带来意想不到的好处。以旋转的太空轮为例，人工重力的强度取决于你在轮子内的位置。简单地说，你越靠近轮缘，感受到的重力就越大，而当你靠近轴线时，重力则逐渐减弱。

这一点最棒的结果是，人们能够在旋转空间站的中心自由飞翔。而且，这种设施对于制造业来说也有着实际的吸引力。在零重力的环境下构建宇宙飞船可能会变得更加轻松。或者，也可以创造一个超低重力的环境，使我们能够毫不费力地操纵巨大的物体[1]，同时也避免了零重力环境中飘浮碎片的问题。零重力环境也可能为某些制造过程带来益处，比如晶体的生成。但我们要指出，自20世纪70年代以来，人们一直在期待这些潜在的好处，但至今尚未以任何方式大规模实现。

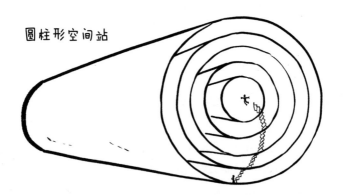

圆柱形空间站

当你向轴心爬升时，每层甲板上的"重力"都会按比例减少。当爬到轴线的一半时，你的体重会减轻一半，而轴线上则是纯粹的微重力。

再次，巨大的太空轮将使前往火星或月球的旅途变得更为豪华。并且，

---

1 但请记住，这并不意味着在零重力环境中就完全没有风险。零重力中的物体仍然具有惯性。如果一个巨大的钢球把你推向墙壁，你在零重力环境中依然会被压扁。

太空轮提供的人工重力会保护乘客免受微重力的困扰，也使得旅程变得更为安全。然而，"富人能够在其中尽享奢华"通常并不是人们支持这些项目的理由。无论我们需要多少运输工具，这并不意味着必须全面实施太空移民。

坦白说，以上就是我们对空间站全部的积极评价了。它们深受太空爱好者的喜爱，几十年来也一直是国家空间协会的重点追求目标。但除非微低重力真的成为可以克服的难题，否则我们认为，旋转太空站在未来很长一段时间内都不会成为我们移民太空的首选。

许多支持空间站的理由都来自20世纪70年代的一个特定时期。当时，人们普遍认为环境的恶化会在短时间内导致全球性的饥荒。与此同时，太空发射的成本也在迅速降低。另外，我们如今常见的可再生技术，比如廉价的光伏板、大型风力发电机和高效的电池储能技术，那时还属于遥不可及的未来。如果把所有这些制约因素结合起来——在极短的时间内发生资源灾难，进入太空的费用非常低廉，而且没有其他选择——空间站的存在或许是合理的。它们不仅可以搜集太阳能，还可以建设工厂和人工居住环境，成为人类的新家园。但实际上，预测中的饥荒并没有发生[1]，可再生能源的成本也在逐渐降低，而太空旅行的成本，尽管有所下降，仍然相对较高。因此，如果现在我们就想要把人类从地球上转移出去，空间站可能并不是首选。

但话说回来，还有比空间站更糟糕的选择。

---

1 这并不是说没有发生过饥荒，但真正发生的饥荒并没有达到数亿人面临饥饿的预测规模。更重要的是，这些饥荒通常是由战争引起的，而不是因为消费超过了资源的供给。这与1968年《人口炸弹》（*The Population Bomb*）序言中保罗·埃利希（Paul Ehrlich）博士的声明形成了鲜明对比："养活全人类的战斗已经结束。在20世纪70年代，世界将经历饥荒——尽管我们现在已经采取了紧急措施，但仍然会有数亿人死于饥饿。"

第八章　更糟的选择

　　月球、火星和空间站是我们通常会考虑进行太空移民的地方，但这并不代表没有其他选择。只不过，相比之下其他选项要更糟糕。下面我们将为你列出其他的可选地点，并根据它们的不宜居程度进行排序。

小行星

　　位于小行星带中的小行星比火星更远，这意味着那里的太阳能资源会更少。此外，与《星球大战》电影中的描述不同，很多小行星并不是完整的土豆形岩石，而是由碎石堆积而成的。在零重力的环境中，由岩石和尘土组成的地表并不适合着陆。而且，它们彼此之间的距离也并不是很近。如果你停在一颗小行星上，甚至可能无法用肉眼看到另一颗小行星。

　　利用小行星作为人类移民太空的跳板，并通过挖掘其丰富的资源来赚钱，这样的构想听起来似乎充满了无限的潜力。然而，我们对此表示怀疑。相关的提案告诉我们，按照目前的市场价格，小行星带中蕴藏的矿物价值高达数百万亿美元。但如果仔细思考，就会发现其中存在着诸多的不确定性。减少物资的稀缺性势必会导致价格的下跌，从小行星上采集矿物并运送回地球是否划算还是一个未知数。假如开采和运输的费用高达700万亿美元，而这些矿物的市场价值正好是700万亿美元10美分，那么我们显然没有从中获得任何利润。毕竟，如果你愿意忽略采集成本，那么在地球上开采是个更好的选择。地球上的铁含量约为 10^{23} 吨。如果我们按照每吨 100 美元来计算，那么地球上的铁价值多到数都数不清，而这还不包括我们顺便挖掘到的其他贵重金属，比如金、银和钻石。即便未来某一天有人能够在太空中获得巨额利润，我们也还没有找到一种有效的方式来公平分配这些从太空中获得的商品。在最近举办的太空世代大会（Space Generation Congress）上，未来的太空领导者聚集一堂，其中来自非洲的一位代表提出了他的担忧：一些非洲国家的经济依赖于采矿业，因此，如果太空矿物涌入市场，他们的经济将遭受重创。虽然读者在多大程度上关心太空财富分配通常取决于他的政治意识形态，但我们需要明确一点：当说到"我们"可以从太空中获得巨额财富时，"我们"到底指的是谁？

　　关于小行星经济更为深入的探讨，通常集中在挑选那些具有特殊品质的小行星上。一颗理想的小行星，其运行轨迹应该接近地球，这也意味着排除了那些位于主小行星带的大多数小行星。同时，这颗小行星在靠近地球时应该相对速度较低，并且它要有高含量的贵重金属，例如铑和铂。据最近的估计，已知的缓慢移动的、含有至少 10 亿美元铂族金属的近地小行星总数有几十颗。我们还采访了一位小行星采矿专家马丁·埃尔维斯（Martin Elvis）博士（没错，他与猫王名字一样）[1]，他告诉我们，他预计这个数量会继续增长，但我们的最终目标必须是开采火星以外的主带小行星。

---

1 我们要在这里特别感谢埃尔维斯博士，他不仅包容我们对他名字的玩笑，甚至还鼓励我们这样做。而且，尽管在某些观点上他并不完全认同我们，但他依然给我们提供了非常宝贵的意见。如果你对小行星的资源有兴趣，不妨看看他在 2021 年出版的书《小行星》（*Asteroids*）。

　　即便我们有能力采矿，你也别指望能挖到一大块纯铂金——实际上，我们讨论的矿石中每吨也只包含几克的贵金属。这可能是从小行星中获取财富的最佳途径，但目前看起来并不理想。而且，更关键的是，这并没有给我们带来在太空建立定居点的充分理由。

　　如果未来我们在小行星带真的建立了庞大的人类驻地，那么这个驻地的存在很可能需要依赖于太阳系中更适合居住的其他地方。尽管富含铂金的小行星并不多见，但我们还是可以在小行星带找到其他更为常见的资源。举个例子，如果我们只是想要从附近的低速小行星上获取水资源，那么到目前为止已经发现了大约 9000 个这样的小行星。由于这些小行星相对较小，将它们送到月球或火星基地，甚至是空间站，以提供如饮用水等资源，所消耗的能量要远远小于从地球上运输。虽然未来我们可能会看到大规模的小行星采矿作业，但将大量的人口安置在小行星带上似乎并没有太多的吸引力。事实上，关于在小行星定居的提案并不多见，通常的想法是利用小行星的资源来支持生活在太阳系较为宜居地区的人们。不过,我们已经对这些较为宜居的地区进行了描述,接下来,让我们继续探索太阳系中那些更为恶劣的地区吧。

金星

金星的平均表面温度高达 425℃,热到可以熔化铅。但是,你可能不会介意,因为你可能已经被比地球高 92 倍的大气压力压扁了。当然,前提是你能穿越途中的硫酸云,并幸存下来。不过,从积极的方面来看,金星厚重的大气层会为你的遗体提供充足的辐射防护。

关于在金星建立太空定居点的提案并不多,但有一些在金星厚重的大气中建造飘浮基地的想法。在金星的天空中有一层微薄的壳层,其中的温度和气压对人类而言是友好的,辐射水平低,重力接近地球的 90%,并且还有丰富的大气二氧化碳可供利用。这样的地理位置简直是无与伦比!

如果你对在地狱上空飘浮的生活方式不感兴趣,那么可以去和那些提出了"云端十层"项目的人谈谈。他们计划利用金星上丰富的二氧化碳种植竹子和红茶菌,并用这些材料来建造类似细胞的小型定居点。

　　如果你读过我们的注释，你会发现我们是那种会去细读关于巴兹·奥尔德林粪便的法律文档的人。我们没有资格为你的任何生活方式选择提供建议。但如果你梦想在由竹子和红茶菌搭建的家中居住，那北加州一定有人可以以更实惠的价格帮助你实现这一梦想。

水星

　　水星与月球很相似，但更靠近太阳，因此它的平均昼夜温度波动很大，有着从零下180℃到超过425℃的巨大温差。平心而论，水星两极的温度相对较温和，就像月球一样，我们认为极地的深隙石坑中可能有永久冻结的冰。

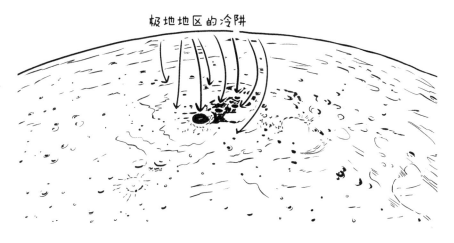

极地地区的冷阱

　　然而，除了几个古怪的提议以外，水星并不是一个受欢迎的定居点选择。其中最佳的定居方案涉及"终点站"(terminus)。什么是"终点站"呢？那是白天和夜晚交汇的小区域，一个既不会让你冻死，也不会让你被活活烤熟的黄金地带。唯一的缺点是，当夜晚来临时，为了安全，你必须待在半影区。但好消息是，水星赤道的周长仅为15 325千米，不到地球的一半。更棒的是，水星的白天有漫长的4222.6个小时。因此，你只需每24小时将星球上的整个人类文明移动 86 千米（约 54 英里），就能永远活下去 [1]。当然，你至少不会因寒冷或炙热丧命。你仍然需要面对辐射、缺乏空气，以及对自己生活选择无尽后悔的痛苦。

其他恒星

离我们最近的恒星——比邻星，距离地球大约 4.2 光年。如果假设你的速度和帕克太阳探测器（Parker Solar Probe）一样快（根据吉尼斯世界纪录，它是有史以来速度最快的太空船），那么这次旅程大约需要 8000 年。

我们无法做到这一点。利用现有的技术进行星际旅行的唯一选择就是建造一艘飞船，在这艘飞船上，人类文明必须在不互相残杀的情况下生存和繁衍 400 代。这听起来像是人类能够做到的事情吗？

如果你愿意借鉴一些科幻作品里技术，那么或许可以尝试超长期的冬眠。说真的，这听起来似乎比 400 代人类和谐相处还要更靠谱一点。但是，你还需要构建一艘在接下来的 8000 年里不会出现重大技术故障的宇宙飞船。如果真要这么做，那你不妨在飞船外壳涂上漂亮的油漆，好好犒劳一下自己。

如果你愿意接受更多科幻技术的加持，那么如果以光速飞行，最快大约需要 4 年的时间就能到达目的地。不过在这个过程中，你得避免在与小型星际物体的碰撞中被彻底摧毁，而这些物体通常以微粒子的速度移动。我们虽然不是未来预言家，但愿意打赌，在我们拥有光速飞船之前，全人类很可能已经将我们的大脑上传到别的什么地方，届时我们只需要按下一个按钮，就能将自己传送到另一颗恒星。

---

1 事实上，我们对水星可能有些过于苛刻。你完全可以通过选择住在靠近水星两极的地方来缩短环游世界的距离。但是，如果你选择了住在一个离家太远就热得像烤箱一样的地方，那你已经证明了你的理性判断能力是有限的。

那些拥有系外行星的遥远恒星真是奇妙无比。也许未来某一天，我们会在上面发现外星生命的踪迹。甚至，还可以问问它们的营养成分呢。不过，以人类现在的认知水平，有朝一日真的能够前去拜访那些外星生命的概率是多少呢？恐怕接近于零。

宇宙：真的很糟糕

如果你从这一部分只想记住一个重点，那就是宇宙与地球截然不同。宇宙与地球之间有着巨大的差异，而将宇宙探索与地球上的探险行为相比较，通常会让人误以为宇宙探索比实际情况简单得多。驾驶大帆船环游世界当然是一个令人赞叹的成就，但实际上，这就是游泳或坐在浮木上的延伸而已——这些都是人类和其他动物的本能行为。

我们遇到的其他物种，尚未有一种是有意前往太空的，很可能是因为太空汇聚了地球上所能遇到的所有恶劣环境，再加上极端的温度、充满毒素的土壤，以及会遭遇无边无际带电的锋利玻璃碎片等难题。太空移民虽然不是不可能实现，但它的难度可想而知。

正如你所见，阿斯特丽德已经决定前往地理位置相对便利的月球。我们接下来的目标是探索如何让她在那里安然度日。

鉴于火箭技术的巨额成本和潜在的军事价值，在赫尔曼·奥伯特实验爆炸后的几年里，电影公司或风险投资不再提供建造火箭的资金。政府和军队成了资助者。然而，随着冷战时期的资金逐渐消耗殆尽，情况发生了转变。

20世纪80年代末，苏联航天局发现自己急需资金，开始商业化的尝试。到了20世纪90年代末，俄罗斯在商业化的道路上越走越远，他们的一些活动甚至让美国人都望而却步。

这一变化最具代表性的例子是1997年一个使用"和平号"空间站素材拍摄的广告片段。这部广告是由亚历山大·拉祖特金（Aleksandr Lazutkin）亲自操刀，画面中的瓦西里·齐布利耶夫（Vasily Tsibliyev）指挥官向太空中喷射出小球状的牛奶，并带着满脸的热情将其一一吞下。

广告情节中，地面控制中心与"和平号"空间站失去了联系。这让大家都十分担忧，好在他们设法重新取得了联系。在成功后，他们询问指挥官是否需要什么帮助。

指挥官回答说："我想要一杯真正的牛奶。"

地面控制中心的负责人震惊地说："在太空中喝真牛奶？从来没有人这么做过！"

齐布利耶夫透过窗户看着下面的壮丽海洋，反问道："嗯……为什么不给我们点以色列牛奶呢？"虽然他这么问没有寻求回答的意图，但事实上，答案和癌症有关。当时，以色列的牛奶制造商特努瓦（Tnuva）因为在其牛奶中添加了一种疑似致癌的物质而受到质疑，更因为在此事上说谎而陷入困境。

然而，在广告中，特努瓦穿着白大褂的科学家们迅速行动起来，制作出了每个俄罗斯男人在庆祝活动中都想要的饮品——保质期长的牛奶。这种饮品被送上太空，指挥官齐布利耶夫像糖豆人一样欢快地品尝这些美味的白色小球。与此同时，一位金发美女在任务控制中心激动得晕了过去，尽管她与故事的其他部分似乎并没有什么关联。故事在这里画上了句号。

顺带一提，齐布利耶夫被要求重拍广告的一个镜头，因为现场导演认为他的笑容不够灿烂。

从20世纪80年代末至今，有无数令人尴尬的宣传活动与太空这片未知领域不期而遇。我们无法一一记录，但以下是其中的几个亮点：

1990年——东京广播系统出资让记者秋山丰宽（Toyohiro Akiyamo）搭乘火箭前往"和平号"空间站，火箭上布满了日本公司的宣传广告，其中包括了一次性卫生产品制造商尤妮佳（Unicharm）的广告。

1996年——百事可乐将一个1.2米长的充气仿真可乐罐送上"和平号"空间站，航天员们需要在多次的舱外活动（也就是太空行走，这是低地球轨道上最危险的活动之一）中携带它，而这种活动通常并不包括携带巨型的可乐罐。顺便说一句，尽管百事可乐和可口可乐都曾经进入太空，但它们并不太受航天员喜爱，因为在零重力环境下打嗝是一个危险的行为。

2000年——必胜客在俄罗斯火箭上贴上了自己的标志。一年后，他们为轨道上的航天员提供了首次比萨外卖服务。他们曾经有意将自家标志投射到月球上，但在了解到所需激光投影需要有得克萨斯州那么大，并且成本高达数亿美元后，他们放弃了这个计划。

2001年——美国全国广播公司（NBC）宣布将其热门真人秀节目《幸存者》的新场景设在"和平号"空间站。然而，这个节目并未在这里拍摄，原因之一是"和平号"空间站在2001年就退役了。这就引出了下一个宣传广告。

2001年——塔可钟（Taco Bell）在海上设置了一个靶子，如果"和平号"空间站脱离轨道时击中靶心，他们将向每个美国人提供一份免费的塔可卷。也许是作为最后的反抗，它最终并未击中靶心。

其他太空促销产品还包括合味道杯装面（Cup O' Noodles）、罗德金德椒盐脆饼（Rold Gold Pretzels）和电子零售商睿侠（Radio Shack）。值得一提的还有肯德基的"Zinger"三明治，它曾乘坐高空气球，成为首个进入高空的鸡肉制品。

虽然《星际迷航》描绘了一个远离商业广告的太空未来，但现有的证据显示，商业活动在太空领域刚刚开始发力。

必胜客虽然未能成功将广告用激光投射到月球上，但其母公司百事公司并未因此泄气。他们的俄罗斯分部近期与名为启动火箭（StartRocket）的当地创业公司合作，计划发射由聚酯薄膜制作的巨型轨道广告牌。

在这个计划曝光后，预料之中的负面反应使百事公司改变了破坏天空的主意。但若他们真的执行了这个计划，法律也难以对其进行制止。根据美国法律，私人公司有权在自己的火箭和有效载荷上放置商标，但不允许在太空中投放肉眼可见的广告。然而，回溯到1957年首颗卫星发射的法律先例，卫星有权自由穿越所有国家的领空。因此，如果你打算用一张写有"美国啤酒真烂"的聚酯薄膜挡住美国上空的星星，你只需要选择在美国以外的地方进行发射就可以了。

联合国和平利用外层空间委员会（Committee on the Peaceful Uses of Outer Space）有计划阻止恼人的太空广告，但还未采取具体行动。鉴于太空武器化等是更为紧迫的问题，这并不让人意外。正如他们在2002年的报告中所提到的："……有人认为，制订这样的建议是否具有优先性还有待商榷。"这种态度是相当公允的。

我们在这本书中所持的观点是，在太空这个完全陌生的环境中，人的本性将仍然保持地球特色。因此，虽然我们不知道你的子孙后代是否会生活在火星的地下洞穴，或者在金星天空中悬浮的红茶菌细胞里，但我们可以肯定的是，无论他们在宇宙的哪个角落，麦当劳总会找上门来。

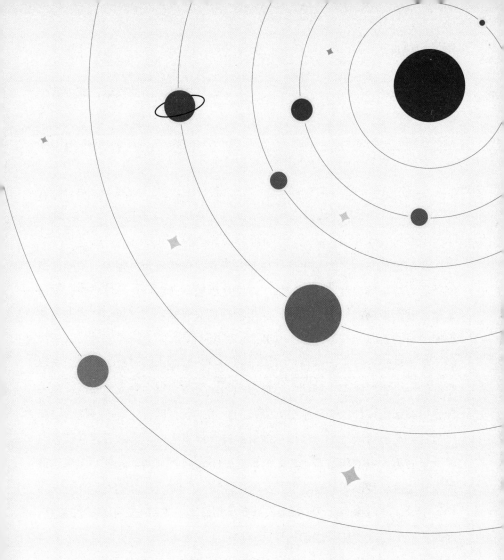

第三部分

口袋里的伊甸园

如何打造一个不那么糟糕的人类生态圈

我们已经探讨了太空中的种种奇异现象，包括重力、辐射、极端的温度波动等等。解决这些问题的根本方法是尽量避开它们。具体来说，这通常意味着需要创造一种类似于地球生物圈的泡泡世界，它需要完成地球生物圈的所有功能，只不过要小很多。

生态系统设计是太空移民过程中的又一个复杂难题，尽管它是在太空生存的一个主要障碍，但往往不被重视。就像在太空中的人类繁衍问题一样，生态系统设计也是一个极为复杂的科学难题，尽管它对于任何太空移民项目都是不可或缺的，但相应的资助资金却极为有限。这或许是因为它涉及一些不太酷的事情，比如如何种植芒果和回收粪便。或者，也可能是因为其造价昂贵，而且建造者并不能从中获得任何明显的地缘政治优势。

不过，说到我们自己，如果被派到火星基地，我们当然不想死在那里。因此，在探讨太空法律之前的最后一站，我们要考虑一些更贴近生活的问题——食物、废物处理，以及如何在太空中种菜。在解决了这些问题后，就需要保护所有这些东西，确保它们不会在太空中立即灭亡。

第九章　进食和排泄

粪便、食物与"系统闭环"

太空移民者在相当长的一段时间内仍需要从地球接收物资，但至少对于食物和水这些基本需求，他们应该尽可能实现自给自足。如果你要把土豆沙拉从地球的重力井中送出，穿过茫茫宇宙空间，最后小心翼翼地放在火星气闸外，其成本可不是个小数目。此外，在当地种植农产品意味着，即便运输货物未能及时到达或受到污染，我们也有更大的机会生存下去。

但要在太空实现自给自足，就必须以超乎寻常的精密程度来处理废物——这是人类科学正在学习并探索的领域，我们会在本章末尾详细讨论。但在那之前，让我们先来了解一下在太空中进食和排泄是如何进行的，这样你就能更好地理解我们试图闭合的这个循环系统。

排泄问题——我们不得不讨论的太空马桶

太空马桶的种类繁多，但除了发射和着陆之外的其他阶段，解决大小便的主要方式有两种。

在太空旅行早期的英雄时代，人们使用一种带有黏性的胶带和一个手指状缺口的细长塑料袋来解决这个问题。

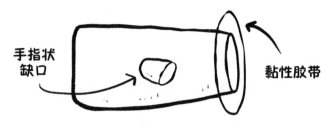

手指状
缺口

黏性胶带

粘性胶带的用途不言而喻，那么手指状缺口是用来做什么的呢？它的作用是将排泄物引往正确的方向。

没有人喜欢这种方法。事实上，在"双子座7号"（Gemini 7）任务中，指挥官弗兰克·博尔曼（Frank Borman），一个以一丝不苟著称的人，决定在整整两周的轨道飞行中尽量不排便。美国国家航空航天局使用的所谓"低残留食品"在一定程度上可以帮助他实现这一目标。但14天的时间足以积累很多"残留物"。到了第9天，博尔曼不得不接受这一不可避免的事实。他转向他的唯一队员吉姆·洛威尔（Jim Lovell），说："吉姆，我想现在是时候了。"洛威尔，一个以冷静和幽默感著称的人，回答说："弗兰克，你只需要再坚持5天就可以完成这次飞行了。"结果，博尔曼没有坚持完最后5天。顺便说一下，这就是"双子座"飞船的大小：

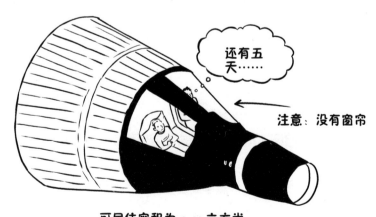

还有五
天……

注意：没有窗帘

可居住容积为 2.55 立方米

（作为对比，特斯拉 Model 3 汽车
的内部容积约为 3.2 立方米。）

到了早期空间站时代，这种方法已经被一种非常专业的双头真空吸尘器所取代。一头用于处理液体排泄物，这相对容易处理。另一头用于处理固体排泄物，这些废物必须被捕获、装袋、然后压实。不要觉得这是一种造型优美的金属塑料处理装置。正如国际空间站指挥官佩吉·惠特森（Peggy Whitson）在一次采访中指出的那样："当它被装满之后，你必须戴上橡胶手套，然后把它压实。"

好的一面是，微低重力会恢复人类和排泄物的传统关系——我们的排泄物一离开身体，就不会四处飞扬了。但要说从过去的太空厕所里学到了什么，那就是它们总是很难搞定，而且问题多多。美国国家航空航天局的《人整合设计手册》（*Human Integration Design Handbook*）详细分析了航天员最大的排便量和频率，还规定了航天员必须能够同时排便和排尿。然而，多年来，航天员不得不创造出各种新词来描述空中的排便现象。比如"浮游物""逃逸者"和最糟糕的"棕色小鱼"。在最初的航天飞机废物处理系统中，排便物被吸走后，一种被航天员称为"甩棍"的装置会将其猛击到冰冷的表面上，以此来冻干它。但是，由于容器有漏洞，微小的冻干大便颗粒就会飘进舱内。在现如今的国际空间站上，类似的情况还在以不同的形式发生：蒂姆·皮克（Tim Peake）报告过，有一位航天员不小心丢失了"一块相当大的代谢废物"，结果两周后，它竟出现在"回风过滤器附近的一个小缝隙中"。

就在最近的 2021 年太空探索技术公司的"灵感 4 号"（Inspiration 4）任务中，四位无畏的平民航天员穿着炫酷的宇航服，踏上了轨道之旅，但他们遇到了一个主要问题，那就是坏掉的厕所。虽然截至写这篇文章，详细的情况还不是很清楚，但似乎吸力系统出了问题，这也让《今日美国》（*USA Today*）有机会发表了这样一个让人愉快的标题："埃隆·马斯克称'灵感 4 号'的机组人员在马桶方面遇到了'挑战'，并承诺会对卫生间进行升级。"

虽然太空定居点的卫生问题处理起来会更为容易，但它也带来了新的挑战。从历史上看，粪便是航天员会直接丢弃的东西，因此才有了那些诱人但被禁止使用的月球粪便袋。而在太空定居点，这是行不通的。要记住，我们在尝试创造一个伊甸园，而事实上，人类的排泄物比其他星球的死土对园艺更加有利。但到目前为止，太空中还没有进行过固体排泄物的回收利用。与此最接近的例子是在国际空间站上，人们将尿液和废水回收，再转化为饮用水，或者就像美国人喜欢说的，"昨日咖啡"。

考虑到在太空中排泄物的重要用途，我们很可能会使用一种用于处理人类排泄物的堆肥系统。这在地球上是一种成熟的技术，但在低重力环境和封闭的大气中，这种技术很少得到应用。

进食问题：太空食物——味道很糟糕，但比以前要好一点

> 果珍真的很难喝。
>
> ——巴兹·奥尔德林，第二个踏上月球的人

在太空，食物必须符合多重条件。首先，它得有营养。其次，它必须装在方便易取的容器里，并且这种容器不能让化学物质渗入食物。再者，食物需有尽可能长的保质期。此外，食物不能产生碎屑或其他微小颗粒，以免这些颗粒进入飞船的空气或设备中。当然，最理想的情况是，这些食物在满足上述所有条件的同时，还可以具有美妙的味道，丰富的风味和多样的口感。

让事情变得更复杂的是，在太空中或许没有厨房——至少不是我们熟知的那种。"和平号"空间站和"天空实验室"都有冰箱，因此能提供像菲力牛排、冰淇淋和果冻这样的美味食品。但冰箱会占据巨大的空间，且耗费大量能源。国际空间站直到 2020 年才配备了冰箱，但有传言称，一些用于科学实验的冷藏设备也被用来存放饮料。不过，大多数的太空食物要么是常温的，要么是热的，但肯定不会是刚炸好或烤好的那种温度——这些烹饪方法可能会向密封的空气中释放不良化学物质。加热食物通常是

通过注入热水或在最高温度为 75℃的对流烤箱中进行的。我们几乎可以肯定，太空定居点会配备和地球上类似的厨房，但它们不会完全一样。如果你家里有灶台，它很可能会配有通风罩。而在太空定居点，空气需要被回收利用。因此不管人们有多希望能够使用地球上的烹饪方式，也必须在一定程度上与清理空气的成本取得平衡。

　　太空环境还会降低食物的风味，让它变得不如在地球上那么美味。这种变化可能是由于体液转移导致的鼻窦压力，类似于感冒时的症状；也可能是由于零重力环境下气味无法飘入鼻腔；或者是人工大气的某些特性所致[1]。无论是什么原因，航天员们总是渴望能够品尝到辛辣的调味品，如盐、胡椒、塔巴斯科辣酱和蛋黄酱，当然还有塔可酱。塔可酱的鲜咸味道深受航天员的喜爱，1991 年有大约一周的时间，它甚至成为太空特有的一种货币形式。在航天飞机 STS-40 的飞行任务中，航天员们将塔可酱加在几乎所有的食物上。飞行员希德·古铁雷斯（Sid Gutierrez）回忆道："尽管我自己没有尝试过，但我看到我的同伴们早上在脆米花麦片上加塔可酱。"在任务的第 8 天左右，STS-40 的指挥官奥康纳（Bryan O'Connor）意识到，按照他们当时的消耗速度，塔可酱的存货很快就会用光。根据古铁雷斯的说法，指挥官"收起了所有剩余的塔可酱，并平均分给了所有的航天员。从那时起，塔可酱便成了一种交换媒介，例如，如果轮到你清理厕所，你可以用一两瓶塔可酱请别人帮你做这项工作"。

　　不管塔可酱配脆米花麦片听起来多么不搭，相比起早期的太空食品，这已经是一种进步了。最早的太空食品是装在管中的糊状物，这种食物最初是为飞行员设计的，方便他们在执行任务时进食。在 20 世纪 60 年代，美国的太空食品变得非常抽象，出现了各种食物小方块，通常包裹在油腻的胶质物质中，其中包括"奶酪方块""烤面包方块"和令人生畏的"红

---

1 在"礼炮 6 号"空间站上进行的一项名为"味觉"（taste）的实验，试图通过向航天员的味觉神经施加电流来更好地了解这种现象。

色方块"。这部分原因是工程技术的混乱[1]，但也有一定的逻辑在里面。如果你想以一种不会产生碎屑的形式有效地包装大量食物，那么带有外包装的小方块是可行的。问题是，没有人喜欢它们。食品科学家保罗·拉尚斯（Paul Lachance）博士记录了一次事件，航天员沃利·希拉建议他们只携带这些小方块食品飞行。食品科学家意识到这不是一个好主意，并建议航天员们尝试靠它们生活几天。"结果他们都放弃了，因为这些食物会粘在喉咙里，他们也厌倦了食物过硬的口感……"

早期的太空食品大多是冻干或脱水的。那时去除水分更加重要，因为最初的载人航天器是靠燃料电池供电，而燃料电池的副产品正是纯净水。所以航天员们只需要消耗一些电力，打开一袋脱水土豆泥，就可以尽情享用了。随着空间站时代的开始，情况变得好了一些。俄罗斯的菜单听起来相当丰盛，"礼炮1号"空间站的食品包括香肠、巧克力、咖啡、奶酪、饼干、肉和鱼。

从20世纪80年代初到国际空间站升空之前，美国太空活动的主要场所就是航天飞机。它利用燃料电池提供水，而且每次只在轨道上运行两周左右。因此，补充食物相对容易，许多早期的口粮就是军用的即食餐MREs（meals ready to eat）[2]。不过，当时还是有了一些重大发展，包括最早期的太空玉米饼。1985年，任务专家玛丽·克利夫（Mary Cleave）和负载专家鲁道夫·维拉（Rodolf Vela 第一位墨西哥航天员）将新鲜的玉

---

1 我们发现了一个关于格鲁门航空航天公司（Grumman Aircraft）的科学家西德尼·A. 施瓦茨（Sidney A. Schwartz）的有趣故事。他将"面粉、玉米淀粉、奶粉、香蕉片和荞麦糊"混合在一起，然后在400℉的高温下，用3000磅的压力，在液压机中进行压制，最终得到了"一块颗粒状的棕色板材，其坚硬程度不亚于回火砖石，可以在带锯上切割而不会碎裂，也可以钻孔安装螺栓和螺钉"。施瓦茨表示，将这块板用微型研磨机粉碎后，浸泡在水中几小时，它就变得可食用了，而且"……味道就像是在早餐麦片上加了香蕉。我相当喜欢"。
2 我们了解到，这些太空食品并不总是令人满意的美食，而且因为它们通常缺乏足够的纤维，人们给它们起了一些幽默的绰号，比如"难以下咽的餐食"（Meals Rarely Edible）和"需要用灌肠来助消化的餐食"（Meals Requiring Enemas）。

米饼带入了太空。玉米饼是理想的太空面包，因为它们便于包装，不会产生面包屑，实际上就是可食用的盘子。从那以后，玉米饼就成了航天员的首选面包。在俄罗斯方面，他们采用了更为技术化的方法，航天员吃的是特制的小方面包，以减少面包屑的产生。由于它们太小，人们开玩笑地称它为"芭比面包"。

现代太空美食主要是各式各样的脱水食品、冻干食品，以及诸如干果、M&Ms 巧克力豆等保质期较长的"含适量水分"食品，还有经过热稳定或辐射处理以防腐坏的食品。通过阅读有关太空食品的文献和航天员在回忆录中的描述，我们不难得出这样的结论：这些食品其实还算过得去——基本上就像是住在一个由食品科学专业人士准备的末日避难所里会吃到的东西。

人们有时会遇到一些真正喜欢太空食品的怪人，比如查理·杜克（Charlie Duke）就非常喜欢为他准备的美式蔬菜沙拉[1]。虽然迈克·马西米诺博士在意大利裔美国家庭中长大，但他却特别喜欢经过热稳定处理的意大利面和简装意大利肉丸。然而，热爱太空食品的人毕竟是少数，许多航天员在执行任务期间体重都会下降。

说到地球上最受人们喜爱的饮品——葡萄酒、啤酒和烈酒，它们有没有在太空中出现过呢？至少在另一个星球上，我们知道有过一次小酌的例子。那是在 1969 年，巴兹·奥尔德林在登月舱上进行了圣餐仪式。这是人的一小杯，却是人类酒文化的一大步。

虽然美国国家航空航天局在国际空间站上明令禁止饮酒，但事实上，酒已多次进入过太空。苏联／俄罗斯的空间站在这方面相对更为宽容，甚至有时会让人感受到文化冲击。例如，杰瑞·利宁格博士在"和平号"空间站上就曾惊讶地发现，宇航服的手套里藏有白兰地和威士忌[2]。而非俄罗

---

1 查克在美国南部长大，非常熟悉这种食品。这是一种将罐头水果的糖浆、甜果冻碎块、小棉花糖，再加上更多的糖和各种脂肪（如蛋黄酱、生奶油、酸奶油等）混合在一起的食品。毫无疑问，在经过辐射杀菌和密封包装之后，这种食品会更加"诱人"。
2 亚美尼亚亚干邑白兰地据说是航天员的首选饮品。

斯 / 非美国的航天员表现得更有品位，比如法国航天员帕特里克·鲍德里（Patrick Baudry）在"礼炮号"任务中就带去了 1975 年的波道酒庄葡萄酒。

在太空轨道上喝酒即使不算传统，也是一种历史悠久的行为。但根据我们的一些不愿意透露姓名的消息来源，国际空间站俄罗斯舱段的空气中时不时会弥漫着一股酒精的味道。那么，未来的太空定居点会是什么样子呢？至少有一位作家建议，现在还不是在火星上建立酿酒厂的时候。科幻作家安迪·威尔（Andy Weir）在《太空中的酒精》（*Alcohol in Space*）的前言中说过，人们经常问他，他笔下的火星幸存者、马铃薯种植者马克·沃特尼（Mark Watney）是否可以酿酒。答案是否定的——至少，如果他想活下去的话是不行的。"酿造一瓶伏特加需要将近八千克的土豆，而那几乎是我们可怜的受困航天员一周的伙食。"

未来的太空定居点可能仍然会使用各种防腐技术来储存食品，不仅因为它们可以补充我们在太空中种植的食物，也是因为它们能让我们感受到家的味道。在吃了连续两年当地种植的有机蔬菜后，一包经过轻微太空辐照的奥利奥饼干可能会变得格外诱人。太空心理学的研究表明，美食是影响日常幸福感的最重要因素之一，这一点在极地探险时代的书籍中也有所体现。而且，通过将食物转化为人体所需的养分，实际上也为我们的太空农场创造了一种额外的土壤来源。我们能种植的食物越多，我们的太空定居点就越能高效运转、应对挑战，甚至有可能成为永久性的家园。

火星上的农夫——太空食物的美好前景

俄罗斯航天员瓦伦丁·列别杰夫在地球上从未对园艺产生兴趣，但在轨道上，他却爱上了在人造世界中培育绿色生命的过程。就像他所说的："一片微小的叶子展开，仿佛打开了通向世界的明亮之窗。"

植物在净化空气的同时，也能在荒凉的星球上创造出更多的有机物质。它们还能提供诸如维生素 C 这样的营养物质，而这些物质通常难以长时间储存。缺乏维生素 C 会导致坏血病，虽然这样的情形给定居者带来了一种迷人的海岛风情，但我相信他们肯定更愿意避免牙龈出血、牙齿松动和伤口无法愈合的情况。

我们知道，只要提供水、大气、养分和种植床，植物就能在空间站里生长。国际空间站的"蔬菜生产系统"和后来的"自动化植物栖息地"项目已经成功地种植了芥菜、甘蓝、生菜、矮秆小麦和大白菜等植物。就像人类在太空中一样，让植物存活并不是一个简单的过程，但好在它们并不会立即死去。

然而，"只要有水分、大气和养分，我就能种植食物"的说法，本质上只是说生长介质不会对植物造成主动伤害。月壤可能甚至达不到这个最低标准。第一次在实际的月壤中培育植物的实验是在 2022 年进行的，使用的是拟南芥的种子。在为月壤提供了必要的养分、水分和适合植物生长的大气环境后，植物确实生长了，但长势很差。相比在地球的贫瘠土壤中生长的植物，生长在阿波罗任务样本中的植物呈红色，这通常意味着植物受到了压力。进一步的分子检测也显示，这些植物有生理应激的反应。而且，它们的个头也比地球土壤中生长的植物要小。

情况就是这样，但我们都已经知道了月球需要好好整修一番。那么火星呢？你可能读过一两篇热门文章，说实验人员成功地在"火星模拟土壤"中种植了植物。但人们通常忽略的是，火星模拟土壤并不能精确模拟火星的土壤——至少在化学成分上是这样的，因为这些模拟土壤里并不含有高氯酸盐。模拟土壤是一种特殊的产品，它能捕捉到火星土壤的一些质地，但实际上就是与我们认为的火星土壤最接近的地球土壤。虽然到目前为止还没有人在火星土壤中种植过植物，但最有可能的是，火星土壤需要经过清洁、施肥和微生物播种等一系列繁杂的过程。即使成功了，我们还需要验证这些植物本身是否适合人类食用。否则，我们可能需要转向水培或气种植，用含有营养物质的水或空气代替土壤。

另外，光照也是一个问题。稍后我们会讨论其背后的原因，但你可能无法使用玻璃作为外墙。光照水平已经大大低于地球，偶尔天空还会被尘土遮住。所以，可能会用到人造光源，或者用光纤电缆从地表传输光线。

而且，与人类相似，我们还不清楚微重力和太空辐射到底会对植物产生什么样的影响。欧洲航天局最近的一个名为"Eu:CROPIS"[1]的任务试图在一颗小型卫星里种植植物来回答这个问题，但由于软件的故障，任务失败了——这也是我们常常为种死家里的盆栽植物找的借口。不过，中国的"嫦娥4号"就成功地在月球背面种出了棉花。在月球亚南极洲的月夜笼罩了它的容器，寒冷的温度把它冻死之前，它表现得还不错。所以，到目前为止，一切还算顺利吧。

那么，说到园艺，我们能不能养殖家畜呢？答案是可行的，但也有局限性。一般而言，动物体型越大，将饲料转化成肉类的效率就越低。所以起初，养牛和养猪都不适合。鸡是个不错的选择，不过松鼠更佳。那为什么不养仓鼠呢？因为我们还有一个更好的选择——昆虫。

昆虫真是太棒了。它们繁殖迅速，占地面积小，能吃剩菜剩饭，蛋白质含量高，而且你不会像给小猪取名"韦伯"一样，给它们取名并爱上它们。专家建议的昆虫蛋白来源包括蟋蟀、蚕虫、粉虱、天蛾、窃蠹甲、白蚁和苍蝇。喜不喜欢吃这些，完全取决于个人口味，或者说，取决于你是否愿意尝试。根据2020年《食品》（*Foods*）杂志的一篇社论，"有几项消费者研究得出结论，将昆虫悄悄放在传统食品中能够增加人们对昆虫食品的接受度"。

稍微科幻一点的选项包括使用细胞在生物反应器中制造肉类。目前已有多家初创公司在研发这类技术。理论上，我们不需要每种动物都带两只上太空[2]，就能制造出牛、猪、山羊等大型动物的肉。

---

1 一个不起眼的冷知识：这个名字中的"EU"不代表欧洲，而是"眼虫属"（Euglena）——代表研究中使用的微生物。

2 指诺亚方舟，诺亚将所有动物按照种类带上方舟，每种动物各带两只（一公一母），以确保洪水过后这些物种能够繁衍生息、重建生态。——译者注我们采访的一位专家希望把问题缩小到细胞水平以下——他认为植物可以被用来制作香料，但除此之外，我们应该用基本的食物构成元素（如脂肪和氨基酸）来制作膳食。也有人认为我们应该简化问题，在太空里只吃素食。虽然这可能不是每个人都喜欢的选择，但或许这能与你在金星的红茶菌小屋相得益彰。不过记住，可千万别啃房子的墙壁。

系统闭环——搭建一个宇宙生态圈，然后生存下来

为了建立一个完全封闭的生态循环系统，我们希望能回收一切可能的东西：你呼吸的空气、身体排出的水分、尿液、粪便、脱落的皮肤细胞，还有任何从你身体里排放出的排泄物。

在轨道空间站里，我们当然希望回收利用率能尽可能达到100%。而在月球或火星上，容忍度会大大提高，但你仍需要注意那些在当地难以获得的重要元素，例如月球上的碳、火星上的磷，以及几乎所有地方都缺乏的氮。

除了制造"昨日咖啡"，我们在太空资源循环利用方面的经验还相当有限。国际空间站虽然是一座庞大的空间站，但如果想要形成一个完全自给自足的生态系统，它的尺寸可能太小了。我们说"可能"，是因为在这样一个只有6个人狭小的空间内，你不可能达到地球上植物和人的比例。不过，如果能知道这些系统能够缩小到什么程度，也是非常有价值的。但截至目前，我们还没有答案。闭环生态系统还是一个相对较新的研究领域，目前还没有人投入太多资金进行研究。

最早研究人类生存的闭环系统实验，是苏联从1965年开始建造的生物圈一号、二号和三号系统。他们最初尝试使用纯藻类来维持人的生命。如果你忘记了高中生物学的内容，藻类基本上是植物的淤泥，它们吸收二氧化碳，释放氧气，同时也是一种营养丰富的热量来源，前提是你不介意每天都吃相同的、令人讨厌的食物。

在后续的生物圈实验中，研究者引入了小麦、甜菜和蔬菜等植物，并最终成功地将二氧化碳控制在了一个合理的水平。但他们遇到的一个主要难题，也是对于未来太空移民来说相当重要的一点，就是维护这个系统需要付出大量的工作——实验人员有 20% 的工作时间用来做这件事，而生物圈实验从未真正实现完全的闭环。固体排泄物并没有得到回收利用，肉类是从实验外部引入的。有意思的是，他们从未考虑过只吃素食，因为他们认为"西伯利亚人必须有肉吃！"

直到 20 世纪 90 年代，一个近乎完全封闭的生态系统才得以实现，但遗憾的是之后再也没有类似的项目出现。这就是生物圈 2 号的奇特故事——我们认为其价值被低估了。

生物圈 2 号：与传说不同，它并非彻头彻尾的灾难

地球是我们的"生物圈 1 号"，生物圈 2 号则是位于亚利桑那州的一个占地 3.14 英亩[1] 的近乎密闭的温室，里面封装了人类历史上最复杂的密封生态系统。打造生物圈 2 号的想法最初来自一个亿万富翁和一个名为"协作者组织"（The Synergists）的反主流技术团体。他们虽然还算不上邪教，但基本和邪教没什么差别。这就引发了一系列的问题。他们魅力四射的领袖约翰·艾伦（John Allen）在设计生物圈 2 号时考虑到了太空，但他的培训方式和选人标准却与美国国家航空航天局大相径庭。为了找到合适的人选，他带领候选人经历了一场充满 90 年代风味的生态冒险，穿越澳洲的腹地，迎战公海的狂风巨浪。虽然他的解释可能会更为复杂，但似乎一个重要的选拔标准就是"在约翰·艾伦看来你够酷"。

然而在社交方面，事情并没有按照预期发展。刚进入生物圈 2 号不久，八名成员就开始争执不休，最后分裂成两个互相仇恨的小组，每个小组都由两男两女组成。当还剩下一年多的时间时，他们之间已经不再交流。他们不再一起用餐，甚至避免眼神接触。其中一名"生物圈人员"简·波因

---

1 1 英亩 =0.004047 平方千米。——编者注

特（Jane Poynter）回忆，有一天，两名对立派别的成员各自对她吐了口水，就像一场有组织的唾液攻击。生物圈 2 号的建立是为了给未来的太空定居点提供借鉴，这显然也给参与者留下了深刻的教训。正如波因特所说的那样："也许在离家至少有 4800 万英里远的火星上，我们可以更加团结。但也有可能不会。我在想，人类是否真的适合被关在这样一个小空间里，哪怕这个空间像生物圈 2 号一样宽阔、美丽且多样。毕竟，人类的进化并不是在封闭的室内环境中发生的。"

还有一些特殊的原因导致了关系的恶化，主要是与类似任务控制中心的争端有关。但更深层次的问题可能在于筛选过程。我们很难想象一个由克里斯·哈德菲尔德这样的成员组成的团队会陷入这种情况。

在生物圈 2 号，食品生产也遇到了问题。实验结束不久后，成员萨莉·西尔弗斯通（Sally Silverstone）出版了一本食谱书，名为《生物圈 2 号的美食：从田野到厨房》（*Eating In: From the Field to the Kitchen in Biosphere 2*）。在第一页的对面是一张照片，上面是 8 名"生物圈人员"在他们入住一周年时尴尬地微笑着，每个人看起来都比普通的厨师更消瘦。实际上，他们当时都饿坏了。

他们本以为半野生的鸡会特别强壮，却没想到它们并不常下蛋。他们精心挑选的某种猪也与众不同，它们不愿意吃残羹剩饭，有时宁愿吃鸡。[1]昆虫和微生物侵蚀了他们的农作物，让几种高蛋白高热量的植物枯死了。最后，他们只好吃未成熟的香蕉，以及一种难吃的豆子，这种豆子通常被用来喂养农场动物，只有在烹饪 1 小时后，将其藏在其他不难吃的食物中

---

1 《生物圈 2 号的美食：从田野到厨房》一书提到，这些鸡是"原鸡"（Jungle Fowl）（基本上是鸡的祖先，应该可以适应比鸡饲料更难吃的食物）和乌骨鸡（Silkie）的杂交品种。它们的产蛋率并不高，一个月可能只下一枚蛋，不过如果摄入更高热量的食物，它们的表现可能会更好。原本他们计划利用越南矮脚猪，这种猪小巧且脂肪含量高。但当时它们也是流行的宠物，这激怒了动保人士，因此最终选择了奥萨博野猪。这些猪喜欢吃鸡，且更喜欢淀粉食物而非食物残渣。所以，它们在 1992 年的感恩节和圣诞节期间为生物圈 2 号作出了最后的贡献。

才能食用。在进入生物圈 2 号之前，这些人都不算胖，但最终男性平均减重 18%，女性平均减重 10%。有一段时间，他们甚至不得不吃原本留作未来种植的种子。

生态系统也未能幸免于难。生物圈 2 号的设计者采用了一种名为"物种打包"的技术，这一技术或许将来有一天会应用在太空。这种方法的核心理念是，先引入大量的物种，其中许多物种在生态学上是多余的，然后通过自然的淘汰过程最终达到生态平衡。这一过程确实发生了，但最终的物种数量超出了他们的预期。关于太空定居地的设想有时也会指出，需要精准挑选伴随项目前往太空的生命形式。在这场实验中，至少有两种不速之客搭了顺风车：蟑螂和树皮蝎。如果你对树皮蝎没有太多的了解，那么亚利桑那 - 索诺拉沙漠博物馆（Arizona-Sonora Desert Museum）提供的"额外趣闻"将会为你揭晓，这是"亚利桑那州唯一真正被视为生命威胁的蝎子种类"。

生物圈的居民们也差点失去了对大气环境的控制。在理想的封闭循环系统中，氧气和二氧化碳会在动物将氧气转换为二氧化碳、植物和细菌将二氧化碳转换为氧气的过程中，实现一种微妙的平衡。但在某个时刻，氧气的含量开始下降，而二氧化碳的含量却不断上升，这绝非正常现象。这导致居民在努力工作的同时，变得喘不过气来，而且疲惫不堪。他们急忙在能捕捉到阳光的地方种植新的植物，但这并没有解决问题。经过一番激烈的辩论，领导团队最终决定通入新鲜氧气。那么，到底发生了什么事呢？含有高有机物质的土壤导致微生物从大气中消耗了大量的氧气，同时释放出二氧化碳。接着，部分二氧化碳被外围结构的混凝土吸收，使得大量氧气无法得到转换，被封锁在了系统之外。

那么，为什么我们说这不是一场彻头彻尾的灾难呢？首先，它在某种程度上是成功的。

8 个人进入了这个系统，而他们都平安出来了。只要选用更好的动物、更有效的害虫控制方式，并在混凝土上涂上环氧树脂，这样就不会使人窒息，就能在今后的实验中解决他们遇到的问题。或许，还可以在筛选过程中加入一个关于对同事吐口水的问题。有些错误甚至可以说是微不足道的。例如，实验开始时，芒果和牛油果等几种高热量果树根本没有结果，但对于后续的团队来说，它们肯定会结果的。还有一次，团队成员因为不知道如何烹饪他们种植的芋头而轻微中毒。

生物圈 2 号最初的计划是持续不断地进行两年一期的实验，但由于财务问题和内部冲突，它在第二轮实验进行到一半时被迫取消。[1] 如果实验得以继续，我们或许可以获得更多的数据，进而最大化生产力和安全性。但问题在于，即便这些问题得到了解决，这整个系统能否被成功移植到火星上呢？

答案是否定的。

最重要的是，生物圈 2 号的结构需要进行调整。在地球上，生物圈 2 号内的气压与外界相近，但为了适应温度变化引起的大气膨胀和收缩，系统仍然必须依赖两个巨大的"肺部"来进行调节。

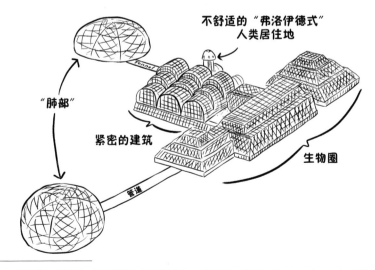

不舒适的"弗洛伊德式"
人类居住地

"肺部"

紧密的建筑

生物圈

隧道

1 一个有趣的小插曲是（虽然和主题不相关），克里斯·班农（Chris Bannon）和他的弟弟史蒂夫·班农（Steve Bannon）被请来接管这个在走向终结、财务拮据的实验。在后来，史蒂夫·班农成了 2016 年唐纳德·特朗普总统竞选活动的首席战略师。

在月球或火星这种近真空的环境下，建立类似的结构会更加复杂。以国际空间站为例，其窗户每块都由四层玻璃构成，其中最薄的有半英寸厚，最厚的则达到 1.25 英寸。虽然理论上我们可以在太空的几英亩土地上复制这样的结构，但成本将是天文数字。一个替代方案是将整个结构埋在地下，利用外部的月壤来提供必要的压力。但这样一来，我们就必须以某种方式引入或创造光源。虽然这并不是最理想的情况，但考虑到需要应对辐射和温度的变化，我们可能无论如何都会用月壤来覆盖我们的住所。

如果要在火星上运行，生物圈 2 号极有可能需要提升它的效率。想象一下，如果你在生物圈里想制作面包，首先你得从播种开始，种植小麦，然后再用脱粒机处理小麦，接下来将小麦磨成面粉，最后才能开始烘焙。如果你的吐司上还想加上奶酪，那你还得先养山羊，然后自己制作奶酪。换句话说，你在一小块土地上自给自足地耕种，同时还需要进行技术系统的维护。在生物圈 2 号的实验中，参与者每天工作 8~10 小时，每周工作 5.5 天，而且这还没包括在太空定居地进行的所有家务，比如运行电厂、建筑施工、制造业，以及在未来某些时候还得照顾孩子等等。一个长期的太空定居点将需要大量的分工合作，但如果每个人都要做全职农民才不至于挨饿，那将是一个棘手的问题。

凯利曾有一次与一群从事闭环生态系统研究的科学家交流，询问他们对生物圈 2 号的看法。他们普遍认为这个项目非常有趣，但是过于雄心勃勃了。以现在的货币价值计算，这个项目的成本大约在三亿到四亿美元之间。相比之下，如果我们使用一系列小型设施，并在此基础上逐步扩大规模，那么我们可以用这笔资金进行更有意义的科学研究。由于我们没有采取这样系统的方法，因此生物圈 2 号代表的概念仍在等待验证。虽然它并未证明我们能在其他星球上构建生态系统，但它强烈暗示了这种可能性。至于要将人口规模扩大到五个数量级，这就是一个完全不同的问题了。

从那时起，世界各地也进行了许多小规模的类似实验。例如，日本的封闭生态实验设施（CEEF）成功为两名人类"生态航天员"及其山羊提供了大部分所需的食物，但在维持所需的氧气水平方面遇到了难题。中国则运行了"月球基地生命保障人工闭合生态系统"（"月宫 1 号"），简称PALACE——他们的缩写能力与美国国家航空航天局不相上下。月宫 1 号曾让一个三人团队进行部分密闭式实验，成功回收利用了水资源，并通过植物成功清除空气中的二氧化碳。团队中包含两名体型较男性更小的女性成员，她们的表现尤为突出。欧洲航天局也有一个非常系统的生态项目，名为"微生态生命支持系统替代方案"（MELiSSA），不过他们目前还没有对人类进行实验。这些系统都能让我们对闭环生态学有更深的了解，但它们的规模都远不如生物圈 2 号，而生物圈 2 号本身的规模也远不足以应对太空定居的需求。

太空堆肥！虽然没太空旅行那么酷，但同样重要

我们非常希望能分享一套明确的科学方法，比如，如何让 100 个人生活在一个玻璃罩里，还要让他们永远活下去。然而我们目前还没有这样的技术。从某种意义上讲，这恰恰证明了太空机构并非围绕着太空移民的目标进行规划的。

生物圈 2 号的成本大约只是国际空间站的千分之一。对于空间站的意义，人们有不同的看法，但如果它们是通往人类太空移民项目的一部分，那么目前的资源分配就不太合理。用相同的成本，我们本可以建造 500 个生物圈。更好的办法是，我们可以运行一系列长达数十年的实验，从而创造出我们真正需要的东西——一个极其详尽的计算机模型，来指导我们设计封闭的生态系统，包括选用哪些生命形式，如何布局，如何使系统尽可能高效，以及如何在其中最大限度地提升人类的人口数量和幸福感。当然，这样的实验还会有一个好处，那就是深入提高我们对生态系统可持续性的认识，以及我们在恶劣气候中高效生产食物的能力——这两点都是我们在未来数十年都可能遇到的问题。

　　当政府投资于载人宇宙飞船时，他们的首要目标是增强国家的声望——在国际社会中展现自己的智慧和力量。将人类送上月球比起研究如何将排泄物和厨余变成食物更能吸引人们的目光。但如果空间机构的最终目标是往太空移民，那么后者应该获得更多的资金支持，即便这样的研究可能不会引起公众的兴趣。如果我们不能在当地进行农业生产，那么太空移民只能通过不断运送大量食物来实现。这在月球上或许可行，但成本巨大，而在遥远的火星上，这将会更加困难和危险。

　　深入研究封闭生态循环系统还能提供社会学方面的见解，让我们知道人类是如何在这些独立的生态小世界中生活和适应的。正如我们还需要深入了解封闭生态循环系统一样，我们也还需要了解人类在这些封闭环境中，会如何应对心理和社会的挑战。这是很有用的，因为我们这些"猿人"给生态学带来了很多混乱。早前，安迪·威尔曾指出，在太空中喝酒不是一个好主意，因为它会浪费宝贵的卡路里。他的观点在生物学上是站得住脚的，但从心理学的角度看，他想得可能还不够深远。就拿生物圈2号项目中的居民为例，尽管他们处于缺乏卡路里的环境中，却依然选择用香蕉、大米和甜菜等高卡路里食物来酿造葡萄酒[1]。

---

[1] 平心而论，将食物转换为烈酒会比从食物转换为葡萄酒导致更多的卡路里流失。因此，或许我们可以找到一个折中的办法，为火星上的饥饿居民提供一些酒精。

1.5 磅的晒干香蕉

一袋葡萄酒酵母

半茶匙营养酵母

卡姆登片（可作为消毒剂加入水中）

带气塞的罐子

① 第一步：将香蕉和营养酵母放入一加仑热水中

② 第二步：冷却至 70 下

③ 第三步：盖上塑料薄膜，每天搅拌，持续一周

④ 第四步：过滤后装入瓶中进行发酵

⑤ 第五步：在 3 个月和 6 个月时过滤沉积物

⑥ 第六步：约 10 个月后，在稳定和清澈的状态下装瓶

可做 3 瓶

改编自莎莉·西尔弗斯通写于
《生物圈 2 号的美食：从田野到厨房》的食谱

　　人们可能会认为生物圈的居民在行为上有些不理智，但我们认为情况要更复杂一些。

　　寻求舒适并不是不理智。想象一下，在一个与外界隔绝的密封环境中生活，身边没有亲人，偶尔还会被同事吐口水，此时，有谁不希望在星光灿烂的周六晚上，喝上一杯发酵甜菜制成的酒呢？太空移民的终极目标不仅仅是生存，更是要让人类在这个并不总是欢迎我们的环境中茁壮成长。

因此，我们迫切需要将人类的心理需求纳入科学研究，就像需要能够把我们带往火星的交通工具一样迫切。

对于阿斯特丽德来说，好消息是我们假设一切问题都已解决，她已经成功地教育孩子们成为懂得尊重他人的人，不会随意对同事吐口水。

他们为了让自己的生活环境变得更加完善，最后还需要一层能够阻隔外太空环境的保护层，和可以维持内部生命的能量。

第十章　千好万好，太空家园最好

如何打造外太空居住地

"如果人类有朝一日能在月球上居住，那么他们将不得不像蚂蚁、蚯蚓或者鼹鼠一样生活。所有没有充足大气层或磁层的天体也是如此，火星也不例外。"

——詹姆斯·洛根博士，美国国家航空航天局前飞行医学主任兼约翰逊航天中心医院主任

我们现在知道了，人类在外太空有多么脆弱和无助。我们选择的居住环境不仅有毒，还充满了危险和寒冷。在这个新的世界里，我们要学会在自己排泄物中种植蔬菜，养殖食用虫子，还得在喝了甜菜酒的醉意中抵御树皮蝎的侵扰。这就是人类的新黎明。

当然，这一切的前提是你能持续供电，让灯一直亮着。

人类在外太空的生存最终需要解决的问题，就是找到一种方法，使人类和其生活环境能够抵御月球和火星的恶劣气候条件。虽然我们在很多小细节上已经做了大量的工作，但目前我们还需要面对两个主要的问题：能源供应和防护措施。

能源供应

从 2020 年的数据来看，全球近 60% 的电力依赖于化石燃料。但除非我们在火星的历史中找到什么非常令人震惊的东西，并且决定将其燃烧，否则一切与"化石"相关的能源选项都将被排除在外。此外，大多数可再生能源在太空中也难以发挥作用。例如，水力发电需要流水，风力发电需要风。虽然有人提议在火星上进行风力发电，但如果要利用火星稀薄的大气层，就意味着必须制造巨大的风力涡轮机。地热能从地下深处汲取热量，但也不适用于地质活动较少的月球。尽管它可能适用于火星，但这将是一项巨大的现场建设项目，而且地热能的最佳地点可能并不适合建立人类在火星上的早期居住地。

这让我们只剩下太阳能和核能两个选择。而最有可能的是同时采用这两种方式。如果你对核能有所顾虑，可能会倾向于全力发展光伏发电。但是，在月球或火星上全力发展光伏发电意味着什么呢？以火星为例，仅初次登陆火星时就需要安装数英亩的太阳能板，更不用说维持一个巨大的地下温室系统，以便为火星居民提供必要的生活资源，这需要的电力将是何等巨大。如果假设火星居民的电力需求与普通美国公民相当，那么一个拥有 100 万人口的火星城市将需要大约 130 平方千米的太阳能板[1]。然而，实际上火星居民电力需求可能更大，因为他们需要在本地进行大部分的耕作和制造，包括生产氧气，清理有毒的土壤，以及从大气中提取燃料。

在月球上，除非你位于"几乎永昼峰"，否则太阳能面板每个月有两周时间里都根本无法运作。在火星，白天可以使用太阳能，但是要记住，

---

[1] 需要明确的是，这只是一个非常保守的估算。要精准计算出实际所需的面积，那将是一项极其复杂的任务。就像曼弗雷德·埃雷斯曼（Manfred Ehresmann）博士在我们的交谈中提到的，我们甚至需要考虑地球上的集装箱船是因为浮在水上而极其高效的因素。因此，实际所需的面积可能至少是我们估算的 10 倍，甚至 100 倍。

火星的日照强度只有地球的一半——再加上偶尔的尘暴会遮挡太阳光。在这两种环境下，你都需要准备大量的电池组来度过没有阳光的时期。电池组的重量取决于所在地的环境和能源需求，但最起码我们讨论的是数千吨的设备，可能还会更多。即使有了这些庞大的备用电源系统，你也不能直接使用从家得宝（The Home Depot）买来的太阳能电池板。你需要的是能够承受高强度辐射、陨石撞击、磨蚀性的月尘以及极端温差的太阳能面板。特别在火星上，还需要清理灰尘，而这在地球上通常需要大量的水和人力来完成。

对这个问题，人们通常会大声呼喊"机器人！天哪，用机器人！"我们确实喜欢机器人，但我们对此持有保留态度。以最近的"火星探索者"（Mars InSight）任务为例，这个任务中使用了一种名为"鼹鼠"的工具，试图在火星表面钻探 5 米深。但由于火星表面摩擦力较小、风化层异常坚硬，再加上机器人太阳能电池板上积满了灰尘导致电力供应减少，它只钻进了两到三厘米就遭遇了失败。虽然团队在接下来的几个月里尝试恢复实验，但最终还是不得不放弃。我们并不是在贬低他们的成果——毕竟，笔者连乐高机器人都造不出来，更不用说在太空中自主运行的机器人了。我们当然不能忽略火星上那些更为成功的机械居民，比如卡车大小的机器人探测器和在这片红色山丘上空飞翔的小型机器人直升机。但是，距离实现一个能在未知地形上自主组装、放置和维护成百上千亩太阳能电源的机器人系统，还有很长的路要走。

那么，让我们来谈谈我们共同的朋友——原子。

太空核能：大概不会把放射性碎片撒向加拿大的能量源泉

我们自认为比一般读者更容易接受核能的应用。在某些社交场合，你会发现我们热衷于讨论核废料处理实际上是一项成熟的技术，就像法国，虽然其电网有 70% 依赖核能，但晚上也并未因此而散发出绿光。不过，我们也能理解，即便你赞同我们的观点，将大量的钚发射到太空的想法也许仍会让你感到有些不安。但如果告诉你，事实上我们在过去的几十年里一直在这样做，那么这会让你感到稍微舒心一点吗？实际上，进行这种发射有两种截然不同的方法，而这两种方法通常会被人们误解和混淆。

第一种方法：热腾腾的大块物体

最简单的核能应用就是供热，通常是通过一种叫做放射性同位素加热器的装置（a radioisotope heater unit）来实现的。如果你愿意，可以把它看成一个永远[1]不会冷却的魔法盒子。这个热源来自放射性金属——通常是钚、镅或钋。

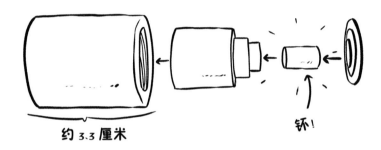

约 3.3 厘米

钚！

这些物质会经历放射性衰变，也就是说它们的原子会随着时间而分裂。在这个过程中会产生热量，正是在太空中运行的机器人所需要的。事实上，核动力太空机器人有着悠久的历史。例如，苏联的月球车（Lunokhod）用太阳能作为白天的能源，而在夜间则依靠一块钋 -210 来保持工作温度。2018 年，中国的"玉兔 2 号"探测器携带钚 -238 来保持温暖，前往人类从未探索过的月球背面。

1　"永远"这个词并不准确——这些材料会逐渐衰变，只不过这个过程非常漫长。举个例子，如果你使用钚 -238，其产生的能量每 88 年就会减半。

玉兔2号

这些系统并不是没有发生过意外。最糟糕的一次事故发生在 1969 年，第一辆月球车发射升空，但随后因火箭爆炸而毁坏，并导致钋飘散到了苏联的部分地区。

更先进的一种系统是放射性同位素热电发电机。你可以把它看作是一个将核热系统与所谓的热电偶（thermocouple）结合的装置。通过这种方式，系统的一部分热量就能转换为电力。这样的系统几乎可以永久运作，还极其可靠，因此成为非常吸引人的一种电源解决方案。过去，这些系统曾用作北极的热源，甚至用在了心脏起搏器中。钋 -238 的版本还曾为阿波罗航天员在月球上留下的科学设备供电，并且也用于火星探测车上。对于深空探测器来说，它们绝对是至关重要的，因为从它们的视角来看，太阳不过是另一颗无法提供能源的恒星。正是得益于放射性同位素热电发电机，1977 年发射的 "旅行者 1 号"（Voyager 1）和 "旅行者 2 号"（Voyager 2）探测器已经成功离开太阳系，并持续向地球发送数据。

这类设备的优点在于它们简单易用。除了公众普遍反对这种设备，最大的缺点是每单位质量所能产生的电力有限。每千克钋大约能产生 500 瓦的热量。如果热转电效率极好，我们最多也只能从中获取 10% 的电能。

虽然在月球的寒冷夜晚，剩余的热量仍有其应用价值，但从总体来看，每两千克的钚能产生的电力只足够运行一台笔记本电脑。虽然这可能是使用文字处理软件最震撼的方法，但它的效率并不高，何况成本可能高达千万美元。

如果能以某种神奇的方式把大量的钚 -238 转移到火星，那这将是一种极为便利的发电方式。它不仅能够提供热能和电能，而且无需担忧传统核事故的风险，如熔毁或冷却液泄漏等。但事实并非如此，因为这些系统的能量输出与其质量不成正比。如果你打算使用利用这些能源，那么很可能仍然只够用于太空的基本需求，比如保持火星漫游车的温暖。

第二种方法：传统的核裂变反应堆

当人们说到"核反应堆"时，他们通常指的是核裂变反应堆。上面我们讨论的那些系统是由"自然"衰变的放射性物质提供能量的。而核裂变反应堆则是通过强迫原子快速衰变来运作的，这样可以在每单位质量上产生极其庞大的能量。

然而，我们意识到，在一本关于太空旅行的书中，"核反应堆"这个词可能让一些读者感到不安。但大家可以放心，太空机构已经成功进行过许多此类任务，并且我们将看到，有 98% 的任务并没有意外地把放射性碎片撒在加拿大上空。

美国唯一一次尝试将裂变动力源送入轨道是 1965 年发射的 SNAP-10A，这是一个实验性的核反应堆。然而，在任务进行到第 43 天时，它的电子组件出现了故障。虽然有一些部件在所谓的"碎片脱落"过程中掉落了，但它仍然在高轨道上运行，并最有可能在接下来的 4000 年里继续环绕地球。或者，至少等到我们技术先进的后代到来，他们会叹息一声，摇摇头，然后将它扔进太阳。

苏联在卫星上向太空发射了 30 多个核裂变反应堆。如果一切顺利，一旦任务结束，这些核卫星就会燃烧少量推进剂，过渡到"长寿命储存轨道"，或者更形象地称为"墓地轨道"，在那里它们将停留几个世纪，有点像土星环，但是由放射性垃圾组成的。

但事情并不总是这么顺利。曾有两个反应堆意外重返地球大气层，其中就包括臭名昭著的科斯莫斯 954 号卫星（Kosmos 954），它不小心将放射性碎片洒落在了加拿大的土地上。在后面关于外太空责任法的讨论中，我们将更详细地探讨这一事件，不过可以肯定的是，没人对这件事感到幸灾乐祸。

至今，还没有裂变反应堆被应用到遥远的探测器或探测车上。但从 20 世纪 60 年代开始，地球上一直在进行这方面的测试，并持续至今。2015 年，人们开始研发一种名为"千瓦动力"（Kilopower）的轻量级裂变反应堆，用于太空项目。千瓦动力反应堆体积小巧，提供的能量足以供应几户美国家庭的电力。2018 年，该反应堆进行了测试——测试名为"千瓦动力斯特林技术反应堆"（Kilopower Reactor Using Stirling TechnologY，简称 KRUSTY[1]）——并取得了优异的成绩。目前，人们正在研制更大型的设备，有望为 30 户家庭提供充足的电力，而美国国家航空航天局也计划未来在月球上测试这样的裂变动力系统。

裂变反应堆也是有风险的。在发射的时候，存在所谓的"快速意外解体"的危险，也就是爆炸。一旦它们到达预定位置，主要的问题就是会释放辐射，因此我们需要采取屏蔽措施，通常的做法是将它们安置在离居住区较远的地方，并且用月球表面的风化土将其掩埋。虽然还存在一些核熔毁的风险，但请记住，火星本就覆盖着有毒的风化土，所以它不会对当地的水域或者其他地方造成什么破坏。

我们理解人们通常对核反应堆有所顾虑，更何况是将其送入太空。在

---

1 2019 年有一篇论文提到了其他几个辛普森风格的缩写，例如平顶裂变演示（Demonstration Using Flattop Fissions，DUFF）和裂变反应堆集成核动力代码（Fission Reactor Integrated Nuclear Kinetics code，FRINK），两者的缩写都是《辛普森一家》里的动画人物。可以看出，作者 D. I. 波士顿（D. I. Poston）在过去的 20 年里一直在这样做，而且他的这股劲头还没减。

我们看来，只要遵守一些基本的规则，这些系统可以达到相当安全的标准。首先，反应堆不应该用于助推发射过程。相反，它们应该在远离地球的地方启动。其次，反应堆内的放射性物质需要妥善包裹，这样即便在最坏的情况下，设备坠落到地球上，清理工作也能限制在一个较小的、易于处理的区域。[1]

尽管如此，我们明白这本书的一部分读者可能仍会感到不安。我们理解这种想法，但我们希望你能明白，拒绝核能源，基本上就是在关闭通往太空移民的大门——除非未来有了更先进的能源。

核反应堆就像一个随时可以调节的能量宝盒，能够在多年不添燃料的状态下稳定运转。它不受月球的漫长夜晚或火星尘暴的影响，只在紧急情况下需要依靠电池作为备用电源。没错，它需要定期维护，但其所占空间仅是地球上同等规模太阳能发电站的一小部分。而且别忘了，火星的平均日照量只有地球的一半。

如果未来人类在太空建立了永久性的定居点，并且有了当地的制造能力，光伏技术可能会成为一种在当地就能发展的发电技术。然而，对于大规模的太空居住点而言，核裂变依然是最佳的能源选择。

防护措施

"防护措施"这个词可能会让你联想到《星际迷航》中带有隐形保护罩的宇宙飞船。但在现实中并非如此。我们在太空的生活将会使用土壤来进行防护。之前提到的那种有毒的、充满危险的黏稠土壤将会成为我们的保护伞，可能厚达几米，以防御陨石、辐射和温度波动，同时维持内部的

---

1 从原理上讲，未来有一天，我们甚至可以在太空提取核燃料，因为月球和火星上都有适合制作核燃料的元素。但是，和氦 -3 一样，这些元素的浓度非常低。尽管如此，如果我们想要为地球提供终极的安全保障，至少从技术上讲，这是有可能实现的。

气压。

有许多不同方式可以实现这一点。一种方式是简单地将我们的居住地埋在土里。但这样做的缺点是火箭着陆和沙尘暴可能会影响到防护罩。还有更复杂的提议，比如用沙袋堆放月壤，将其烤成固体，或将其黏合成砖块。如果你要建造一个空间站，甚至可以将土壤装入集装箱，然后发射到太空中。

一旦你成功地用月壤将一切都覆盖起来，接下来的问题就是如何防止人类呼吸到这些土壤。根据我们在月球上的经验，这些土壤可能会对人的健康和设备带来严重威胁。这是太空居住地的设计师多年来一直在努力解决的问题，他们提出了多种解决方案。

其中高科技的方案包括使用防尘宇航服，或者在进入内部之前，通过专门的前厅来清洁身体。

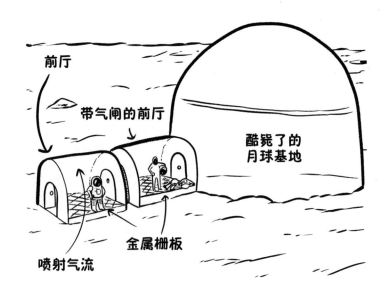

另一种方法是将宇航服直接连接到居住地的外部。你可以从居住地内部爬入宇航服，然后在外出时将其封闭，这样可以避免居住地直接接触尘

土。但这个方法也有它的不足之处。比如说，宇航服和居住地之间的每个连接处实际上都相当于一个需要维护的气闸。而且，你可能还需要时不时地把宇航服带进屋内，检查是否有损坏并进行修理，这就意味着你还需要找到另一种方法来处理灰尘。

有时候，最简单的方法也是最有效的。例如在地球上，当技术人员安装了玻璃纤维绝缘材料后，他们通常不会在专门的气闸里清洗掉玻璃纤维，也不会穿上专门防护的衣服。他们会穿上一次性的连体工作服，然后在工作完成后直接丢弃。有鉴于此，一位设计专家提出了一种在宇航服外面罩上类似斗篷的设计。这样既便宜又简单，而且每个人看起来都像是绝地武士。虽然使用一次性材料并不符合回收的理念，但如果你收获了足够多的水果准备酿酒的话，或许你可以尝试将一些香蕉叶缝在一起，制作成类似的防护服。

第二个常用的屏蔽选项是使用水，因为水在阻挡辐射方面效果非常好。虽然水资源可能相对稀缺，但是将水用作屏蔽材料同时也能解决水的储存问题。这样，你的居住地外围就成了一个储水区。这种做法可能比简单地在外面堆土更复杂，不过反正你也需要一个地方来储水。

还有一种方法是减少对月壤的依赖，转而使用更为先进的材料。例如，人们最喜欢的氢化硼产品：氢化硼氮纳米管。你可以把它们想象成一束微小的分子吸管。虽然制造它们的成本不低，但它们特别能吸收中子，也能吸收粒子撞击其他屏蔽材料产生的溅射碎片。

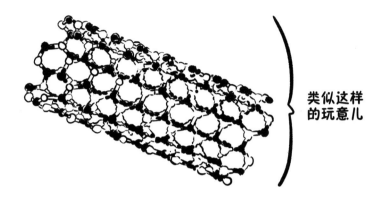

类似这样
的玩意儿

你还可以使用所谓的"主动屏蔽"来阻挡带电辐射。想象一下，在基地周围有一组高塔，它们会产生强大的磁场，在带电粒子从太空到达时会将其偏转。再加上我们的好伙伴——氢化硼氮纳米管，你将获得一个相当强大的辐射防护系统。但缺点是，这种永恒的力场无法帮助你应对流星和温度波动等问题。而且，与住在一堆土堆里相比，它所需的能源也多得多。

我们必须认识到，建立有效的防护措施将是一项巨大的挑战。那些描绘太空定居地被一座座玻璃穹顶覆盖的艺术作品很可能都是不切实际的幻想。正如太空建筑师布伦特·舍伍德（Brent Sherwood）在谈及月球建筑时所感叹的那样，"那些梦幻般的、晶莹剔透的压力穹顶点缀在行星的表面，让城郊的居民能够一览太空的壮丽景象，实际上是没有任何根据的。这种建筑设计将使居民和他们的公园在强烈的阳光下暴晒，同时还要面临太空辐射的危害。"

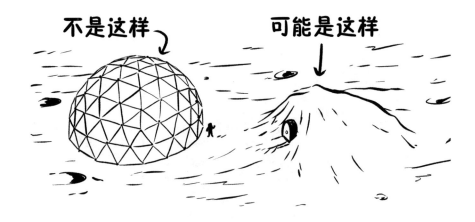

在未来某一天，我们或许可以利用在太空现场的制造技术，创造出比现在的土堆更加美观的防护措施。然而，就目前来看，人类离开地球就像离开了摇篮，直接转身搬进了邻居的地下室。

你远离故乡的家——太空居住地的分类

现在，你已经了解了移民太空会面临的挑战和居住场所的信息，接下来就是要建造家园了。在太空建筑学领域，研究者通常将人类居住地划分为三个类别：一类、二类和三类。你可以将这三个类别视为我们在太空移民过程中可能会经历的三个不同阶段。

类别一："人类碗"

类别一的居住地实际上是太空站的一部分，但它并不会绕地飞行，而是会被运送到太空的某个位置。它是一种密封的容器，设计成可以装入单个火箭的有效载荷整流罩。在过去，这意味着这种"人类碗"的直径限制在大约 4.4 米，一些巨型火箭系统可能会使其尺寸翻倍（如果它们能正常工作的话），但类别一的居住环境始终会是比较舒适的。

不管大小如何，想象一下在月球表面放置一个圆柱形的基座，在顶部覆盖上月壤，瞧，你就住在月球上了。你可能会更容易找到一个合适大小的陨石坑，然后把月壤推到上面。曼弗雷德·埃雷斯曼博士称这为"穷人的熔岩管"。

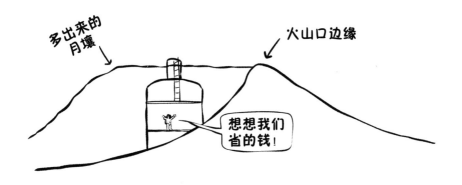

虽然这个场景并不完全和科幻电影《星际迷航》中描绘的一样，但我们当前的首要任务是确保在太空中成功地生存下来。如果我们选择月球作为太空定居的试验基地，那么类别一的居住地将是我们编写《月球定居者手册》的地方，其中将包含如何应对月球灰尘、月球上 1/6 的重力和太空辐射对人体的影响，以及如何在这一全新环境中处理工程、安全、医疗和心理等各项需求。

另外，我们还有机会为建造这一类的居住环境进行一些探索，其中一个提议便是"哈伯特"（Habot），它的构造一半是人类生活的居住地，另一半则是机器人，就像一个在月球上的拖车公园。

实现这一目标的最佳方法是将居住地与一种名为"全地形六足地外探测器"（ATHLETE）的机器人结合起来。ATHLETE机器人有6条弯曲的关节腿，每条腿末端都装有轮子，所以它既能走路，也可以在地面滑行。最重要的是，它看起来像一只巨大的月球虫子，说实话，这也是我们在此提到它的主要原因。要是再给它加上几件绝地武士的斗篷，我们甚至都愿意忽视它缺乏坚固的辐射防护屏障，以及巨大的多关节腿并不适合在月球复杂地质环境中滚动的事实。或者，正如瓦格纳实际上建议的那样："也许这只巨大的太空虫需要一条巨大的太空裤子来防止灰尘?"

类别二：自行组装

在第二类的居住地中，你的家园仍然是用从地球发射来的部件建造的，但这些部件更加复杂，需要在现场进行组装。一定程度上这与地球的建筑方式类似，一个典型的例子是充气式定居点，其优点便是可以将更多的居住空间塞进火箭的货物整流罩中。到达目的地后，只需充好气就可以享受你在太空的新家了。还可以通过加热、紫外线辐射或其他更为特殊的方式凝固材料，用来增强居住地的坚固性。

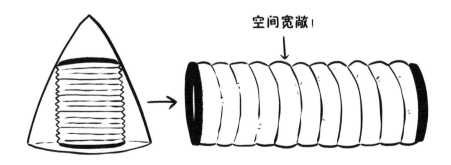

空间宽敞！

美国国家航空航天局的"移动居住地"便是一个高度先进的充气居住

地设计。它共有 3 层，包裹着坚固的重要核心进行充气。但别把它想象成一个简单的气球，因为构成其外层的材料极为复杂，其中包括用于防止流星体撞击的外层，用于抵抗居住地内部压力的凯夫拉材料，以及在火灾等紧急情况下起到阻止或减缓火势蔓延作用的"备用气囊"等。他们甚至设有内部的"防磨损障碍"，因为即便生活在毒物环境里，我们也并不希望家中到处是刮痕。

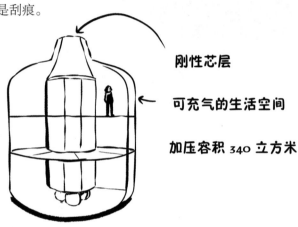

刚性芯层

可充气的生活空间

加压容积 340 立方米

移动居住地曾在地球上进行过测试，并在加压状态下成功承受了模拟微流星体的撞击。然而，它并未实际飞入太空，最终其专利被私人公司毕格罗宇航公司（Bigelow Aerospace）收购。毕格罗宇航基于美国国家航空航天局的设计，开发出了名为毕格罗可展开活动舱（简称 BEAM）的较小模型。这个活动舱于 2016 年成功地与国际空间站对接并充气，如今作为国际空间站的一部分而存在。

然而，我们目前仍然只对诸如钢铁、木材、混凝土一类的常见建筑材料较为了解，对除充气城堡外的充气建筑仍知之甚少。我们通常都不会在地球上搭建这些充气结构，更不用说在那些时不时会遭受陨石轰击、又没有空气的外星球上了。如果我们选择在太空中使用充气式模块来建房子，那么要付诸的努力之大则难以想象。

类别三：就地取材

除第二类居住地之外的所有建筑模式都可以称之为第三类居住地，其定义是就地取材、利用现场材料来搭建。这会是太空爱好者们梦寐以求的居住地。

关于它的实现方式有很多种设想。由于月球表面富含可以被制成玻璃的硅元素，所以一种提案便是使用微波系统将这些月壤加工成建筑砖块。另一个提议是制造一种滚动的微波系统，将其下方的地面烧制成道路。还有人提议用月壤制成一种类似混凝土的建筑材料，被称为"月球混凝土"。稀奇古怪的方法层出不穷，但我们要告诉你最奇怪的一个："根据 2021 年 9 月《新科学家》(*New Scientist*) 的一篇文章报道，英国曼彻斯特大学的阿莱克斯·罗伯特斯 (Alex Roberts) 及其同事提取了人血中的一种叫做人血白蛋白的蛋白质，这种蛋白质在维持体内液体平衡中起着重要作用。他们利用它将模拟的火星土壤黏合在一起，制成了一种类似混凝土的材料……"科学的力量真是了不起！

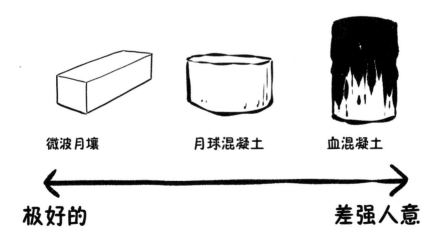

尽管月球和火星上都有丰富的金属资源，但需要再次强调的是，单纯

存在的元素并不意味着我们可以直接使用它们。例如，有一篇支持月球制造的论文建议使用 1800℃的炉子来熔化钛，这可能需要一些额外的小型核反应堆才能做到。

对我们而言，你需要知道虽然第三类居住地是有可能实现的，但将会需要极其巨大的能量资源投入。我们前面提到过，这可能需要小型核反应堆或大片的太阳能板。想要升级到三类居住环境，将需要相当于一个城市或者大型工厂规模的能量供应。

高端房产

所以到此为止，熔岩管如此吸引人的原因应该已经显而易见了。如果你能找到一个空间巨大、结构稳定的天然洞穴，那么就省去了堆积月壤这一步骤。除入口处可能存在的少量灰尘外，其他地方应该都很干净。因此，你只需走进去，吹起一个能保护你免受空气泄漏以及温度波动影响的充气城堡，你就有了你梦寐以求的太空家园。在更宏伟的提议中，你甚至可以在管道的某个部分涂抹密封剂，在入口处安装一个气闸，然后给管道内部增压，迅速建成一座居住地，比本世纪能够在地面上建造的任何太空居住地都要大。

密封的熔岩管将成为未来建筑的坚实基础，因为在密封区域内，你可以随心所欲地建造任何想要的东西。不需要复杂的防护屏障和气闸系统、不必将一切都埋藏在黏稠且有毒的月壤之下，也不需要在小型栖息地之间修建长长的隧道。在这个巨大的密封洞穴里，如果你有足够的材料，甚至可以建造一座英式小屋。理想的情况是这样的：

　　如果未来在月球或火星上有城市，那么很有可能就会建在这些熔岩管里。如果这些管道能够被改造成适合居住的空间，就省去了大量的建筑和运输工作。在没有空气的洞穴里建造一个小镇的过程可能并不简单，但如果能够实现，那么将造福首批定居者未来数十年的日子。

　　但至少从地质学的角度来看，能否永远在太空中定居并不仅仅是科学问题，还涉及国际法和地缘政治的问题。

　　阿斯特丽德可能认为她的所有问题都解决了，但事实上，她的法律困境才刚刚开始。

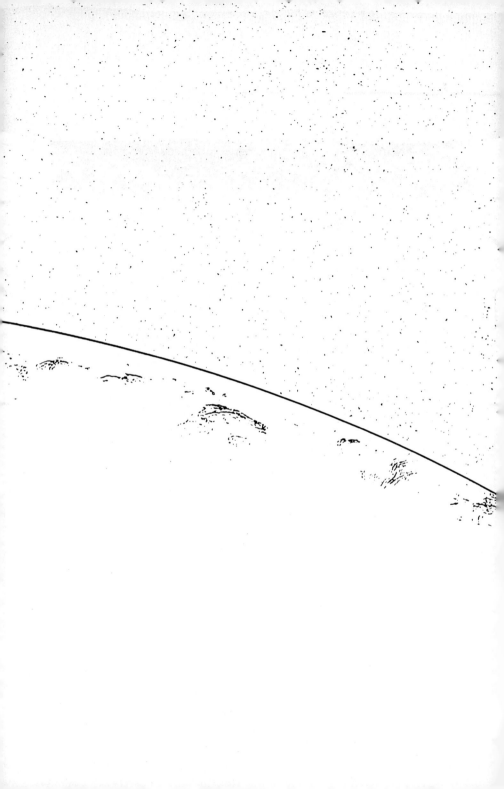

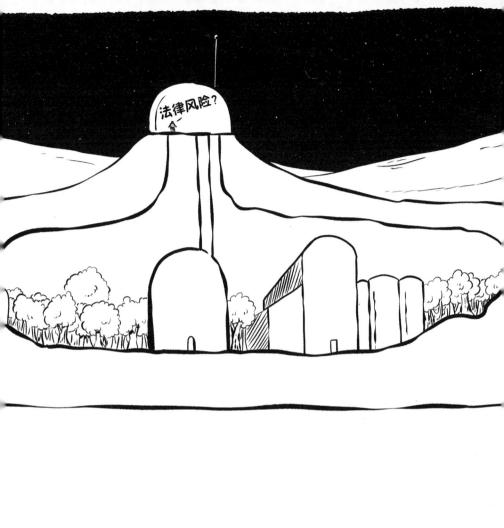

你可能听过这样一个故事，1978 年，美国国家航空航天局的女航天员因技术人员的无知而收到了大量卫生巾，令人啼笑皆非。事情是这样的：凯西·沙利文（Kathy Sullivan）和萨莉·赖德都是同一届女航天员，她们被要求检查太空女性航天员的卫生用品。赖德拿出了一系列用小密封包装捆绑在一起的卫生棉条：它们像香肠链一样串着，而且数量真的是无穷无尽。沙利文后来回忆说，"那就像是一个糟糕的舞台表演，天知道他们到底给了我们多少卫生棉条。"当赖德终于拿出最后一个卫生棉条时，男工程师们问"100 个够吗？"萨莉·赖德像天生的航天员一样，控制着自己的情绪，礼貌地回答说："……你可以把数量减半，完全没有问题。"

这个故事虽然老套，却在 2010 年代末的互联网上广为流传，还曾一度成为玛西娅·贝尔斯基（Marcia Belsky）的热门音乐喜剧节目《美国国家航空航天局不懂女性的证据》的焦点。这确实是一个引人注目的故事，而且说得也没错，但或许我们还需要了解其中一些影响深远的背景。

事实上，里娅·塞顿，她不仅是 78 届中唯一的医生兼航天员，同时是一名会来月经的女性。正是她参与了应该携带多少卫生棉条的决策过程。根据 2010 年的一次采访，携带大量卫生棉条是出于安全考虑。她说："人们对此感到担忧，因为这是一个未知数。很多人预测月经血可能会逆流，流入腹腔，导致腹膜炎等可怕的后果。"

按照塞顿的说法，尽管女性对这些担忧持怀疑态度，且宁愿在问题真正出现时才去处理，但她还是与飞行外科医生一同作出了这个最终决策。她说：

　　我们必须从最坏的情况出发。无论是卫生巾还是卫生棉条都得带。如果你的月经量很大，需要用多少，是

5 天还是 7 天的量，这些情况都要考虑，因为我们不清楚在太空环境下会有何不同。我们需要考虑的是，你最多可能需要用多少？

大多数女性表示，"我绝对不会用那么多"。"是的，但别人可能会。你肯定不希望在关键时刻还要担心是否带够了卫生用品。"

换句话说，这个故事可能与愚蠢的男性技术人员关系不大，更多地体现了美国国家航空航天局使用更多设备解决所有问题的方式。塞顿回忆说，最后决定采取他们设想中，一个月经量较多的女性所需的最大量，然后将其翻倍，最后再增加 50%。

这是美国国家航空航天局典型的做法。如果你读过那本长达 1300 页的《人整合设计手册》（不幸的是，我们确实读过它），你会看到"最大"这个词被提及了 257 次。比如在第 604 页有一份非常详细的处理关于尿液的内容，其中包括一个称之为"尿液方程"的公式：

$$V_U = 3 + 2t$$

其中 V_U 代表每名机组成员的最大尿液产出（以升为单位），t 是任务的天数。

人们也许确实需要多关注一些卫生棉条的问题。林恩·谢尔（Lynn Sherr）是一名资深记者，也是萨莉·赖德的传记作者，同时也是多名女航天员的朋友。她曾表示第一位在太空经历月经的女性就有"侧漏"的问题。需要注意的是，太空是一个非常恶劣的环境，由于没有重力的作用，液体无法像在地球上那样向下流动。血液通过一种称为毛细作用的过程，会向外溢出。[1]据谢尔所说，那位不愿透露姓名的女航天员选择在太空中

---

1 需要注意的是，塞顿听到的是这个事件的另一种版本。据她所说："……我不完全确定谁是第一位在太空经历月经的女性，但她们回来后表示，'太空中的月经和地球上的一样，没有什么需要担心的。'"

同时使用卫生棉条和卫生巾。

如今，女航天员多倾向于使用激素避孕法。不过，对于长期的深空旅行，这些避孕方法可能需要适当的调整，因为大多数地球上的女性不需要能在太空辐射环境下保存 3 年的避孕药。在首次前往火星的旅行中，由于主要目标是生存，因此怀孕将会是一场灾难。而在任何尝试永久性移民的计划中，怀孕将会是其中的目标之一。

我们为稍微破坏了这个关于棉条的故事而感到抱歉，但是如果你想了解美国国家航空航天局工程师有多不了解女性解剖学，其实还有更好的例子。比如，看看他们最初为女性提出的小便装置，塞顿曾经说过："这些设计肯定是从贞操带的设计中借鉴过来的！"

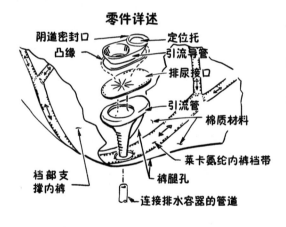

零件详述

阴道密封口 —— 定位托
凸缘
引流导管
排尿接口
引流管
棉质材料
莱卡氨纶内裤裆带
裤腿孔
连接排水容器的管道
裆部支撑内裤

插画师备注：

这是 JPL 文件的原文描述。没有进行任何艺术创作，因为没有任何改进的可能。

在一个你可能会称之为"结构性性别歧视"的例子中，工程师们试图直接复制男航天员使用的漏斗状排尿系统。正如艾米·福斯特（Amy Foster）在《让女性融入航天员队伍》（*Integrating Women into the Astronaut Corps*）一书中所写："似乎没有一个负责这个项目的男性工程师感到足够自在，会首先咨询女性的意见。"适合女性版本的装置从未实际使用过，最终女性穿上了我们现在称为 MAG（最大吸收力服装）的服装，基本上就是成人纸尿裤。如今，MAG 成为航天员在发射和着陆等无法起身上厕所的标准服装。

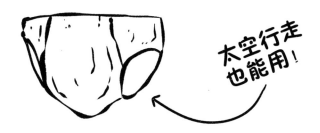

MAG 同样适用于男性，而且还挺不错的。在使用以前的排泄系统时，男性需要清楚说明他们需要小号、中号还是大号的设备。在火箭发射前，被束缚在座位上的他们，需要诚实告知医务人员，否则可能会在发射过程中尿湿自己，这对一些人来说，实在是太难了。根据迈克尔·柯林斯的说法，为了保护男性的自尊，阿波罗时代的航天员将小号、中号和大号称为"超大号、巨大号和难以置信的巨巨巨大号"。

这或许不是最好的"平等对每个人都有好处"的故事，但它可能是最奇怪的一个。

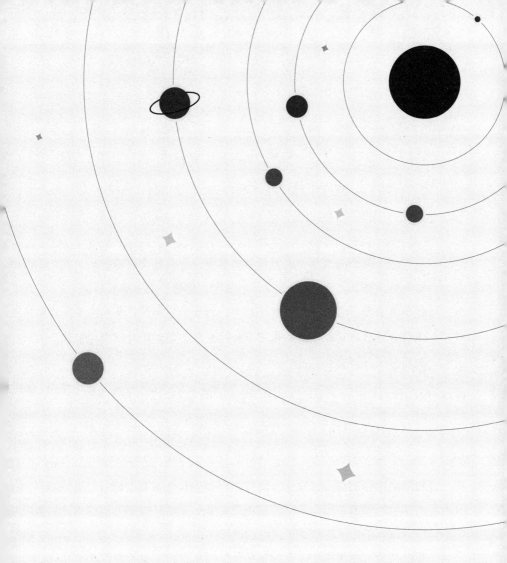

第四部分

太空定居的法律

莫名其妙、含糊不清，难以推翻

……对于我来说，月光倾洒的夜晚将与从前全然不同。当我抬头仰望这只"白玉盘"，我必然想到，没错！上面偏左的部分就是俄罗斯，右面的部分就是美国。远古就存在的月亮啊！多少人将你写进诗里，多少人向你寄托过爱意，你如此的神秘，但这些都将不复存在！

——C. S. 刘易斯，《纳尼亚传奇》的作者

月球是所有的定居太空的科幻作品都会提及的地方。或者，这些书有可能向你展示很多细节，告诉你宇宙飞船和化学燃料是如何运作的，可能还会告诉你在不久的未来关于财富的奥秘。

我们认为，如果你想要了解定居太空如何进行，那么忽略太空法就是一个巨大的错误。在我们与热衷于定居太空的人的交谈中，我们发现，他们总觉得，定居太空那么酷，还需要太空法吗？要不就觉得，没有人（或者说只有埃隆·马斯克）有权站在月球的美国领土上，所以这些太空法没有存在的必要。这些想法毫无道理，太空法已经影响了太空飞行。行星资源公司（Planetary Resources, Inc）总裁克里斯·莱维奇（Chris Lewicki）告诉我们，由于太空法的概念含糊不清，因此，严重影响到公司的投资，并直接导致其小行星开采子公司的失败。我们聊过的那些法律

学者们更加忧心忡忡——第一，在地球人的现代发展面前，太空法捉襟见肘；第二，只要有在月球上瓜分领土的企图，任何种族就都会出现冲突。但是，如果你了解，其实根据我们的评估，月球根本没有什么经济价值，那这种担忧又有何用？

我们现在讨论的焦点在于国际太空法过于宽泛，各国都可以定义法律的底线，这样做是十分危险的。法律亟需修改。可问题是，随着发射宇宙飞船变得轻而易举，改变太空法将会出奇地困难。理想的改变是建立一个各国共同治理的体制，共同管理太空活动与太空资产。这个状态更像《星际迷航》，而不是《星球大战》。

无论你是否同意我们的想法，你都应该至少承认，太空法十分重要。太空法框架同现有的技术将会决定太空定居的一切。理解国际法的运作，将其与太空知识结合在一起，就能知道如何治理太空。虽然科技发展迅猛，但是人类依然站在太空定居的大门前。我们仍然能做出选择，而这些选择有可能会影响今后的几个世纪。

这个部分的目标旨在诠释如何建立太空法，太空法的内容是什么，为什么现行的太空法有漏洞，还有我们希望如何改变它。

第十一章　世俗的太空史

"或许和任何一次技术革命一样，太空时代也会逐渐成熟，我们会逐渐意识到，人类这些创造未曾改变人类自身，未来也不会改变。"

——沃尔特·麦克道格尔，普利策奖获得者

对于工程师而言，阿波罗登月计划是历史上最能称之为壮举的一次经历。在那个年代，所有人都在为了达到一个难以置信的技术目标而努力，世界上顶尖的工程师建造了空前复杂的机械设备，进行载人航天。航天员也成了美国文化的英雄人物，他们出生入死，只为了拯救人类文明。

所以，你逛书店时会发现，大部分有关太空的科幻作品都与月球相关，尤其会涉及阿波罗 11 号登月飞船。问题在于，如果只关注航天员和航天局是如何做出这些壮举的，那就会忽略很多前提条件，要想完成这些壮举，我们必须遵守太空法。

现在，我们想走出航天局，看看那些政治家和军队都在做些什么。只有这样做，我们才能了解创立《外层空间条约》的特殊条件，也能明白，自此条约之后，再达成新的重要协议相对困难的原因。在这个过程中，我们同样希望大家能明白，无论漫游太空的愿望多么美好，最后也可能演变为被世俗所操控的军国主义。

从公元元年至公元 1945 年间的火箭技术

火箭作为武器已有千年之久，其历史可追溯至约两千年前中国发明火药的年代,此后在全世界为各国军队所用。然而,纵观整个火箭技术发展史,并没有发现人们将其作为战争的武器。以前的火箭体型小、操控难、毁伤效能低。让人坐在火箭上,无异于让人骑在一把弓箭上,根本是痴人说梦。

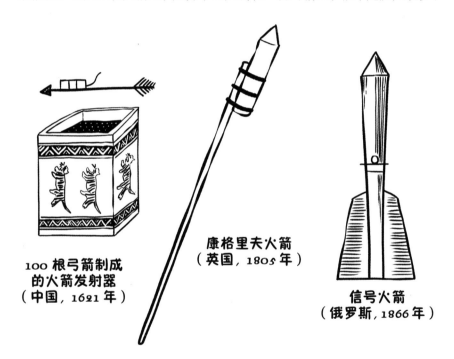

100 根弓箭制成
的火箭发射器
（中国，1621 年）

康格里夫火箭
（英国，1805 年）

信号火箭
（俄罗斯，1866 年）

图画源于迈克·格朗特曼（Mike Gruntman）所著的《开辟先河：航天器和火箭技术的早期历史》（*Blazing the Trail: The Early History of Spacecraft and Rocketry*）一书（由美国航空航天研究所2004 年出版）。

在 19 世纪末期，火箭技术进入发展期。化学进一步发展，更强大的气体推进燃料成功液化，工程技术进一步推进，所有的一切都在冥冥之中有了定论：太空旅行有了可能。当然，在当时，如果过分相信太空旅行是可行的，也有可能会让人当成疯子，可是无论如何，从科学数据上看，太空航行是可行的。

人们普遍认为，现代火箭技术的奠基人有三位：俄罗斯的康斯坦丁·齐奥尔科夫斯基（1857—1935），美国的罗伯特·戈达德（Robert Goddard）（1882—1945）和德国的赫尔曼·奥伯特（1894—1989）。

在 1900 年前后，齐奥尔科夫斯基已研究出太空航行的基本数学框架，他甚至还提出了一些至今都无法实现的大胆想象，如环绕地球的外太空"温室城市"。但是，他终其一生，默默无名，甘愿当一名一贫如洗的学校教师。他在火箭技术历史上做出的最大贡献可能就是启发了一批青年的工程师，这些人中包括苏联航天计划的总设计师谢尔盖·科罗廖夫。在 20 世纪 30 年代，很多最优秀的工程师都遭到了迫害。虽然科罗廖夫本人最后能免去一死，但是只能在臭名昭著的"古拉格"（苏联劳动营和监狱系统，条件极为艰苦）中了却残生，在狱中，他的半口牙都被打掉了。

相对而言，美国的火箭发展的开端就平坦多了。1926 年，戈达德开创了首个液体燃料推进火箭，他至今依然声名显赫。可是，他后来提出利用火箭进行月球航行。人们都嘲笑他，后来他也淡出了人们的视野。此后，戈达德继续进行小规模实验，但是这样做让他脱离了美国的核心研究团队。因此，用美国加州理工大学物理学家和火箭工程师西奥多·冯卡尔曼（Theodore von Kármán）的话来说，"戈达德研究的技术与当代的火箭技术并不是一脉相承的……他的研究自成一派，又未捷身死"。

如此一来，美国嘲笑、排挤专家，苏联迫害专家，大型火箭的研究就只能落到了德国的肩膀。1923 年，赫尔曼·奥伯特出版了《飞往星际空间的火箭》一书，后来又为科幻电影《月里嫦娥》宣传片制造火箭而声名大噪。至此，德国的火箭研究首屈一指。

在 20 世纪 20 年代到 30 年代早期，世界上最先进的火箭研究小组是由一群年轻的业余爱好者组成的，奥伯特是领头人，这个小组称为太空旅行协会（the Society for Space Travel）。他们没有经费支持，但是他们在柏林近郊的一处废弃的弹药仓库找到一处实验场地，整日潜心研究。这是一项危险的研究。火箭经常会偏离发射轨道或者爆炸。功夫不负有心人，研究小组后来加入了一位名叫沃纳·冯·布劳恩（Wernher von Braun）的年轻人，这个 19 岁小伙儿满头金发，国字脸，有贵族血统，言谈举止不俗，沃纳·冯·布劳恩的加入让太空旅行协会确实在历史上留下了自己的名字。

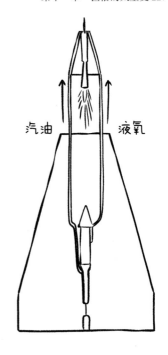

在 20 世纪 30 年代中期，太空旅行协会引起了德国军方的注意。虽然对于是否和军方进行合作这个问题在组内引起了争论，但冯·布劳恩还是选择了一条让自己盆满钵满的路，因为他会拥有大量的资源，为纳粹帝国制造最先进的导弹。

在笔者的采访中，有些人认为，纳粹势力穷兵黩武，而冯·布劳恩为虎作伥。事实上，冯·布劳恩所设计的导弹始终是战争的一个试验武器。20 世纪 40 年代流传着这样一则趣闻轶事，希特勒考察佩内明德镇（Peenemünde），当时世界上最先进的导弹就是在这个小镇制造的。虽然冯·布劳恩年轻英俊，气宇不凡，后来还在迪士尼公司创始人沃尔特·迪士尼（Walt Disney）到访时主持了一系列别开生面的漫游太空项目，但是他依然没有得到希特勒的赏识。希特勒觉得他无聊，无聊到让他发怒的地步。考察还未结束，希特勒愤怒地质问他，为什么火箭需要两个液体燃料推进器，一个不行吗——这个问题其实冯·布劳恩刚刚已经解释过了。他耐心地又解释了一遍。最后，当希特勒离开时，冯·布劳恩吐出一句讽刺的话："呵呵！真是太牛了！"

后来，只有当希特勒意识到自己即将失败时，他才回心转意。他命令冯·布劳恩设计试验火箭，并将其作为武器大量生产。这就是史上臭名昭著的 V-2 导弹（这里 V 的意思就是"惩罚性武器"[1]）。

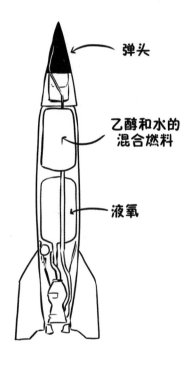

弹头

乙醇和水的
混合燃料

液氧

人们记得，V-2 导弹让人闻风丧胆，但是这种火箭相对原始，毁伤效能低。实际上，V-2 导弹炸死的人都不如制造时死亡的人数多，只是制造导弹就死去了近 20 000 人。生产 V-2 导弹的工厂是由奴隶建造的，这是

---

1 叫"V-2"是因为"V-1"是一种有翼巡航导弹（cruise missile with wings）的名字。

位于诺德豪森县（Nordhausen）的一个新工厂。这些奴隶大部分都是政治犯，被征入一个项目，然后干活直至累死。这些人一个个骨瘦如柴，衣衫褴褛，承受着难以想象的恐惧，被迫在山中炸出一条路，就是为了建造组装工厂，生产新式武器。法国的政治犯伊夫·比昂（Yves Beon）活了下来，他写了一本回忆录《朵拉星球》（*Planet Dora*），书中记录了他们这些政治犯如何衣衫单薄，挨不过德国的寒冬，如何遭受毒打、饥饿、疾病、寒冷而死。书中有一处描写了新囚犯来临的场景："他们清楚，他们无法逃离这人间地狱……他们如同困兽一般，奋力挣脱，却难逃一死，连死神都会蔑视一笑。这个牢笼结实得很，任何人也休想逃走。"虽然冯·布劳恩没有经历这等苦难，可是他却非常清楚这些人的境遇。在《朵拉星球》的前言中，作者写道："这个武器项目的各位负责人也在这里。现在，他是冯·布劳恩。战争结束时，这个小伙子就会为人敬仰，成为西方世界年青一代的榜样。"

战争结束了

当美国和苏联的军队推翻纳粹帝国时，两国都开往诺德豪森，都希望能将德国的火箭技术据为己有。可是，美国抢占了先机——早在1945年1月，柏林陷落的几个月前，冯·布劳恩和他的手下及其家人曾离开佩内明德，企图向美军投降。其中一位手下后来回忆："法国，我们瞧不起；苏联，我们害怕；英国，我们不相信他们的实力；最后，只剩下了美国。"最后，美国得到了大部分的德国火箭技术，苏联风风火火地到达工厂，才发现一周前美国就拿走了大部分的零件。

当苏联红军挺进诺德豪森，他们发现工厂能轻易拿走的东西早就被洗劫一空，工厂还在，他们可以威胁或者引诱剩下的德国人投降，但是斯大林勃然大怒。美国不仅带走了冯·布劳恩，还得到了他数吨重的文件，他们带着制造100枚V-2导弹的零件逃回新墨西哥，在白沙秘密基地制造武器。据传，斯大林当时愤愤地说道："这简直让人无法忍受。是我们打败了纳粹的军队；是我们占领了柏林和佩内明德，可竟然让美国带走了导弹工程师。还有什么事比这些更让人气愤、更加让人无法原谅的吗？"

后来，美国飞机在长崎和广岛投放了原子弹，顺理成章地成了当时唯一拥有核武器的国家。从地缘政治安全的角度来看，这简直就是苏联的噩梦。苏联一举占领德国数座城市，而美国却趁机获得了世界上最先进的武器、无法匹敌的导弹专家，还有毫发未损的导弹零件。而苏联，在这场史上最血腥的战役中失去了数以千万计的士兵，本来应该享受一段太平盛世，可却发现自己在战后重新酝酿的斗争中处于极度劣势的地位。在这样的情形下，苏联动用大量资源紧急筹建两个项目：一是开发原子弹项目，二是原子弹运载项目。虽然人类的太空项目还未成型，但是，随着冷战思维在全球各国显现，这些太空项目终将成为现实。

在地区冲突的大背景下，人们必须记住：地球上不只有两个国家。未来太空定居的热点问题就是世界去殖民化，早在 1945 年至 1975 年间就出现过大范围的去殖民化。可以说，太空技术进步的速度有多快，去殖民化的进程就会有多快。

1919 年，国际联盟（the League of Nations，即联合国的前身）成立了，拥有 32 个成员国。说 32 个成员国有些言过其实了，因为一些国家当时还在英国的统治之下。1945 年，联合国拥有 51 个成员国。1957 年，当苏联发射人造地球卫星斯普特尼克上天时，联合国成员国的数量变成了82 个。1975 年，这一数字变成 144 个。现如今，联合国已有 193 个成员国。

在这些成员国中，有一些刚刚成立，国力不强。在意识形态二元对立的世界中，所有人都在思考，未来世界的统治将会是何种模式，而此时，这些小国选择加入联合国。在这场心理战中，美国和苏联选用的"武器"是载人航天飞行。为什么会有这样的选择？或许是因为美苏领导人将两国之间的战争成功地转变为科技竞争。很多人都会这么想，这样想很好，但不准确——尽管核武器没有大量生产，但世界不止一次地走向末日的边缘。

所以，一个更准确的理解应该是：太空项目或许是一场"昂贵的示威"。

存在这样一个观点：如果一个国家想要让全世界看到自己是最强大的、最好的，那么他们当然可以通过联合国来展现自己。但是，这样无法让人信服。夸夸其谈谁都会，太空项目却不是谁都能做得了的。很少有国家能够进行载人航天任务，就算成功发射，也未必能安全地回到地球。[1] 虽然人类斥巨资进行太空航行，收益甚微，其价值与军用卫星和商业卫星无法相比，但太空项目很大程度上展示了国家的财力、管理和技术水平。回想一下，早期太空火箭其实与军用火箭并无二致，如果一个国家想要别的国家尊重自己的需求，那彰显国力是最有力的方式。当然，政治家们从不会明说：选择探月，并不是因为探月简单，而是因为这么做会让我们在短期内得到地缘优势。不过，类似于探月的这种计划确实是彰显国力的最好方式。

当时美苏领导人的行为就证明了上述观点。

斯普特尼克人造卫星发射前，美苏两国都希望抢占先机，发射自己的第一颗卫星。科罗廖夫是时任苏联人造卫星的总设计师，他将美国人造卫星的进展告知苏联领导人，说服他们将更多的资金投入太空项目。据传，人类第一颗卫星的设计原型是一个复杂的科学仪器，称为"对象 D"（Object D）。由于美苏都希望抢先发射卫星，因此苏联搁置了"对象 D"的研究，才成就了斯普特尼克人造卫星，而斯普特尼克卫星基本上就是一个充满了电能和无线电发射机的巨大球体。时任苏联领导人尼基塔·赫鲁晓夫（Nikita Khrushchev）并不愿意发射这第一颗卫星。他并没有能力制造那么多火箭，更不想将火箭浪费在发射卫星这样的事儿上，虽然发射卫星能为他赢得一些良好的公众形象，但是他也不情愿。根据赫鲁晓夫自

---

1 艾利克斯·麦克唐纳德（Alex MacDonald）有一本关于太空航行的书，书名是《漫长的太空时代》（*The Long Space Age*）。该书称，斥巨资进行太空研究向别国示威的传统早在火箭研究之前就存在，这个传统始于太空观测。就是因为太空观测无法产生投资回报，示威才更有效。

己的叙述，1957 年，人造卫星成功发射之后，他为卫星设计团队简单庆祝了一下，便回去休息了。当全世界都在为这颗卫星疯狂的时候，他才开始认真起来，最初他还对此事犹豫不决，可后来立刻就变了脸，要求团队发射更多卫星，这也成了苏联历史的浓墨重彩的一笔。这也解释了为什么苏联先将小狗莱卡送入太空。小狗能在太空生活了，人就可以吗？或许这样说不通，但这样做确实为苏联成功赢得了良好的公众形象。其实，在多年之后，赫鲁晓夫自己也承认，这些都是虚张声势罢了。可是，就算如此，也起作用了。

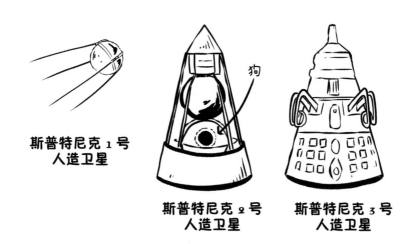

斯普特尼克 1 号
人造卫星

狗

斯普特尼克 2 号
人造卫星

斯普特尼克 3 号
人造卫星

美国时任总统艾森豪威尔并不想在太空项目上与苏联竞争，无论是人造卫星或者其他技术方面，都是如此。他说，当时在斯普特尼克人造卫星发射以后，企图斥巨资建立空间站和月球基地的那些人是那么"歇斯底里"。艾森豪威尔并没有考虑到地缘战略这一层面，他的固执己见造成了负面影响。最终，也因为这个原因，约翰·肯尼迪在 1960 年的大选中击败时任副总统理查德·尼克松（Richard Nixon）成为下一任美国总统。

然而，肯尼迪确实热衷于进行太空项目，对吗？他在竞选演讲中大肆渲染开发"新的疆域"、在"新的海域"破浪前行。但是，事实就是，如果人们只是靠演讲去评判一个公共人物，那就会犯严重的错误。我们有理由相信，肯尼迪并不是真正热衷于太空项目，至少他并不是从科学发展的角度热衷于太空项目。"斯普特尼克1号"人造卫星发射到1960年间，肯尼迪和他的弟弟罗伯特在一个高级餐厅会见了查尔斯·史塔克·德雷珀（Charles Stark Draper），德雷珀是波士顿人，是麻省理工学院仪器实验室的主管，他期待让他们明白火箭科技的重要性。但是，事情进展得并不顺利。据传，肯尼迪和罗伯特认为，德雷珀"虽言辞恳切，但难掩轻蔑"。多年之后，德雷珀回忆当时的情景时说道："当时的肯尼迪还是一个议员，他无论如何也不相信，火箭不是烧钱的工具，太空航行更不是。"

那到底是什么让肯尼迪回心转意了呢？政治。1961年春天，在他成为美国总统前的3个月，他曾经历了十分糟糕的一周。4月12日，苏联的航天员尤里·加加林成为遨游太空的第一人，他成功绕地一周并安全着陆。5天之后，美国发动了灾难性的猪湾事件。在这个行动中，美国中央情报局支持1400名古巴政治犯推翻菲德尔·卡斯特罗（Fidel Castro）政权，可是这场造反彻底失败。

肯尼迪命顾问想出对策，对抗苏联，试图挽回局面——类似于太空实验室或探月航行会"让我们赢回这一局"。而这样的想法最终由冯·布劳恩领导的前纳粹势力研究团队实现了。当时，冯·布劳恩认为，月球着陆这一技术10年之内即可实现。

虽然在公众面前肯尼迪表现得十分热衷于太空事业，但对于探月计划他还是心存疑虑。在苏联载人航天器发射以后，肯尼迪在一次媒体见面会上谈及海水淡化。他相信，如果海水淡化的成本大幅降低，那么将会"让其他所有的科技成就都相形见绌"。可是，5月25日，也就是在猪猡湾入侵的前一月，肯尼迪向国会发表名为《国家的当务之急》（"Urgent

National Needs"）的电视演讲,说服国会投入巨资进行载人登月计划[1]。或许，你认为肯尼迪真的回心转意了，其实有证据表明，肯尼迪在 1962 年时对太空项目并没那么感兴趣。我们如何知晓的呢? 那是因为肯尼迪与顾问进行私人会面时表露过这个信息。

想不感兴趣太迟了。1962 年，阿姆斯特朗当选航天员，同年，航天员约翰·格伦绕地一周。同样是这一年，第一台多人载人航天器发射升空，也是这一年，苏联发射了同步载人航天器。如果你只关注航天员和工程师，那你看到的都是民族英雄闪耀的光环。如果你放眼世界，那就会看到所谓的"光环"不过就是苏联领导人用漫游太空的小狗提高政治影响力，而美国领导人不情不愿地把探月计划当作政治宣传的逢场作戏——对于冷战思维的美苏，太空计划不过是向对方示威的、造价高昂的工具而已。

太空时代的早期和太空法的起源

尽管公众深受太空项目的鼓舞，可是外交官总会找到最好的理由停止这些项目，并表达他们的担忧。美苏在探月项目上的竞争已经花费了太多的资金，但两国也想用更直接的方式向对方"示威"，这种"示威"事

---

1 人们有时会将这段话与 1963 年在莱斯大学发表的那段"并不是因为简单，而恰好因为难"的经典桥段相混淆。完整的演讲稿现在已经对外开放，而确定无疑的是，他并不是在私下里谈及"新的疆域"。下面是完整版的演讲原稿:上帝做证，因为在过去 5 年，我们一直告诉所有人，我们在太空项目方面才是首屈一指，没有人相信我们的话，因为他们（苏联人）制造了推进器和卫星……但是，我确信，我们需要十分清楚，太空项目应该成为航天局工作的一个重中之重，另一项重中之重就是国防，国防是美国政府工作的重中之重。我认为，这才是我们想要做的事。当然，这可能改变不了我们的工作计划，但是我们需要清楚这些，否则我们就不会在这些项目上投资，因为我对太空项目并没那么感兴趣。我认为，这无可厚非，我同样认为，我们应该心中有数，我们准备在太空项目上投入数量适当的资金。但是，这会打乱其他国内项目的预算。在我看来，唯一能让我们拿出这笔钱的就是我们希望战胜苏联人的决心，向他们证明，也让上帝为我们做证:虽然过去的几年我们起步晚，但是我们依然能够超过他们。

关在太空中使用大型核武器。其中一个项目称为"鱼缸行动"（Operation Fishbowl）。1962 年 7 月 9 日，一枚当量 145 万吨的氢弹在 400 千米的高空引爆，这个行动是"剑鱼行动"（Starfish Prime）的一部分。大片天空被爆炸的火光点亮，核爆炸产生的电磁脉冲在夏威夷引发了电涌，飞机航行受到影响，路灯受到损害，当地无线电通信受到干扰。爆炸还影响了6 颗卫星——4 颗美国卫星、1 颗俄罗斯卫星和英国的第一颗卫星"艾瑞尔 1 号"（Ariel 1）。学者詹姆斯·克莱·默尔茨（James Clay Moltz）博士甚至认为，"剑鱼行动"促进了太空法的修订，完全是因为这个行动让所有人都胆战心惊。

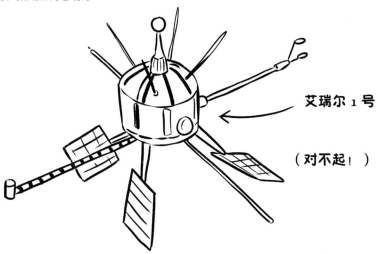

艾瑞尔 1 号

（对不起！）

　　试着去换位思考，体会事情的结局吧。想象一下，假如在 1963 年，你是一位年过五旬的外交官。你不希望出现下一次世界大战，你也不希望再次出现 19 世纪时的那种入侵他国、抢占殖民地的惨状。可是，世事难料。在 20 世纪的头十年，你还是一个孩子，双翼飞机还是新生事物，还在进行进一步技术改造。10 年后，齐奥尔科夫斯基成了小有名气的科学家，戈达德已经退隐，奥伯特因为给电影制造火箭而声名鹊起。再过 10 年，一些火箭技术的业余爱好者时常冒着生命危险做着试验，火箭技术从此成为孩子们心中的一个美好的憧憬，痴迷于火箭技术的学者们也会争相购买关于外太空航行的图书。

到 20 世纪 40 年代中期，火箭已经进入太空，旨在毁灭英国和比利时。1957 年，第一枚洲际弹道导弹和第一颗卫星相继问世。1961 年，人类进入太空，1962 年，核武器也进入了太空。至此，你一生的经历无一例外地告诉你：太空航行只会让人类的恶行变本加厉，人类利用火箭技术的初衷也不在于发展科学、鼓舞人心或者团结一致。你亲眼见证了近 20 年的军备竞赛。现在你又看到，各国斥巨资只是为了提高政治影响力。这时，核武器突然爆炸，天空中发出如太阳般刺眼的火光，整个世界都在战栗，眼睁睁看着古巴导弹危机，又束手无策。

这样的太空观造就了太空法。这么看来，太空活动，尤其是当这些活动涉及人类，就需要考虑战术问题了。这是一场力量与生存的较量，这个世界与英雄主义无关——与如何抑制危险的企图有关。可是再回到 1962 年，基本整个太空都无人治理。幸好那些民族英雄完成太空任务的时候，学者和外交官已经拼凑出一套太空法案——这项法案一直沿用至今。

在读者阅读本部分下面的内容时，有两点需要注意。第一，无论你多么痴迷于太空航行，无论太空环境多么神秘莫测、多么让你着迷，在太空中，地球的社会法则依然存在。太空中，人类依然是人类。

第二，现行的太空法产生于一段特殊的历史时期——这段时期，太空中只存在两类国家：一类是资本主义国家，一类是社会主义国家。在这段时期，太空航行完全是新生事物，还在一直不停地发展，未来是不确定的。但请你记住这种不确定性。作为读者，你了解了未来 60 年太空的发展走向。但是，当时 20 世纪 60 年代的外交官和国家领导人却对此浑然不知。未来稍有变化，就会书写不同的历史。冯·布劳恩当时建议建立轨道作战基地，这样就能保证地球的和平，也能确保"太空的至高无上"。1952 年，他在华盛顿演讲时说，地对空导弹可以"……阻拦任何企图进攻我们太空堡垒的对手！这个空间作战基地绝对可以在敌方发动袭击前毁灭任何一艘敌军航天器。"

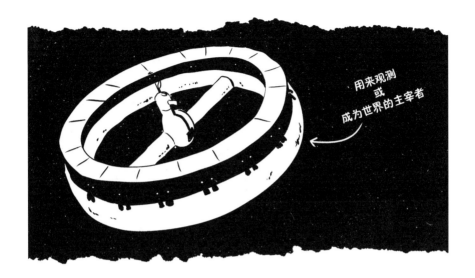

用来观测
或
成为世界的主宰者

　　美苏在冷战中都考虑过向月球派遣军事力量——这一行动包括在月球上划分领土。美国进行了一项计划,称为"猎户座计划"(Project Orion),旨在通过核裂变反应为游轮大小的航天器提供推动力。

　　因此,我们好好想想吧!现在是 20 世纪 60 年代早期。美国向日本投放原子弹那个年代出生的孩子刚刚成年。经过大战的分崩离析后,世界好不容易恢复平静,两个强国又在太空中酝酿着一场巨大的冲突。在瓦格纳的歌剧《诸神的黄昏》(*Götterdämmerung*)中,我们能领悟到,鹿死谁手,还尚未可知。这并不会为人类带来什么好处。世界上只有两个太空强国,这让所有人突然心生恐惧。不过,就是因为这种恐惧,才为建立国际太空法创造了条件。

太空法的建立

　　1963 年是个确立太空法的好年头。《部分禁止核试验条约》(*Partial Nuclear Test Ban Treaty*)得以签订,美苏两国同意终止包括外太空在内的各地核武器试验。联合国决议中也表明，美苏两国承诺不会向太空中发射大规模杀伤性武器。经过多年的协商，终于，在 1963 年，联合国发表了一份外层空间原则声明，该声明后来演变成现行的《外层空间条约》。该条约由包含美苏当时这两大太空强国在内的 112 个国家审定修改，于 1967 年 10 月生效。

对于该条约对人类的意义这一问题，人们至今仍然在争论不休。一些人认为，该条约是和平和自由主义取得阶段性胜利的标志。正如一位作者写道："……太空竞争进入最激烈的时刻恰好是各国和解和太空法修订的绝佳时机。"

另一些人则认为，事情并没有那么乐观。军事理论学家埃弗雷特·多尔曼博士（Everett Dolman）与《星球大战》中的黑武士的文风一致，他曾写道："催生 1967 年《外层空间条约》的那种大力吹捧的国际合作与新出现的普世主义在唱反调；准确地说，该条约又一次印证了冷战的现实和国家间的博弈，这种狡猾的外交手段既为美国赢得了时间，也成功压制了苏联的军事扩张。"

如今的国际局势也让人匪夷所思，世界发生了沧桑巨变，但太空法依旧。苏联已不复存在。如今，俄罗斯与其对手美国建造了世界上最大的空间站。同时，继俄罗斯逐渐衰弱、被孤立之后，欧洲、中国和印度也逐渐参与到太空建设的竞争之中。最让人想不通的是，2022 年频繁发射火箭的竟然不是一个国家，而是私营企业太空探索技术公司[1]。然而，尽管航天发射和通信已经现代化、市场化和私有化，但 OST 依然是那个以美苏太空争霸为背景、用核武器威慑对方、让全世界骇然的时代产物。这段历史对于未来太空定居也会产生某种奇特的影响，太空定居相关的任何计划必须将这段历史考虑在内。因此，让我们打开尘封的历史，一探究竟。或许，历史没有"明说"的那些"潜台词"同样重要。

---

[1] 但该公司也与美国政府签订合同，得到了一笔资金。

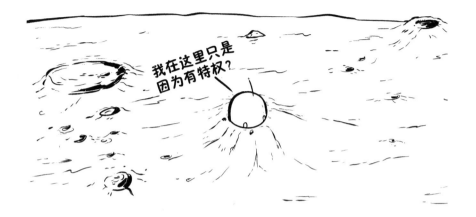

第十二章 《外层空间条约》

60 年前治理太空的"老皇历"

《外层空间条约》是最接近于太空法的法律了，可是关于太空定居的科幻作品很少会谈及它的细节。这就像在南极洲计划进行大型的采矿作业一样，人们一定更关注运输和融雪作业，而不会去关注该工程本身是否应该存在，是否违法，又是否会引起大国之间的敌对关系。

对于《外层空间条约》，人们最担心的就是，尽管该条约限制了各国划分太空领土的能力，但并没有限制任何外太空的、实际的土地掠夺行为。在地球上，各国都在准备进行登月计划，大型火箭制造集团承诺未来会实现太空定居。问题是，这些太空强国按照对自己有利的方式诠释法律，很有可能会挑动地球上的地区对抗，将其他国家置于危险的境地。

国际法：一个确实"时髦"的东西

首先，我们需要注意——我们强调国际法，是因为根据笔者的采访，那些热衷于太空定居的人不相信国际法很重要。国际法有时称为"无政府状态"，这是因为根本没有再高一级的机构做出监督或决策，考察各国是否按照合理的方式理解条约和义务。若非得说有这样的一个机构，那非联合国莫属。可是你可以把联合国当成一个立法机构，联合国也有自己的法庭，但是没有足够的执法人员，而且联合国确立的法律只能约束那些认可这些国际法的国家。国际法与国内法不同，并不能直接对人起到法律上的约束力，可是这也并不意味着国际法就形同虚设。地球上的法律是长期形成的，是所有国家普遍认可并遵守的。

有少数人认为，国际法就是为强国服务的。可是，虽然那些太空强国在立法和诠释法律上有更大的发言权，但是这个发言权也是有限的。此外，即使你认为法律只为那些强国的一己私利服务，这样想也不能让这些国际法凭空消失。这就像警察让你靠边停车，给你一张超速罚单，你没法和警察说："禁止超速的法规是为国家统治机构服务的，对我不利。"事实上，国际法限制了各国的行为。因此，想要理解太空定居，我们必须理解国际法是如何规范各国行为的。

国际法有两种形式：协议和国际惯例。听到"国际法"这个词，可能最先想到的就是国际协议——这是一种国家间签订、约束各国，亦由各国监督实施的书面协定。"国际惯例"是国家间通过行为建立的一种法规，在产生该行为后有时会形成系统的法律，但并非总是如此。1957 年，斯普特尼克 1 号卫星发射升空，艾森豪威尔政府认为，其实这是件好事：苏联开创了一个先例，卫星可以随意在他国上方经过，不受控制。美国迅速反应，利用这个优势发射了间谍卫星。一直到 1963 年，将太空作为"开放领空"的行为才受到质疑，但因为国际惯例已经形成，因此无法再进行质疑。值得注意的是，事情本能有转圜的余地。大家想想航空法是如何规定的，自从 1944 年《芝加哥公约》(the Chicago Convention of 1944)确立开始，各国领土上空不可在未经缔约国允许的情况下飞行。

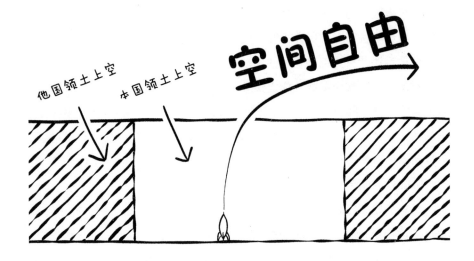

书面协定固然重要，但书面协定之所以有效，是因为天长日久形成的国际惯例——各国都在对互相的行为持隐忍的态度。

那么，太空惯例呢？简言之，太空惯例是可以制订的。航空惯例已有上百年历史，航海惯例的历史也有几百年。近地轨道飞船的惯例有65年历史，但是于太空定居相关的惯例还没有出现。所以，当我们谈及是否可以拥有一颗小行星这样的问题时，我们必须先制订正式协议，而《外层空间条约》是最重要的协定之一。

谈及事情本质前的一个小建议

在本章和接下来的几章，我们会深入地探讨太空法，我们希望各位明确：所有的讨论都是一种诠释。尽管国际法存在诸多为人所接受的标准，但我们发现，当学者们讨论时，一些人对这些标准嗤之以鼻。在法律这个领域出现这样的情况，是再正常不过的，因为讨论最终的落脚点不过就像讨论会说话的猩猩穿衣服合不合法一样，没有任何结果。但是，为了让这些讨论在合理的范畴内，也为了找到太空定居的合理方式，我们多次强迫自己，一定要倾向于一种观点，不然无法做出抉择，因为就连一些学者也认为，其实法律就是如此规定的，无法改变。我们也坚信，我们对于法律的诠释是合理的，我们也尽了最大的努力去解释那些广为大众所接受的惯例，但是希望读者在阅读时能理解，我们也有我们自己的质疑。尤其，我们说美国的想法是最重要的，理由十分充分。这时，我们会觉得，作为美国公民，我们必须这样说，但是又觉得十分尴尬。我们已经尽量做到平衡各领域专家学者的观点。我们坚信，综合所有人的观点才是好的观点，但是如何更好地诠释法律，还有待商榷。

1967 年的《外层空间条约》

首先，我们需要知道，OST 并没有提出十分明晰的规定。其英语版本只有约 2500 字，话术含糊不清。国际条约通常会有一个部分专门解释该条约所涉及的术语，但是 OST 却没有。

如此一来，OST 读起来就会让人匪夷所思，我们来举两个例子说明。

疑点 1：文中提及"航天员"，何谓"航天员"？我们都会觉得这个词有明确的指代——就是那些进入太空的人，不是吗？好，那太空旅客呢？很明显，太空旅客进入太空了，但是他们没有"航行"啊！至少在现行的美国法律中，还不算真正的航行。美国联邦航空局规定，如果未达到 50 英里（约 80 千米）的高度就不是"航行"——必须达到标准高度才能算是"航行"，而且还必须证明自己"对于公共安全至关重要，或者对人类空间飞行的安全做出贡献"。换句话说，你必须是飞行小组的成员，做小组组员的工作，而不只是一个乘飞船的有钱人而已。

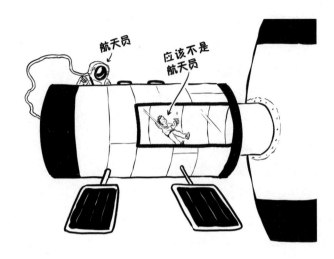

这么说可能会伤了能支付昂贵的太空旅行的那些亿万富翁的脆弱的心。根据 OST 的补充协议，即于 1968 年签订的《救援协议》（Rescue Agreement of 1968），各国有义务对在本国境内的任何国家的航天员实施救援。比如，俄罗斯的航天员因意外想在加拿大阿尔伯塔省迫降，加拿大政府有义务及时让飞船以常规方式着陆。这一规定是所有航天人在 20 世纪 60 年代确立的，既专业，又合理，还带有一些外交的意味。OST 称航天员为"人类的使节"[1]。也就是说，如果你不是航天员，只是一个太空游客，如果紧急迫降在俄罗斯，那么对方就无须遵循对待航天员的国际惯例。

所以，思考一下这种称呼的含义，还是一样，含糊不清。

疑点 2：文中提及"飞行空间"，确未说清太空的起点和不同国家的飞行空间如何分割。这个问题听上去更像政治问题，而非科学问题，因为地球的大气层并没有明确的分割点。国际惯例规定，空间的起点是"卡门线"（Kármán Line），即无法再使用飞机而必须使用火箭飞行的那个高度线。一般来讲，这个高度在距地面 100 千米或者更高的位置。也有专家说，这

---

1 "人类的使节"这个说法或许没有任何意义，因为这个"使节"得不到外交豁免权。

个高度线在距地面仅 20 千米的位置，他们将一些飞行高度较高、乘热气球飞行的人也列入了航天员的范畴。还有一些专家说，只有在距地几千千米飞行的人才算航天员，因此他们又将航天员的范围缩小，认为只有参与探月飞行的那一小批航天骨干才算航天员。我们最认可的解释（或许是最糟糕的解释）是约翰·C. 库珀（John C. Cooper）提出的，他在 1952 年撰写的一本著作中阐明了自己的观点。简言之，对于一个特定的国家来说，太空是人类无法用导弹去防御的空间区域。这让我们想到了以前的《海洋法》。该法律规定，每个国家拥有距离海岸线 3 英里（约 5 千米）的领海区域，其划定标准就是武器无法在这么远的距离精准打击目标。

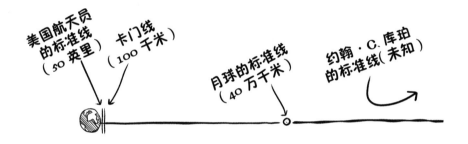

虽然这种空间的划分方式就像法庭争辩一般，各执一词，但是最后还是会有定论。假设太空探索技术公司计划发射航天器，让其在基辅和日本领土上空航行。航天器可能开始会在合法的飞行空间内起飞，可是随后只能经过俄罗斯领土上空，才能经过"开放领空"的空间，最后会进入公共的飞行空间。这样做，在理论上说是合法的，但是我们怀疑，俄罗斯会感觉不爽。

所以说，OST 的规定是含糊不清的。实际上，关于这种含糊不清是好是坏，专家们的回答也是不置可否。清晰明确的法律才是好的法律，因为它是确定无疑的——这样的法律对于太空投资和保证世界和平是有价值的。而含糊不清的法律也有其可取之处，那就是情况有变时会有转圜的余地。20 世纪 60 年代的航天飞行正好需要这种灵活的法律，它既可以应对未来的不确定性，又可以让每一方都能达成一致。

法律不可含糊，但是恰恰因为这种含糊，OST 才为人所接受。至今为止，已有 11 个国家签订此协议，其中包括世界上的航天大国。就是因为 OST 如此重要，所以才一直沿用至今，所有国家都在遵守协议规定，这也说明该协议至少已逐渐成了一种习惯法。

OST 正式生效后，还有另外三个联合国条约接连生效，即救援协议（1968 年）、责任公约（the Liability Convention，1972 年）、登记公约（the Registration Convention，1975 年），这三个条约得到了一些拥有载人航天技术的国家的批准。这三个条约十分重要，但是真的只是对于 OST 各组分的补充。这些条约的名字无须费心记忆，我们提及这些是因为下文讨论现行法律时会出现。

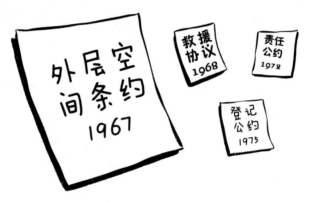

由于本书的焦点是太空定居，因此我们更关心人类可以在太空中得到的领地和资源问题。归根结底，太空法主要关注的就是所有权问题。相比之下，其他的问题不值得一提。

"不值一提" 的那些问题

合作

OST 的另一个含糊不清的地方就是，其中有一条规定提及，太空活动 "须顾及所有国家的利益"。这一规定备受争议，大部分人对于这句话的理解，简言之，就是 "废话一句"。各国应心怀善意，但不强制各国进行合作。而且，在任何情况下，各国都可将本国的太空活动说成是惠及全人类的。矗立于月球上的美国国旗是只为美国一国吗？当然不是！它鼓舞了全人类。

即便如此，法律专家告诉我们，切忌过分自私。国家义务方面的谈判每天都在进行，如果太空航行成为常态，那么国际合作必须遵循确定准则，通过国际惯例等手段向法制化发展。

OST 还认为，各国应和谐友好，从地缘政治的角度理解这句话，意思就是要诚实，或者应该是不要让别人为你收拾烂摊子的意思。让其他国家知道你在发射火箭，让他们参观发射设备，还有发射时千万不要污染太空环境。

责任

假设我们要发射一个"太空对象"[1]，这个太空对象撞到他国的太空对象上或者飞机上，或者落入他国的城市之中。如果这样，会发生什么？OST 生效后，到 1972 年确立《责任公约》前，这些受到损害的国家只能自认倒霉。

到底谁该负责全看命。OST 第七章规定，责任在缔约国中"发起发射计划或承担发射该太空对象费用的一方"，也在"发生发射行为的一方"。也就是说，如果你是发射实施的那个国家，或者你是发起发射计划的国家，你将对发生的一切事故负全责。

一些国家已经通过立法遵守该条约，但是这些立法未必总是和条约的内容一致。一些国家将责任归在实施发射的国家，另一些国家则将责任归在发起发射计划的国家。

这样一来，就有可能会出现法律漏洞。假设一群加拿大人，利用加拿大政府的投资，从巴拉圭进行发射。那责任归在巴拉圭，还是加拿大呢？根据 OST 的规定，加拿大和巴拉圭有权通过协商方式进行定责。这样的

---

1 依然没有定义。

定责方式对未来太空定居会起到十分重要的作用。在笔者的采访中，当向专家提问，埃隆·马斯克在火星上的一切行为是否由他一人负责时，专家们也不确定。然而，从法律上讲，此时如果埃隆·马斯克以美国公民的身份出现，那么美国应对他在火星上的任何行为产生的后果负全责。

历史上有国家曾对《责任公约》含糊其辞的地方提出过一次质疑。记得前文提及过，苏联的一枚核动力卫星失控坠毁，落入加拿大境内。随后由美国和加拿大共同出资 600 万美元（相当于 2021 年的 2500 万美元）进行"晨光行动"（Operation Morning Light），清理核污染物。最终，加拿大政府根据《责任公约》的条款及其他法律，要求苏联政府支付清理费用。

注册

1975 年，《登记公约》生效，该公约规定，如果一个国家进行发射，那么该国须在实施发射的国家登记，并将登记信息提交联合国。在笔者的采访中，专家们普遍认为，那些私营的太空发射公司可不管这些，他们还戴着牛仔帽上太空呢。其实，这些公司也要遵循《登记公约》，不过确实有人戴着牛仔帽上太空，这个人就是杰夫·贝索斯（亚马逊公司创始人）。太空发射登记的规定和航海船舶登记的规定类似，不过，太空发射登记手续更繁琐一些。

但是，即便有了《登记公约》，OST 还是有漏洞。在航海法中，最常见的一种节省成本的策略就是搞"方便旗船"。船只注册国都是拥有船只的国家，以防遇到法律问题说不清。可实际上，这些船上却挂着所在国的国旗，这样能避免缴纳高额税款和安全、劳动法违规和环境污染等方面严苛的审查。这样的策略在太空发射中还未出现。随着发射卫星数量激增，以后太空中可能也会出现这种策略。例如，在 2021 年，一个太空初创公司想发射 243 颗体形巨大（450 平方米大小）的卫星，发射轨道高度为距地 700 千米。美国航空航天局对此表示担忧，认为数量庞大的巨型卫星可能会出现碰撞和损毁。但比起庞大的卫星，该公司的运作更加让人担忧，作为一家美国公司，它在巴布亚新几内亚得到了发射许可。为什么要在这个国家发射卫星呢？大致是因为巴布亚新几内亚未签署《责任公约》和《登记公约》。耶鲁大学学者詹姆斯·达斯坦（James Dunstan）在一篇文章中指出，发射这些卫星的预算比巴布亚新几内亚整个政府的预算都多。即便该政府签署了《责任公约》，如果出现损害，他们也无力赔偿。

武器

1963 年，《部分禁止核试验条约》规定，禁止在地球大气层和外层空间进行核武器试验。同年，联合国也发布了禁止发射核武器进入太空的决议，美国和苏联表示同意遵守该协议。此时，OST 生效已有四年之久，总体来说，"大规模杀伤性武器"禁止进入外层空间。可是，何谓"大规模杀伤性武器"，也没有明确定义。核武器必然属于这个范畴。国际法普遍认为，生物武器和化学武器也属于这个范畴。

然而，至少从原则上，如果继续保留之前那些载有导弹的卫星，已经可以产生大规模杀伤力了。只要那些导弹没有核弹头，就是合法的。此外，月球堡垒肯定无望了，因为 OST 禁止在其他星体上建设"军事基地、设施及堡垒"。其中，OST 特别强调，出于和平的目的，允许在太空中部署军队力量，但禁止在太空进行军事演习——考虑到当时大部分航天员都是军事试飞员，所以这条规定十分合理。

太空及太空物品的所有权

谁会成为太空中的最高统治者

对于众多太空定居爱好者来说，他们最大的期望就是在太空中建立新型社会。全新的国家、全新的法律、全新的世界。这可能吗？根据 OST 第二章的内容，答案是否定的。

> "包含月球和其他天体在内的外层空间不会因宣布主权、使用、占领等任何方式划分国家区域。"

在太空定居的过程中，"主权"是一个十分重要的概念，值得我们静下来分析一下。虽然在 OST 中也没有给出"主权"的明确定义，但是至少"主权"这一概念自古就存在。太空中的"主权"类似于一个现代国家的统治权的概念。比如，加拿大政府是加拿大的最高统治者，这就意味着加拿大政府对加拿大领土拥有最高且唯一的统治地位，加拿大政府可以管理出入加拿大境内的一切人员和物品，也意味着其他国家普遍承认以上所有的内容。而 OST 明确规定，任何国家不可以在任何天体上划分自己的领土。

如果你痴迷于太空定居，你的第一反应就是试着去找出这条规定的漏洞。比如，有人会说，规定只提及"国家"不可以宣布主权。那么肯德基餐馆可以在月球上宣布主权吗？抱歉，肯定不行！根据国际法，人民依附于国家，所以我们也将人民称为"国民"。就算肯德基的员工想在月球上建立炸鸡餐馆，也必须从地球上的某国进行发射，员工本身也必定来自地球上的某个国家。因此，如果他们去月球宣布主权，那么他们必然也会属于某个国家的管辖范围内。另外，还有一个常识需要知晓，那就是法律不可能允许此类事情发生，因为如果允许了，那 OST 第二章就没有意义了。想象一下，如果美国政府给肯德基餐厅 10 万亿美元，让肯德基登陆火星并宣布火星属于美国，国际社会会作何感想？毫无疑问，美国政府将会受到鄙视。更重要的是，国际社会也不会承认火星是美国政府授权肯德基餐厅统治的美国领土。

然而，人类可以在其他星球上建立研究站，类似于上文提及的方便旗船。建立研究站完全合理，但是请记住：完美的定居点是很少见的，尤其在月球上更是如此。太空资源专家马丁·艾尔维斯和他的联合作者提出，月球上的"永昼峰只占月球表面积的一千亿分之一"，这意味着"……一个国家或者公司可以以自己的名义占领永昼峰，并拒绝与其他国家或机构分享。"因此，虽然禁止以某个国家的名义在月球上宣布主权，但是允许以某个国家名义在最佳地点建立月球基地，月球基地中的研究人员可以由某个国家统治，自然就将其他国家排除在这个区域之外。从技术上说，月球基地还可以派遣军队，但前提是军队是出于支持研究等和平的目的而存在的。

为什么这么做不算是宣布主权？因为这么做，这个国家就有了特定的义务。可是，这么做是十分不利的。根据 OST 第三章的规定，只要缔约国"在合理情况下提前通知这个国家"，这个月球上的研究站就必须允许其他缔约国进行参观。但问题是，空间科学的特殊性可能会随时给这个国家借口，拒绝缔约国参观。艾尔维斯博士和他的联合作者写道，永昼峰是观测太阳的绝佳地点，这个观测任务需要使用敏感度极高的仪器。这个国家可以说："正在进行太阳观测，请勿参观，一万年内勿扰！"如果这样，该怎么办呢？

根据 OST，如果你想参观这个国家的研究站，最好的方式就是引用 OST 第九章的内容，该章内容规定，如果担心他国在太空中有不端行为，"可以提出申请，针对该太空活动或试验进行磋商"。

这样一来，这个规定就公平一些了。只要引用这个条款，这个国家就必须向缔约国解释清楚。

对于未来想要定居太空的国家，虽然明令禁止宣布主权，但还是存在一个重大的问题，那就是在 OST 的规定之下依然可以找到诸多漏洞。禁止在其他星球上建立国家，但是允许在其他星球以国家名义建立仅供一国使用的研究站。而我们讨论的焦点就是，现有的太空法漏洞颇多，缔约国可以按照自己的意愿解读这些规定，将他国置于危险的境地。禁止宣布主权，但是允许在永昼峰上建立月球研究站。你可能觉得，这样就已经很混乱了，那等他们建立完这样的研究站，里面还会发生更加混乱的事情呢！

太空资源的利用[1]：为了图个乐，也为了争口气

我们被禁止在月球上宣布主权，但是需要利用月球建造防辐射屏蔽。那可以利用月球做这样的事吗？使用更加宝贵的资源行不行呢？我们还记得，幸运的话，永夜区域还有固态水。假设笔者在沙克尔顿环形山建立月球研究站。研究站一旦建立，我们就着手融化月球上的冰，再利用这些水做成一个巨大的冰雕。由于月球上的重力较小，冰雕的高度越高越好，只要能用光这些水即可。这样一来，人类将月球作为太空中转站的梦想也会化成泡影。

但我们这么做合法吗？

---

1 "利用"一词有负面意义，但是从资源开采的意思来讲，"利用"只表示"开采、使用或售卖"。我们只使用这个词的正面内涵。

根据现有的太空法……或许可以吧！这么做确实没有宣布主权，冰雕是很大，但没有违法。可问题在于，即便没宣示主权，这样利用月球资源的后果却十分严重。假设美国觉得国内的车太多，太拥挤，决定在月球表面铺设停车场，其他国家肯定不同意，他们可能会指责美国"污染月球环境"，但是如果美国在此之前与 OST 缔约国进行磋商，事情就好办了。

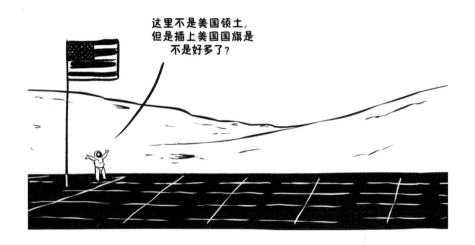

那这么做就没问题了吗？当然不是——只增加了三成的胜算。那合法吗？或许吧。至少，历史上曾有过在不违反国际法条件下使用太空资源的先例。曾经阿波罗计划就从月球带回了 400 千克的月球岩石，这些岩石由美国航空航天局管理，被认定为美国政府的资产。美国总统时常出于外交礼节将这些月球岩石赠予其他国家。还有两次，这些岩石成了拍卖品。这些所有的经历都说明，从未有人将月球岩石当成公共物品，必须所有人共享，不得私人占有。无独有偶，在 20 世纪 70 年代，苏联的月球系列计划中也曾在其中的三个计划带回了几百克重的月表土。这些土也被认定为苏联政府的资产，后来，这些土出现在了苏富比拍卖现场。同样，在 2010 和 2020 年，日本航天局的隼鸟小行星探测器（Hayabusa）也从小行星上取样并返回地球，中国的"嫦娥 5 号"也从月球表面取样并成功返回。从法律角度讲，发现太空资源的国家有权将其据为己有。可是，这方面并没有太多的国际惯例可以遵循。人类仅仅得到了很少一部分太空资源，尽管这些资源最后落入一国之手，但这些资源最初也是以政府资助的科学研究机构的名义收集得到的，并非用于营利。如果某个私营机构得到月球土壤在地球上售卖，那么国际社会肯定不会接受。

现在问题变成，到底谁才能解释这些法律规定？上文提及过，法律可以源于协定，也可源于某种行为形成的惯例。至少美国的行为似乎带有一种"随心所欲"的风格。美国国家航空航天局最近宣布，美国政府已和四家公司签订协议，允许四家公司将月表取样卖给美国国家航空航天局。如果不考虑法律中遵循先例的原则，那么这样做会让人匪夷所思。整个计划就是，让四个公司登月取样，公司的探月器驻留在月球上。准确地说，得到取样之后，该公司就将取样的所有权转让给美国国家航空航天局，并收取转让费。据说，有一次的转让费只要1美元。

当时，此消息一经宣布，美国国家航空航天局局长吉姆·布里登斯汀（Jim Bridenstine）就直白地表示，这么做会创造私营公司开采并售卖太空资源的先例。

虽然美国是太空强国，但是这样做也开创了先河。不管各国在资源利用方面如何诠释 OST，美国、日本、阿联酋和卢森堡都通过了法案，特别强调了私营公司有权探索、开采和售卖太空资源，不受任何限制。需要澄清的一点是，他们没有那种利己的规定，只是将国际法中的条款原原本本地重复了一遍。俄罗斯对此提出了反对意见，但并没有产生国际影响。联合国最近建立了一个工作组，或许这个工作组能让读者明白各国对此的看法如何。但是，有一点确信无疑，那就是这样解读太空法的美国，倾向于将太空法变成惯例法。如果在可预见的未来，各国和私营公司驻留在月球上并使用月球资源的话，那么美国会最先知道。

那些发射进太空的东西

如果我们的讨论再进一步，可能会让事情变得更加匪夷所思。当今，对于太空法的解读是，各国都对发射进太空的东西拥有统治权。那阿姆斯特朗如厕时的排泄物呢？归美国所有。也就是说，并不是美国的东西就一定光鲜亮丽——除了这些粪便，还有很多其他不好的东西都属于美国。我们将其称为太空垃圾。太空垃圾包括核武器试验时爆炸产生的卫星碎片，废弃的核反应器，还有西福特计划（Project West Ford）中形成云状环来反射无线电信号的、在近地轨道上散布的金属针。

无论谁将这些东西送上太空，这些人所在的国家都对其负有责任，并始终保留所有权。那这是否意味着个人对太空中的资源有所有权呢？至少一个人认为如此。那就是理查·盖瑞特（Richard Garriott），他是一位电脑游戏开发商，也是百万富翁。他是航天员欧文·盖瑞特（Owen Garriott）的儿子，他买下了月球 21 号航天器（the Luna 21 Spacecraft）和月球车 2 号。现如今这两个设备依然存在于月球表面。1993 年，这两个设备的研发机构拉沃契金科研生产联合体（Lavochkin Scientific Production Association）在苏富比拍卖行以 68 500 美元的价格将其售卖——这个价格与福特烈马加强版车型的价格大致相同。在盖瑞特看来，OST 并不适用于个人。因此，他认为，月球车坐落在月球的区域属他个人所有。根据和盖瑞特交谈过的人反映，他不仅对此深信不疑，还认为月球车所到之处皆属于他的个人土地。我们采访的所有太空法专家对此不敢苟同。

太空法是奇怪的法律

我们所谈及的诸多太空法漏洞或许会让你有一种感觉——OST 有时就像"公文纸保障"，即对于行为没有法律约束力的一纸文书。

可是，一般来说，1967 年至 1975 年间通过的这些太空法，各国都在遵守。太空中的发射对象都要注册，实施发射也须向联合国备案，现在可以说没有人敢再向太空发射核武器了。尽管一些热衷于研究太空法的人还会发现很多奇怪的法律漏洞，但是 OST 已经成功地实现了一种"无为而治"的太空治理。可是，或许能有这样的治理，与其说是 OST 的功劳，不如说在过去 40 年中发展太空事业需要的资金太多，鲜有国家有能力涉足其中。10 年了，我们再一次迎来太空事业发展的低成本期。如今世界两大太空强国——美国和中国都期待优先进入月球的永昼峰。太空法专家已经意识到，除非世界正在酝酿一场新的危机，否则国际法确立的可能性不大。笔者个人不希望看到核武器大国之间产生冲突。因此，是否可以在危机发生之前就修订 OST，甚至用更完善的太空法替换 OST 呢？下文我们会说明，这个可能性是存在的，但是，其实 20 世纪 70 年代就曾有人想要确立更加清晰明确的太空法。但是，这最后因未得到大部分国家的认可而以失败告终，这些国家中也包括那三个有能力进行载人航天飞行的国家。了解失败的原因，我们才会知道如何制定更完善的太空法。

而现在，我们只能先假设阿斯特丽德和她的人家都是美国人，在美国政府的管辖范围内。

第十三章　太空杀手

谁"杀死了"《月球协定》

探索者在从未有人踏足之处树立国旗的习惯自古就有，这无可厚非，但我依然感到惊讶，我带着敬畏、崇拜和骄傲凝望着那两位航天员，月球上的他们是宇宙的一员，并不属于某一个国家，难道他们不应该也做出与此相称的行为吗？世界上的每一条河流和每一片海洋都是人类共有的，月球不也是一样吗？它不属于任何单独的个体，它属于人类整体……在这个人类取得又一次胜利的伟大时刻，在月球上树立一国国旗多么让人遗憾啊！我们本应该效仿硫磺岛战役那样，在月球上树立一个所有人都能欣然接受的东西——一条柔软的白手帕，或许这条白手帕才是人们印象中如月球般冰冷的象征。只有这条白手帕才能打动全人类，让我们团结一心。

——E. B. 怀特，《夏洛的网》作者

月球协定

1979 年，各国签署了一项协定[1]。该协定不仅能解决上述的一切问题，

---

1 正式的文件名为《关于各国在月球和其他天体上活动的协定》（the UN Agreement Governing the Activities of States on the Moon and Other Celestial Bodies）。

而且还会建立一项新的国际法，对人类利用太空资源进行严格管理。如果该协定能生效，或许今天那些小行星开采公司就必须就开采权问题进行国际太空法咨询了。这个协定不仅听上去不错，而且还能让人类免于会引发国际冲突的"探月竞赛续集"的苦恼。

可是，有 18 个国家正式批准了该协定。按理说，可以认定该协定已经生效。但是，从技术上说，《月球协定》却毫无用处。没有一个有能力进行载人航天的国家签署此协议，该协定也未成为惯例法。因此，这个法律只能约束 18 个缔约国的行为。同时，那些最有可能将自己国家国旗树立在月球表面的国家可以不受该法律的约束。

对于那些有可能进行太空定居的国家来说，理解到底谁"杀死"了《月球协定》，就能理解为什么有些国际法根本起不到应有的作用。其实，《月球协定》大力渲染太空是公共空间这个概念，导致太空强国没有买账。如果想要理解《月球协定》试图达到的目的及其失败的原因，那就必须先考虑一下，建立太空财产法意味着什么？

我们可以让月球社会化吗？我们如何整理太空资产？

1953 年，一部粗制滥造的小说《太空律师》(*Space Lawyer*) 出版了，小说作者是纳特·赫内尔 (Nat Schachner)，他也是一位律师。小说讲述了英俊聪慧的律师凯瑞·戴尔 (Kerry Dale) 成功地挫败了小说中的反派，又赢得了航天局主管可爱的女儿萨莉·肯顿 (Sally Kenton) 的芳心的故事。凯瑞·戴尔是怎么做到这些的呢？只因为在小说的高潮部分，他说出了下面让人永远铭记的话：

> 从人类开始了解地球在宇宙的运行规律开始，物理学家们——
> 这些发现行星运行规律的中坚力量——就已经意识到如彗星这样
> 的外太空物体的法律地位；从法律上讲，这些"外空来客"并未

为一国公民或为某个国家所有。古罗马的法学家将其称作"无主物"（res nullius），即至今还未拥有合法主人的物品。读读《法学汇纂》（*Pandects of Justinian*），就可以找到相关条款。

虽然这些话谈不上当头棒喝，但是如果让一名律师无意中看到这些话，他可能会深吸一口气。确实如此——在历史上，"无主物"是一个十分重要的概念，但是大部分人从未听说过。

正如英俊帅气的律师凯瑞·戴尔所说，"无主物"这一概念源于古罗马法。这是一部财产法，这个概念的意思类似于"不属于任何人的东西"。与此相关的一个经典的例子就是，过去海洋中的鱼不受任何捕捞法[1]的保护。尽管这些鱼在我们身边游来游去，但它不属于任何人。实际上，鱼就属于"无主物"。一旦某人抓住了这些鱼，据为己有，事情就改变了。就像哈利·波特念出了一句咒语，这些鱼就变成了某人的财产。

一位太空法学家告诉我们，虽然在小说里，小巫师们动动嘴，就变出想要的物品了。但实际上，从"无主物"变成某人名下的财产并非如此简

---

1 如今，全球各地的鱼都受到了法律保护，但也可以想象有这么一个倡导鱼类自由主义的地方。

单。当你找到一条无人认领的鱼，并不是宇宙万物改变了鱼本身的属性[1]。准确地说，"无主物"是一种法律框架，人类能够将这个法律框架套用在特定的财产上。虽然我们现在用鱼这样的物品举例，但是我们要讨论的内容并不是鱼。想想美国西进运动中，本属于西部当地人的土地被强行占有的情景吧。实际上，很多定居者只需在一片土地上种植作物，再支付一笔数额不大的费用，就可以得到这片土地的所有权。根据现行的太空法，虽然月表土壤是"无主物"，但是月球土地所有权却不是。

这已经够荒唐的了。可是法律框架下的"无主物"到底包含哪些物品，不同实体对于这个问题的看法也不尽相同，让人觉得更加荒唐。比如，上文提过，如果笔者夫妇在月球陨石坑周围建立自留地，找到所有的固态水，据为己有，并用这些水建造冰雕。想想是不是很荒唐？

尽管美国政府或许会认可笔者的这种行为，但是其他国家就未必了。这样的例子能说明，为了避免国际冲突，也为了让未来的太空投资商知道法律的底线，有必要建立一个明确清晰的国际法框架。

根据 OST，不管月球上的水是哪种财产，月球土地的所有权显然不

---

1 有一小部分人确实认为是宇宙万物改变了鱼的属性，我们一会儿再谈这些。

是"无主物"，它属于"共有物"（res communis），即共有物品，这是另一个关于共有财产的法律框架。比如，一个城市可能拥有一个共同的牧场，所有人都允许在此处牧羊。再如，一片沙滩可能对所有人开放。又如，在行星的尺度上，能想到的就是地球大气，每一个人都允许呼吸，没有人排除在外。既然是公共物品，那么，一般来讲，会有某种监督机制存在，避免某一方过度使用。例如，美国西进运动时期，为了避免过度使用牧场，牧民协会（Cattlemen's Associations）被建立起来。其实，人们已经建立了类似的管理机构来治理地球的大气层，限制了导致臭氧层空洞的化学物质的使用。我们所有人都能向地球大气层中排放污染物。但是，为了保证每个人都能继续能受益于地球大气，必须建立相关法律。

地球大气属于人类共有物

尽管"无主物"的概念很明确，但是"共有物"的含义就比较丰富了。这也解释了《月球协定》未能让各国接受的原因。比如，该协定本来希望将太阳系作为一种特殊形式的"共有物"，在国际法中称之为"人类共有遗产"。虽然这个说法总在变，但是现在人们对于"人类共有遗产"的理解就是"为全人类共同拥有的财产"。如果月球也属于"人类共有遗产"，那么想使用月球上的水资源，就需要通过某些方式对全人类做出补偿。最初的《深海法》也意欲通过同样的方式确立，该法由斯里兰卡法学家莫拉戈达格·克里斯托弗·沃尔特·平托（Moragodage Christopher Walter Pinto）编写，这部法律很好地诠释了"人类共有遗产"的概念："如果你触碰到海床上的那些'突起'[1]，那就在触碰我的财产；如果你把他们拿走了，那就在拿走我的财产。"与"任何人禁止在海底进行任何活动"这句话相比，平托的话更加掷地有声。

由于下文术语较多，所以为了解释清楚，可以想象在土卫二上有一种外星鱼。地球上有人认准了商机，在土卫二上开了一家新式的鱼和薯条连锁店，售卖土卫二上的外星人从未见过的鱼肉三明治。根据以上的三种法律框架，情况如下：

法律框架	描述	图解
无主物	这家餐馆的员工抓到一条外星鱼，据为己有，这条鱼就成了餐馆的财产。然后，他们把鱼给外星人，经烹调后，鱼和薯条加软饮料套餐，售价 5.99 美元。	这条鱼无人认领，我要了！
共有物	这些外星鱼归某个特定群体所有。如果餐馆想将这些美味的外星鱼据为己有，就必须和所有权人进行磋商。	这条鱼是别人的！
人类共有遗产	这些外星鱼属于人类整体，如果餐馆想据为己有，那就必须对全人类进行补偿。只有这样，餐馆才能获得自己对这些鱼的所有权，最后将鱼做成鱼肉三明治售卖。	人类是一个整体，给我们所有人补偿，你才能得到鱼！

这样解释就十分清晰了。"无主物"和"共有物"的概念自古就存在。可在《月球协定》确立时，"人类共有遗产"还是全新的概念。由于这个概念产生了歧义，因此有意签署这项协定的国家出现了担忧。一位批评家

---

1 指代海底珍贵的矿藏。

说，其中一个担忧就是，"人类共有遗产"是否意味着"将月球社会化"。

月球的社会化将走向何处?《月球协定》规定了什么?

《月球协定》的大部分内容只是重述了 OST 的规定，还弥补了 OST 的漏洞。该协定还说明，各国允许以辅助探月计划的名义使用月球资源，也允许收集"月球样品"。这么规定可能还是有些含糊不清，但是根据《布莱克法律字典》(*Black's Law Dictionary*) 的解释，"样品"表示"任何商品的一小部分，用于通过检查和实验证明完整的该商品的质量……"这样的规定未免会让各国找到可乘之机。但是，根据规定，我们确实可以利用月球"样品"建设巨大的空间站。

令人生畏的第十一章

为了确立最好的太空法，这小节的内容至关重要。《月球协定》第十一章规定:

> 月球及月球的自然资源属于人类共有遗产……月球表面、地下及其他任何位置，和月球上的自然资源都不可成为任何国家、国际政府组织或非政府组织、国家机构、非政府实体或者自然人的资产。

说白了，这句话的意思就是"不，休想利用月球。不，所有的阴谋都休想得逞!"

因此，根据此协议规定，月球就像荒野公园一样。除了以科学研究的名义，其他方式就无法触碰吗?并非如此。《月球协定》想要建立一个国际制度，监控使用月球资源的行为。该协议未曾提及如何实现这些。但是，简言之，缔约国会共同建立一个大型的实体机构进行监督，确保各国，尤其是发展中国家，得到公平待遇。

《月球协定》中的技术细节很容易让人不知所措，所以，人们称其为 "又臭又长的法律"。虽然《月球协定》关注的是月球，但是此协定一经生效，即可推广到所有天体的管理上。如果该协议当时生效了，那么或许现在会存在一个机构，对整个太阳系资源的利用进行管理。

是谁 "杀死了"《月球协定》

"凶手" 有很多。尽管在协定的磋商中美国起到重要作用，但美国并未签署该协定。美国的外交官倾向于签订该协定，可这必然要经过美国国会的认可，而国会大部分人都会将其视为社会主义的产物，无利于后期的投资建设，部分原因在于 "人类共有遗产" 的这种说法。

然而，并非只有资本主义国家不认可这个协定，社会主义国家苏联也未签订此协定。事实上，苏联不仅激烈地反对该协定，还反对 "人类共有遗产" 这个概念。就连追求共产主义的国家也不认可这个概念。让人更加匪夷所思的是，这个概念遭到了社会主义国家的反对，却得到了像意大利和阿根廷这样的资本主义国家的支持。

那为何会如此呢？

有一些间接原因可以解释《月球协定》未能得到拥有载人航天能力的航天大国认可的原因。20 世纪 70 年代，苏联和美国征服太空的野心愈发膨胀。在这样的历史背景之下，该协定看起来并不成熟。从 70 年代的角度去看，太空采矿势在必行，可从 80 年代的角度去看，太空采矿成本高昂，完全没有实施的必要。时任美国国家航空航天局局长罗伯特·弗朗士（Robert Frosch），用当时青少年中最流行的一个词，告诉国会他对《月球协定》"完全不 care"。我们都不知道自己管理的东西是什么，那又为什么管理呢？

该协定中还提及："管理方式以后会揭晓。"大家觉得这句话对太空投资最为不利。实际上，告诉所有的有意愿投资的企业家要接受管理，可能管理还很严格，可就不告诉他们如何管理，因为连制订协定的人自己都需要再花时间和资金才能弄清楚，如何切实可行地进行太空采矿。

因此，一批持悲观主义态度的空间站爱好者组成一个名叫"L-5团体"[1]的组织，该组织发动了大型政治运动，他们甚至和美国政府的游说团体联合，反对《月球协定》生效。"L-5团体"时任主席的丈夫基斯·汉森（Keith Henson）回忆起当时的情景时，带着戏剧性的口吻说："1979年7月4日，'空间殖民主义者'赶赴战场，与'地球联合国'的人展开厮杀……"他还提及了他对协定的个人看法，他觉得"这个协定就好像鱼类确立法案，规定未来两栖类生物将会统治地球一样可笑"[2]。

那时，除了"L-5团体"的故事，放眼国际，也有大事发生。1980年，各国都在就《月球协定》进行争论，但实际上，当时世界上只有两个太空强国有希望开采月球资源——苏联和美国。可能你会疑惑，为什么世界上最强大的资本主义国家和社会主义国家会异口同声地反对《月球协定》。最好的猜测就是，两国都是为了一己私利。尽管OST仅规定，任何国家不可在月球上占领土地，但是《月球协定》却要求开采月球资源的国家将得到的利益与他国分享，哪怕两国互为敌人或对手。他们都不希望将自己辛苦得到的资源拱手让人，所以他们都不同意签署《月球协定》。

截至2023年，世界上的太空强国依然没有签署《月球协定》，其中包括中国、美国、俄罗斯和印度。虽然还有国家支持这部国际法，但是该协定未成为惯例法。虽然OST及补充的三个条约不够完善，还有漏洞，但依然是管理太空的主要法律。

由于在各国未签订《月球协定》之后的那些年，航天工程的成本高企，因此，虽然OST及补充条约不完善，各国也只能勉强接受。然而，时移事易。

---

1 1987年，L-5团体与美国国家太空研究所（National Space Institute）合并，组成美国国家空间协会，至今依然支持太空定居（尤其是建立可以定居的环地空间站）。

2 学者们对"L-5团体"的实际影响力也褒贬不一，但是他们的故事确实成了太空发展史上浓墨重彩的一笔。

20 世纪 60 年代，当世界站在危机边缘，各国团结一致，修改了 OST。如今，世界似乎再次经历危机。可是，就现在的情况来说，仅仅达成一个重要的协定已经远远不够了。某个国家稍有不慎的话，整个世界都会陷入分裂的境地。

关于法律漏洞：美国太空法和《阿尔忒弥斯协议》

如果没有各国都满意的国际太空法框架，会发生什么？遥远的未来会发生什么，我们不得而知。但是，对于现在来说，作为太空强国的美国正在试图朝利于各国分配太空空间的方向诠释现有的国际法。而同样作为太空强国的中国，似乎也在加紧步伐。两国都对上文所提及的月球的永昼峰和永夜陨石坑中的水资源虎视眈眈。

NASA 公布了阿尔忒弥斯 3 号在月球南极的 13 个候选着陆区，每个着陆区都包含多个着陆点，每个着陆点的面积约 15 × 15 千米，精度预计在半径 100 米的范围内。

或许，世界正向着某种危机的方向加速前进，可是很多利益攸关国眼睁睁看着这一切，还故作镇定。2019 年，笔者参加国际宇航大会，美国的法律学者和决策者认为，企图以联合国为平台确立国际法是错误的。因为美国国家太空委员会的斯科特·佩斯（Scott Pace）称，联合国确立条约的速度极慢，所以应该建立无法律约束力的准则，然后通过国内法[1]让所有国家都遵守即可。《阿尔忒弥斯协议》（the Artemis Accords）确实做到了这一切。

无底线的"无主物"法则——美国太空法会允许占领月球吗

2015年，美国总统巴拉克·奥巴马（Barack Obama）签署批准了《美国商业太空发射竞争力法案》（the US Commercial Space Launch Competitiveness Act）。不管 OST 对于人类在太空中的行为有何种规定，2015年的这项法案清楚地说明了美国人在太空中应遵守的规定："参与小行星资源或太空资源商业回收的美国公民有权获得该小行星资源或太空资源。根据可适用法律规定，包括上述资源的所有权、转让权、使用权和销售权。"换句话说，如下图：

---

1 从有利的方面去考虑，在国内通过太空法的话，有时会上报纸头条。比如，2022年《国家邮报》（*National Post*）有一篇文章，标题为《加拿大航天员不能肆意地在太空或月球上抢劫和杀人了》（Canadian Astronauts No Longer Free to Rob and Kill with Abandon in Space or on the Moon.）。准确而不带戏谑地说，这个标题应为《哪怕加拿大人到了太空，加拿大法律也依然适用于加拿大人》。

　　这项法案十分开放。需要注意的是，有些小行星比火星的卫星还要大。如此一来，虽然太空开采国不能在体型巨大的小行星上宣布主权，但有权将其分割售卖。当然，这种行为违反了 OST 中对于禁止使用太空资源的规定，不是吗？可是，美国国会不以为然。我们确定美国并不在意，是因为 2015 年法案中提到："美国国会认为，此法案一经颁布，美国将不会再涉及在天体上宣布主权的问题……"原来如此！

　　2020 年，时任美国总统唐纳德·特朗普，与奥马巴总统所持政见不同。他签署了一份行政令，重申了 2015 年的法案，特别强调反对《月球协定》："……美国认为（外层空间）并不属于全人类所有……因此，国务卿应反对任何国家或者国际组织将《月球协定》中的相关规定视作国际惯例的行径。"换句话说，如下图：

请注意！特朗普飞船只能将那块月球岩石作为"无主物"，据为己有。月球土地就不能如法炮制了。

由于该行政令的存在，美国法律允许其公民以十分开放的方式解读OST，美国公民可以无底线地利用太空资源，然后将一切据为己有。无论美国对OST的解读是否"正确"，美国政府当然都会把美国人的行为说成是正确的。最近颁布的《阿尔忒弥斯协定》也是如此。这项协定属于"阿尔忒弥斯计划"的一部分，该计划以太阳神阿波罗的姐姐阿尔忒弥斯命名。你可以这么理解，美国试图通过这个协定确立关于月球的新的游戏规则。

新的探月竞争，新的月球规则：《阿尔忒弥斯协定》到底规定了什么

《阿尔忒弥斯协定》中的规定并非完全与OST背道而驰，其中也不乏OST强调的内容，如出于和平目的、营救航天员，等等。可是，有两个部分引起了笔者的兴趣：首先，该协议重申了美国国内法中关于开采太空资源的规定——大体上，就是"谁先找到就是谁的"那套理论，只不过说得更复杂了；其次，协议引入了一个概念，称为"安全区域"。

"安全区域"这个说法的意思是，如果你在月球上进行某种活动，你可以指定一个区域，禁止别人进入，否则后果自负。那么这个区域到底有多大呢？至今为止，也没有一个定论。除非有人划定过这个区域，否则很难说，但是可以合理猜测一下。海洋法规定，海上作业的安全区域是方圆500米。美国国家航空航天局的遗产保护相关法律规定，阿波罗登月故址方圆2千米属于安全区域。这个安全区域的大小是有多种可能性的。可是，如果未来登月的国家把这个安全区域的面积扩大，安全区域的定义恐怕就要更改了。

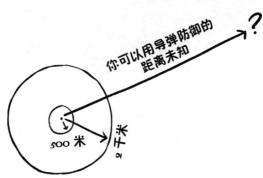

有意思的是，虽然"安全区域"这个概念不是允许一个国家在月球上占据领土的意思，但却又往那个方向推进了一步。只要各国在月球上划定了"安全区域"，那它们就相当于和所有国家宣布："看！如果你在这个区域，那么就有可能发生危险，我们无法保证你的安全。另外，你在这里降落，会对我们产生危险。所以在进入这个区域前，你得通知我们才行。"这确实不是在划分领土，也不是在宣布主权……而像是在划定领地。

这时，如果我们考虑利用月球上永昼峰作为太空定居地，那么事情会变得更有趣。上文曾提及，永昼峰的所占月球面积极小。

需要澄清一点，笔者认为，划定安全区域并不是美国有意在为自己开后门，方便日后在月球上宣布主权。安全区域确有其用途。月球重力低，月表崎岖不平，是由碎玻璃和岩石构成的。火箭登陆时，月球地表上的玻璃和岩石会向各个方向弹射，低重力意味着这些玻璃和石头会飞得很远。坚持建立某种保护月球上的定居地或开采作业的协定是完全的明智之举。此外，《阿尔忒弥斯协定》称，划定安全区域也是暂时的。可是，只要月球开采一天不结束，安全区域就会一直存在。

无论《阿尔忒弥斯协定》的初衷如何，结果都是一样。如果各国同意该协定，那么它们就可以在月球上占领一个比定居地更大的区域了。有些读者可能会觉得莫名其妙，为什么呢？想象一下，假设美国在月球的一个陨石坑旁建立了一个月球基地，划定了方圆2千米的区域为安全区域。很多年过去了，一代又一代研究者们前仆后继，发明了探月仪器，改善了月表环境，方便了月球交通，并且还进行了细致的调查。他们或许还建造了有其他用途的场所——除了他们钟爱的实验室、可供消遣的酒吧，还会有一些神圣的、带有宗教意义或者体现民族情怀的地方。比如，如果一位研究者在月球上去世了，其他人把他埋在了安全区域内。那时，我们讨论的不会再是美国主权的问题，也不会是月球开采的问题，而是民族认同感这个更深层次的人类问题。

《阿尔忒弥斯协定》称，这所有的一切都是暂时的。可是，假设存在这样一个国家，是美国的对手，与美国的关系一直都不和谐。现在，这个国家让美国离开安全区域，会发生什么呢？还是那句话，美国划定的安全区域不是划分领土、宣布主权——不是宣布月球上的某片区域是美国的。可是，划定安全区域，确实接近于划分领土了。月球上的适合定居的地方极其有限，月球基地的总数又没有任何限制，推动太空法发展走向的国家恰好是太空强国，另一个国家对月球上的最佳定居点也虎视眈眈，而且这个国家也是核武器大国。如此考虑，情况就很危险了。如果现在还在关注哪个国家优先定居月球，那么《阿尔忒弥斯协定》迟早会允许各国在月球上划分领土的。而此刻，最有能力做到这一切的国家就是美国。

还有其他国家支持美国吗？是的，这个回答让人大吃一惊。截至2022年10月，不算美国在内，有20个国家已经签署了《阿尔忒弥斯协定》，其中包括一些强国，如澳大利亚、巴西、加拿大、法国、以色列、日本和英国。

航天竞赛：可能不是明智之举

40年前确立了OST，但是OST的规定含糊不清。为了解释清楚，各国希望通过联合国促进达成《月球协定》，可是最终也未能落地。40年后，美国急着利用OST的漏洞，或许此举会将整个世界卷入危机之中。无论是否愿意，最后这一切很有可能会演变成国家间的冲突。

在采访太空定居爱好者的过程中，笔者发现，实际上，他们很多人都十分希望再次看到太空争霸的情景。这么期待也有道理，因为20世纪60年代，美苏抢先登月时，国家投入了大量的资金发展科技。只要对人类有价值、有益处，政府就会投资。笔者不确定，这样是否利大于弊：即使人们愿意相信上次美苏太空争霸利大于弊，那也并不意味着新的太空争霸也会和上次一样。尼尔·阿姆斯特朗和巴兹·奥尔德林成功地实现了在月球上行走，但是苏联也做到了。可是，按照《阿尔忒弥斯协定》的规定，如果美国在沙克尔顿环形山附近建立月球基地，那就似乎有理由限制他国在附近地区建立月球基地。或许，太空争霸未必一定是零和博弈。可有人认为，其实零和博弈早就已经开始了。

2022 年，美国航天力量、防御创新机构与空军研究实验室撰写了一份报告。该报告指出：

> ……尽管美国太空工业基地计划正在如火如荼地展开，可是参加该计划的工作人员却表示，他们担心中国航天工程发展的速度更快，所以，他们需要加紧步伐。美国航天工作的总基调就是，需要像 1962 年那样，调动更大力量、拥有更广阔的国际视野、扩大政策的实施范围。具体来讲，美国现在缺少清晰连贯的、长期发展的思维，对于未来五十年甚至更长远的未来，缺少一套宏观的太空战略，使美国从经济、技术、环境、社会和军事（国防）方面保持全球领先的地位。位于瑞典斯德哥尔摩的电池柜研发企业北极星公司（North Star）认为，经济发展和人类定居太空应该是两者并重的，这个过程会持续数代人，应该让所有坚信美国价值观的人都能受益匪浅。

如果你希望有朝一日实现太空定居，那么目前没什么进展。为什么呢？前文讨论过，重点科技项目没有重大突破，近期太空定居的愿望就无法达成。在 OST 框架下，所有可能的科技发展已经都发生了，《月球协定》的规定再严苛，都允许人类获取与发展太空事业相关的知识和经验。

如果你和笔者一样，相信月球上没有什么能带来利益的资源，那么只需在原有的国际法体系下继续发展科技，实现太空定居即可。新时代的太空争霸除制造危机（甚至有可能挑起国际冲突）以外，毫无用处。如果你和笔者一样，相信安全、可持续的太空定居的前提是人类社会高度和谐，那么我们与邻国的冲突并不会促进我们达成定居太空的目标。

笔者相信，只有在国际共同管理的体系之下，人们在太空中获取个人利益和利用太空资源的行为都得到管理时，人类才能得到更好发展，太空定居的长期计划才能更好地实施。这个过程不会像小说中描述的那样充满千回百转的情节。实际上，这个过程会充满了官僚主义，进展缓慢。可是，只有这样，才能让各国和平相处，通过不懈的政治谈判和不断的技术发展实现太空定居这一愿景。

各国分歧如此严重，还有可能实现上述的一切吗？我们尚不清楚，但值得注意的是，美国和中国正在建造火箭和月面着陆器。可是，通过国际手段对两国行为进行管理还是可行的。自从二战以来，曾有过两次大面积领土划分的经历：南极洲和深海区域。这两次都未曾经历严重的国际冲突和领土争端，因为这两次都将有争议的领土划定为全人类共有。如今，针对深海和南极洲地区都确立了比《阿尔忒弥斯协定》更加明确和严格的财产制度，之前的经验对于管理中美两国在外层空间的行为都有借鉴意义，确立国际认可的太空国际法也指日可待。

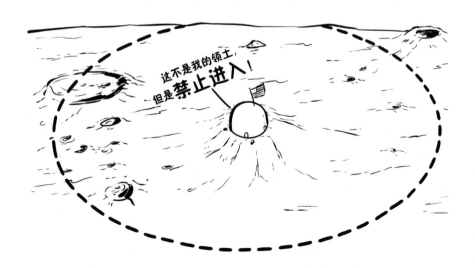

在太空中，如果某人去世了该怎么做？这个问题并无先例可以遵循。航天员可能会死得非常突然，整个航天小组的成员都会笼罩在死亡的阴影中，所以可能不会出现那种航天员围在死去的同伴面前思考如何处理遗体的那种情况。最后，除了在登记备案后将遗体推出太空舱，将其视为登记并发射了一颗卫星（感谢《登记条约》[1]）外，没有什么其他的方法。

虽然我们必须将遗体推向太空，但是在研究航天员饮食的时候，笔者突然想到了另一个相关的话题——"禁止食用的太空餐"。在飞往火星的漫漫长路上，这个选择不言而喻，因为这个"食物"十分新鲜而且富含人体所需的一切营养元素。

笔者并非在开玩笑——在太空航行中食用已故同伴的文献少之又少。美国国家航空航天局发布的长达1300页的《人整合设计手册》中找不到"人肉"这两个字。很显然，"人整合"并不意味着人吃人。

但是，我们确实找到了一篇自出版的论文——笔者敢说这绝对是一部被忽视的经典作品——论文题目是《太空中的生存谋杀》（Survival Homicide in Space），作者是罗伯特·A.弗雷塔斯（Robert A. Freitas），出版于1978年。这篇论文或许可以让我们对于此问题有更深刻的见解。首先，何谓"生存谋杀"？"生存谋杀"就是当某人或者某个群体只能通过谋杀才能生存的情况。经典案例就是"海上法则"，这个法则并不是我们下一章会涉及的海洋法。根据此法则，大家一起抓阄，被抓到的人会被其他人吃掉。

弗雷塔斯并不是从饮食的角度叙述太空谋杀的，但是他确实

---

1 虽然遗体可能不会在太空中存在太长时间。在航天员特里·弗茨的回忆录中，他写道，如果必须进行这种"海葬"，那么航天员会将遗体发射向地球，遗体进入大气层后很快就会燃烧并化为灰烬。

假设了一个这样的情景——他的假设基于小说《荒野求生》（*Marooned*）：三名航天员被困在太空舱内，氧气不足。由于他们可以看到精确的数据，因此他们知道，在救援力量到达之前，剩余的氧气只能供两个人呼吸。从逻辑上讲，三人中，一人死去，另外两个才能活。现在，可以把这个逻辑进行延伸。假如你的同伴都死了，而你没有可口的太空餐食用，那么可不可以食用已故同伴呢？

回到弗雷塔斯的假设，可不可以杀死其中一个航天员呢？根据弗雷塔斯的论证，OST 可以回答这个问题。根据第八章规定，航天飞船实施登记国的法律。由于不同国家对于"紧急情况法"[1]的实施范围有不同规定，因此你只需知道飞船登记国的法律是如何规定的就可以了。如果在加拿大飞船中，那么找一位加拿大法官判定一下食用已故同伴是否合法就可以了。

可是，如果你有选择权，又该怎么办呢？弗雷塔斯的假设中，找法官是不可能的——那时"天空实验室"长期无人驻守，企业号航天飞机还未进行试飞。当时只有苏联的飞船内有航天员，飞船从苏联境内发射，大部分航天员也都是苏联人。让弗雷塔斯意想不到的是，未来会出现国际空间站，空间站由多国统治。从原则上，你可以从不会将食用同伴视作违法行为的国家内选择，但是最好还是选择飞船登记国的人。我们总不能为了生存，引起国际争端。

还有一种可能性，就是我们在救援来临之前什么都不做。未来火星移民计划中也会面临《荒野求生》中一样的困境，最有可能的结局就是同归于尽。弗雷塔斯称，历史上出现了太多次类似的情形，每次人们都不会选择结束他人的生命，独自苟活——无论是潜艇即将沉没，还是煤矿即将坍塌，抑或是小船失控，都是如此。无独有偶，人们都会选择一起走向死亡。

---

1 笔者认为，在不清楚确切法律标准的情况下，不要使用这种法律，尽管有的读者可能未来会学习法学。与此相关的两个案件分别是：英女王诉达德利和史蒂芬斯案，还有美国诉霍尔姆斯案。据说，这两个案件让许多学生对学习法律产生兴趣。

这就是结局：我们宁死也不杀害同伴。

不过，我们确实也发现了一个例外。

埃里克·西德豪斯（Erik Seedhouse）是一名教授、一位多产的作家，也是一名铁人三项运动员，他曾在《火星探索中的生存和牺牲》（*Survival and Sacrifice in Mars Exploration*）一书中对此进行了分析。笔者与西德豪斯并不相识，他本人也并未回复我们发送的邮件。可是我们注意到，书中的索引包含了关于"问题行为"的条目和五个关于航天员小组整合的味觉模式的条目。

西德豪斯在书中提出这样的疑问："假设你与三名航天小组成员困在火星上。其他的生活用品都充足，可在救援来临之前，剩余食物只够一人食用。你会怎么做？……一天，在准备早餐饮用的咖啡时，你意识到，其实你的小组组员也可以是蛋白质的来源……"西德豪斯认为，体形最胖的组员应该最先牺牲，因为他们消耗食物最多，死后为大家提供的食物也最多。笔者不知道西德豪斯的身高体重，所以不知道他是不是站着说话不腰疼。诚然，我们也不敢去问，这大体上是因为书中充斥着关于如何谋杀同伴的、稀奇古怪的细节。此外，在书上的 144 页有一张照片，照片中十位航天员悬浮在太空中，喜形于色，图下还配有文字："情况出现问题时，太空飞船就成了另一种地方，在这个地方所有人饥肠辘辘，等着啃食对方。这一餐如此精致，浪费不就是犯罪吗？"

这些航天员认为，这是一个哲学问题。可是，笔者还是奉劝任何有机会移民火星的人一句：别带埃里克·西德豪斯一起去。

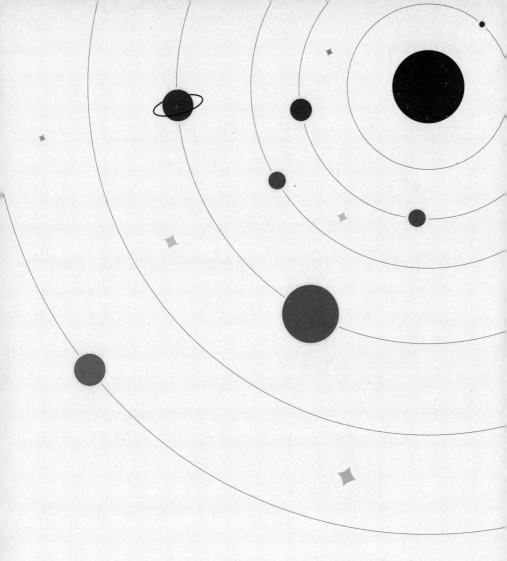

第五部分

前方的路

是否通向太空国家

笔者意识到，本书已经讨论了太多的法律问题。因此，当猜测各种可能性的时候，必须知道事情的底线：现行的太空国际法是含糊不清的。有些国家认为，法律赋予其无限利用资源和占据土地的权利，但是并未赋予其统治太空的主权。核武器大国也不去理会法律真正的意义，只是在无人治理的太空中申明自己的合法权益。

我们面临一个抉择：等待危机，静观其变，或者推动确立国际认可的太空法框架。可是，问题是我们应该选择何种框架？大体上，前方的路有两条：一条路是创建一个国际机构，管理太空行为，反对各国或联盟占领最佳太空定居点的任何行径；另一条路就是探索合理的治理方式，允许各国在太空中进行领土划分，确保在月球上也会存在各国领土，或者甚至是由多国组成的新的国家。第二条路至少让太空法更加明确，但是很难想象，不经过国际冲突如何划分领土。

本部分旨在讨论这些可能性如何实现，可是先要明白一点：我们现在的选择极有可能对未来的子孙后代产生深远的影响。现行的国际海洋法源于 17 世纪古老的国际惯例。当时，国际法还只是一个雏形。同理，2020年的太空法也有可能对 2200 年的太空定居产生深远的影响。

第十四章 宇宙公有化

20 世纪中叶以来，随着技术不断进步，人类可以探索地球上那些之前无法探索的地方。其中，备受关注的便是月球、深海区域和南极。300年前，如果人类发现这些地方蕴藏着珍贵的自然资源，那么各国极有可能因为争夺这些资源而刀戈相向。

迄今为止，争夺资源而导致的冲突比比皆是，太空资源的争夺必然也不能幸免，人们早就习以为常了。然而，在"二战"后的那个时代，事情并不像我们想象的那样简单。面对太空和其他之前没有触及的疆域，人类只会将其公有化，而不是将其视作某一个国家的财产或领土。面临国际争端，人类并没有诉诸武力，而是进行和谈，推动利用政治解决问题，但是成效缓慢。这样做的一部分原因是人类利用这些疆域存在困难，各国也就资源利用达成了一致的协议，这个协议相比于 OST，更加清晰明确，下文会详述这些。

可是，对于一些国家来讲，这样反而会带来不幸。面对所有那些潜在的资源，所有那些可供居住、开发和商业化的区域，只能望而却步。这样一来，反倒不利于人类发展。而对于另一些国家而言，它们看到了巨大的成功:20 世纪上半叶，各国在南极地区占领土地,战争可能一触即发。可是，各国秉承和平友好的态度，遵循着清晰明确、严格规范的法律共同管理这些区域，至今南极地区和深海区域的资源依然为人类所共有。既然人类能在地球上找到和平的方式探索新的疆域，那么到太空中应该也不会有问题。

虽然这么做并不切合实际，也没什么创意，也不会利于国家的高速发展，甚至会造成国家间的不平等，可是这么做会在各国竞相进行太空活动时，避免核武器大国因为一些微不足道的资源而刀戈相向。下文会详述这些。此外，本章还会介绍因地缘战略而出生的婴儿，还有纳粹分子向一只企鹅喊"希特勒万岁"的情景。本部分最后的《读者须知》为读者准备了在南极基地发生的一则与酒相关的谋杀故事。

"公有化"的概念

首先，需要清楚的一点就是，"公有化"这个概念是确实存在的。上文提及过，在太空和在地球上一样，人类依然还是人类。这句话也可以这么理解："人类是邪恶、贪婪的生物，到太空以后，我们依然邪恶、贪婪。"话虽如此，可有时我们也懂得分享。我们有共有财产，可以共同分享这些财产。在笔者的采访中，很多人认为，"公有化"这个概念有问题，因为经济学中也有一个概念，称为"公地悲剧"（The Tragedy of the Commons）。虽然这个说法最初是在加勒特·哈丁（Garrett Hardin）1968 年发表的一篇关于公共牧场背后经济学原理的论文中提出的，其背后的逻辑亚里士多德就曾经阐述过。亚里士多德曾写道："越多人共有一样东西，那么这样东西就越会被忽视。"

"公地悲剧"的概念如下：假设火星上有温室，温室内有草地，草地可供放牧。每个牧民都允许在草地上放牧，你也可以放牧。每一次放牧之后，草都会少一些，草地的状态越来越差。你完全不会担心这些，因为放牧会为你带来收益，而草地的损失是所有牧民共同承担的。如果每个牧民都只想着自己，那这个公共牧场的草地迟早会退化。

既然是公共牧场，那么出现这些也在所难免。有人建议将牧场私有化，这个问题就解决了。所有牧民将公共牧场承包下来，每个牧民都承担着牧场的损失。这样一来，就不会出现公地悲剧了。

实际上，并不是所有的"公地"都会出现"悲剧"。"公有财产"这个概念在很早以前就出现了。诺贝尔经济学奖获得者埃莉诺·奥斯特罗姆（Elinor Ostrom）记录了在不进行财产私有化甚至没有外部强权管控的情况下如何有效管理公有财产的各种方式，并因此而出名[1]。比如，牧民可以达成协议，轮流使用公共牧场，或者限制每个牧民牧羊的数量，或者限制进入牧场的牧民数量。那些违反协议、希望通过过度放牧来获益的牧民就要对其他牧民进行补偿。补偿的方式就因人而异了，有可能是给其他牧民自家酿的甜酒，或者是可口的小菜。

对于公共牧场，人们可能会缺少私有牧场那种管理的主动性。比如，

---

[1] 很多经济学家都否定她，可她最后却成功了，因为那时并没有一个经济模型能够支撑其理论。有时，人们认为，有一条"奥斯特罗姆定律"：在实际上行得通的资源配置，在理论上也行得通。

人们并不愿意在公共牧场中花费时间和精力，提升草场质量。因为辛苦是自己的，收益是大家的。你希望大家认可你的付出，给你辛苦费，还要在所有牧民中达成一致意见。可是，让所有人都认可你的付出也是不容易的。

对于太空计划来讲，提高管理效率只是一方面，还有诸多方面需要考虑。未来的探月计划或者火星计划，还需要考虑如何快速获取最大价值，保护太空环境，避免人类在领土争端中互相残杀。正是因为我们要考虑这些，所以用管理南极的方式管理太空不失为明智之举。

南极条约体系

企鹅和纳粹简史

一直到 19 世纪，人类才开始关注南极。人类对北极的探索开始以后，南极地区依然无人踏足。直到 1911 年，挪威探险家罗尔德·阿蒙森和他的探险队成功地开启了人类的南极探索之旅。到 20 世纪 50 年代，南极的大部分地区依然无人踏足。为什么人类久久不敢接近南极呢？简言之，因为南极太不适合生存了。这一点与太空极为相似。南极的冬天寒冷至极，零下 80℃ 的气温，狂风肆虐。虽然有冰盖，但是南极降水极少。实际上，南极“干旱”得就像一片“大沙漠”。1957 年前，南极根本无人居住。

因为南极除了冰天雪地，什么都没有。人们或许认为，任何国家都懒得争夺这片土地。如果这么想，你就错了。到“二战”期间，已有 7 个国家开始像分比萨一样瓜分南极洲的部分土地。

到了 20 世纪中叶，南极洲早已不再是那个无人踏足的和平之地。那时，纳粹德国企图占领南极洲的一片土地，称其为“新施瓦本”（Neu Schwabenland）。根据地理学家厄内斯特·赫尔曼（Ernst Hermann）的记录，初到南极的纳粹军队看到了南极的“当地人”——一只企鹅，并向企鹅喊出了“希特勒万岁！”的口号。然而，企鹅“不以为意”。尽管“当地人”并不欢迎外来客，但在“二战”期间，纳粹德国和南美洲国家的军队依然厚着脸皮，占领了南极的部分土地。

（插画师自己的想象）

　　后来，英国、阿根廷和智利同时占领了南极半岛北部的同一地区（这个地区气候相对温暖），结果引发了相对严重的领土争端。1952 年，当英国舰队企图登陆该地区，重建被烧毁的南极基地时，发生了武装冲突。虽然无人伤亡，阿根廷也表示了歉意，可是保持两国和平的条件却让人不悦。

　　不得不提的是，尽管当时南极还有整整 15% 的土地无国家占领，可是争夺地缘政治优势的美国和苏联却没有占领南极土地的意思。为什么两国都放弃了这片土地呢？部分原因是，两国都害怕因为争夺土地引发第三次世界大战，可是，南极除了冰天雪地，什么都没有（这样的说辞是不是很熟悉？），争又有什么用呢？

　　在 1957 年和 1958 年的国际地球物理年（International Geophysical Year）活动中，各国都投入大量资金，探索南极洲[1]。12 个参与国[2]制订了建设南极基地的计划，计划中特别声明，建设该基地的目的是发展科

1 一个有趣的事实：这一年国际地球物理年的活动中，另一个的大型项目就是太空探索。所以，斯普特尼克卫星同年发射升空。
2 12 个参与国分别是阿根廷、澳大利亚、比利时、智利、法国、日本、新西兰、挪威、南非、苏联、英国和美国。

学、维护和平。这 12 个国家商议并制订了《南极条约》(the Antarctic Treaty)，后来该条约和相关协定一起被统称为"南极条约体系"，以下简称为"ATS"。

最初的条约于 1961 年生效实施。从那时起，又有 17 个国家自费建立研究站，以"协商国"的身份签署该条约。另外，25 个国家以"非协商国"身份加入，由于这些国家并未对南极基地进行投资，因此只允许参会，无权进行表决。

那 ATS 到底规定了什么呢？

简言之：禁止采矿，至少现在还不允许。禁止设立军事基地。禁止排放核废物，禁止进行核爆炸试验。可以进行科学研究，各国应通力合作。那领土问题呢？好像没提……

历史上的最大败笔——模棱两可、含糊不清的南极洲领土

ATS 有自己的一套领土主权制度，但是这套制度十分奇怪。根据规定，一旦签署了该条约，缔约国不可放弃任何已经占领的土地，也不可再占领新的土地。所以，领土就固定下来，不会再变了。那智利、阿根廷和英国共同占领的那个区域呢？依然由三国共有。那剩下 15% 的无人占领的土地呢？依然无人占领。同时，任何国家都允许在南极的任意地点建造科学实验室。

这听上去好像完全行不通。这就像三个人住在一个房子里，他们都认为房子是自己的。没人解决房子所有权的问题，只让三人承诺同住并分担家务。这不是太滑稽了吗？然而，自从 1961 年，南极洲彻底恢复了和平，要说还有什么不稳定的因素，那就是各国为了避免潜在的领土争端，偶尔会和其他国家示威一下。如此而已。

如此示威也并非有意挑衅。示威的方式就是建立更多的科学研究基地。这样，在未来某一次外交会面时，某个国家的官员就可以理直气壮地说："是我们的祖先一直坚守在这个研究基地，整日潜心研究南极的冰盖样本等，所以，我们绝不会放弃我们在南极的领土，辜负祖先所付出的努力。"

当然，示威也有其他方式。1953 年，阿根廷建造了"希望基地"（Esperanza Base）。20 世纪 70 年代时将其改造，阿根廷民众也可以自由出入。自那时起，阿根廷民众们纷至沓来，其中也包括一位怀孕 7 个月的母亲。1978 年，这位母亲在阿根廷的南极领土上生下了埃米利奥·马尔克斯·帕尔马（Emilio Marcos Palma）。为什么说这也是一种示威的方式呢？假设在未来的一次外交会面中，阿根廷的官员称："您声称南极半岛是贵国领土，可是在贵国领土上怎么会有我国公民出生？"自埃米利奥出生之后，至少有 10 个婴儿陆续在各国的南极领土上出生。然而，通过人口生育来确定领土这一招之所以奏效，是因为大家都承认，没有人愿意长期待在南极。"希望基地"有一句名言——"永久驻留是一种自我牺牲之举。"——这句名言也能解释其中的原因。

对于阿根廷的"示威"，至少一个国家进行了反击。1984 年，智利建造了一个比"希望基地"还要大的"星空镇"基地（Villa Las Estrellas），基地内设有健身房、广播电台、学校、教堂、邮局和纪念品商店。同年，智利在南极领土上发生的事情更加让人大跌眼镜，手段上更胜一筹。胡安·巴布罗·卡马乔（Juan Pablo Camacho）的父母在南极怀孕并生下他。这次，智利可以在未来的那场外交会议上说什么，应该就不言而喻了。在多安·阿卜杜勒·莫达尔（Doaa Abdel Motaal）的《南极：争夺第七大洲之战》（*Antarctica: The Battle for the Seventh Continent*）一书中，他将这次反击称为"生育反击"。笔者更倾向于"以牙还牙"。虽然英国还没有类似的举措，但是，各国相信，英国具备这个"以牙还牙"的实力。

南极领土上发生的一切让人莫名其妙。其实，这些都是无聊的官僚主义作风。没错！这是在示威，可示威的手段却是建立科学研究基地和生孩子。从地缘政治角度来说，这么做已经足够了。

"冰雪之争"：南极资源的管理制度

我们谈到了和平、科学、孩子等，可是就没有谈到问题的本质。至少有证据表明，南极蕴藏着宝贵的矿产资源。澳大利亚占领的两处南极领土还未进行开采。地下肯定蕴藏着有价值的东西。当然，南极有世界上最厚的冰盖，但是随着技术进步，气候变暖，总有一天，自然资源急剧减少，各国一定不会放弃南极这块"肥肉"。

不过，天不遂人愿。无法开采南极资源的原因，也会导致无法利用太空资源。

20世纪80年代晚期，一个法案出台，名为《南极矿物资源活动管理公约》(Convention on the Regulation of Antarctic Mineral Resource Activities)，以下简称"CRAMRA"。该公约明确规定，各国允许进行南极资源开采，但开采过程须经过严格而复杂的审查程序。后来，CRAMRA以失败告终，原因有三点。第一，各国担忧主权和领土争端会再露端倪。美国人在法国领土上以和平为名义建造科研基地是一回事，但是美国在法国领土上开采石油，那就是另外一回事了。第二，联合国并不认可CRAMRA，原因是关于如何管理南极这部分全球共有财产的决策权仅掌握在ATS的部分缔约国手中，实际上，这样做就会将那些无力建造科研基地的欠发达国家排除在外。第三，以雅克·库斯托(Jacques Cousteau)为首的环保主义者在国内外发动了一场声势浩大的批判活动。

1998年，长达50年之久的开采禁令生效实施。事实上，连探测是否有珍贵矿产的行为都是不允许的。或许，这不是最好的制度，但至少有了一个清晰明确的制度。基本流程如下：

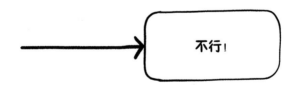

直到2048年，这份法案才会再次进行审议。就算到那时，各国也只能一致同意继续实施该法案。

对于确立太空法，这项法案提供了可以遵循的先例。很多太空定居爱好者都认为，在月球、火星或者其他地方发现珍贵资源时，谁也不会顾及太空法是如何规定的。但是，很明显，南极有贵重金属，比月球资源更容易开采和售卖，可为什么在开采南极资源这个问题上并非像他们所想象的那样？

那么，与ATS类似的太空法究竟是什么样的呢？十分严格。比如，太空法会规定，"任何人禁止使用月球上的固态水资源"，而不会规定"允许利用少量水资源进行科学研究"。假设，太空法规定："月球或火星基地只允许使用基地附近的资源来运行。"虽然这样规定听上去并不可行，但如果仔细考虑一下，就会发现这样的规定还是可行的。

北极地区可供太空法参考的案件

太空定居需要关注两大问题：避免冲突和进行太空定居所需的研究。就算月球上有珍贵矿藏，如果不严格限制开采，那么月球资源很有可能会很快枯竭。不过，还有一种可能，就是月球上根本没有值得开采的东西，用月球开采换取50年的和平，这对人类来说是一笔不错的交易。

很显然，太空定居爱好者来说，这样的太空法并不是他们所期望的。但是，ATS的存在保证了南极地区近两代人的和平安定。在这段和平期间，专家进行了大量研究，包括研究如何在世界上最寒冷的地下地区居住。对于太空定居来说，最棘手的两个问题就是生育和温室培育植物——这两个问题已经在南极地区解决了，但是只有少数案例。

从ATS得到的另一个经验就是，虽然多国已将南极瓜分，还会有多国共同占领的部分，但是南极已成功转变为公有土地。有人担心，未来10年，太空法会锁定月球上的资源，确立新的太空法难度极大。好在还有ATS做后盾。即使各国开始争夺月球土地和资源，迫使各国必须确立所有权，那么ATS也会为各国指明方向，将月球土地和资源作为人类的共有财产进行处理。虽然这样的法律充满漏洞，让人匪夷所思，可是它可以保证未来两代人的和平。

发展太空定居方面的科学，最大的问题在于，ATS在开采方面的规定过于严格，导致缺少基础研究所需的资源。或许，研究如何使用月球水资源对定居十分重要，可 CRAMRA 那种法律会禁止使用月球的水资源。或许建造笔者夫妇的冰雕是违法的，或许月球资源确实值得开采，或许那些富含铂金矿藏的小行星会是无价之宝。即便这些都实现了，开发商会注入大量资金，这笔资金会用来突破月球定居最基本的工程问题。有没有一种法律，既能像 ATS 那样保证我们的和平，又能允许适度开采呢？当然有过——《月球协定》就是这样一部法律。可是它并没有生效。我们在寻找最后一部太空法，在这部太空法中，我们会寄予对未来最美好的祝愿。

深海治理

自 1994 年起,《联合国海洋公约》(the UN Convention on the Law of the Sea，以下简称为 UNCLOS)生效实施，自此深海地区也开始得到治理。为什么这时才开始治理深海区域呢？深海区域形成已有几十亿年的历史。可是，直到当代，人们才发现海底丰富的矿藏。问题是，深海区域和月球类似。直到 20 世纪中叶，如果某人建议去深海区域采矿，那么会让大家当成疯子。20 世纪 60 年代，人们开始将月球和深海地区视为潜在的、全新的资源型商品，需要立法才能保证开采时不会出现冲突。可是，尽管同意签署《月球协定》的国家只占联合国成员国数量的一成左右，可是签署 UNCLOS 的成员国却占九成。这样的悬殊比例实在有意思。其实，UNCLOS 对于深海区域的治理方式与《月球协定》对于太空的治理方式大体相似。UNCLOS 将深海区域定义为人类共有财产，而且从原则上，允许人类开采深海资源。

深海开采：UNCLOS 规定了什么

根据 UNCLOS 规定，各国沿海地区都会有"专属经济区"。专属经济区很大——一般来说，大约距海岸线 200 海里的地区都属于专属经济区。有时，兼顾海洋法和海洋学得出的专属经济区的面积可能会更大一些。专属经济区的面积确实不小，可最新的科学数据显示，这个区域与整个海洋的面积比起来，并不算大。UNCLOS 规定，专属经济区以外的海域称为"区域"（the Area）。需要注意的一点是，UNCLOS 规定中涉及一些术语，这些术语的名字十分随意。"区域"的面积大约占地球表面积的一半——这比月球和火星的表面积之和都大。UNCLOS 还规定，"区域"属于人类公有财产。可见，与南极不同，深海海底的矿藏允许开采。在这一点上，UNCLOS 又与《月球协定》类似，它是一部管理人类开采自然资源的国际法。

为什么那些发达国家允许将深海区域作为人类共同财产，而反对将月球做同样处理呢？其实，起初这些国家也不同意签署海洋法。最初的海洋法框架于 1982 年出台。发达国家认为，这部法律对发展中国家更有利。比如，最初的海洋法案规定，任何有能力开采深海资源的国家都应将其技术转让给其他国家，帮助发展中国家获得所需的开采技术。发达国家认为，这样做会损害自己的经济利益和安全。因此，它们否决了该法案。这一点与《月球协定》最终未通过的原因一致，没有任何一个国家愿意将利益拱手让人。

然而，1994 年，有利于发达国家的 UNCLOS"落实协议"出台，它们自然又同意签署 UNCLOS 了。该协议鼓励但不强制要求技术转让。如果《月球协定》也进行修改，那么需要类似的规定——为了避免互相争夺领土，也为了让发展中国家认可，可以最大限度地追求国家间平等，但是发达国家也不能因此损失过多。

深海之争

深海资源开采的法律是复杂的，但是基本的理论是，如果一家公司要开采深海资源，那么就需要公司所在的州政府签署 UNCLOS 并申请勘探和开采权，如果从"区域"中进行开采，就需要向"管理局"（Authority，全称为"International Seabed Authority"，即国际海底区域管理局）申请。我们暂且不考虑那些质疑"管理局"是否适用于太空的声音。笔者相信，心怀善意的国家会同意成立这样的机构，这个机构可以称为"国际太空管理局"。

话说回来，管理局是如何运作的呢？如今，管理局已经向 10 多个国家发放了开采许可。一个公司开始开采资源的基本流程如下：公司先向管理局提出申请，申请允许开采一片深海海域；管理局同意该申请；然后，公司会得到那片海域的部分开采权，另一部分开采权由"企业部"（the Enterprise）获得。企业部是由管理局运营、旨在帮助发展中国家受益的机构。

因此，将这样的机构设置运用在月球，大致如下：由善良的卢森堡人民创立的"韦纳史密斯公司"（假设这个公司是笔者夫妇创立的公司），申请沙克尔顿环形山的开采权。国际太空管理局同意该申请，并将部分开采权授予我公司。笔者开始建造太阳能板并开采陨石坑中的水资源，用月球上的水泡澡。同时，管理局旗下运营太空企业部，虽然同意市场自由的理念，但是依然会尽力帮助欠发达国家开采月球资源。

如果整个过程听上去怪怪的，那就是因为这些依然只是想象。但是，管理局一直都在制订规则，而时间十分紧迫。2021 年，瑙鲁总统让管理局知道他们正在与一家公司合作，这家公司正准备开采深海区域，管理局花费了两年的时间对深海资源开采相关海洋法进行最终的审议。然而，环保组织发声，称两年根本不够了解深海的情况，因此无法保证在进行开采的时候不会引发海洋环境破坏。未来到底需要什么样的法律才能让人们放心开采"人类公有的财产"，我们拭目以待。

其实，对于想要开采太空资源的人来说，也有一个好消息：最终人类会确立一个开采太空资源的管理框架。不仅发展中国家会同意并签署相关法案，而且如日本、法国、英国、德国和意大利等发达国家也会做出同样的抉择。

不得不承认，在这个过程中确实会出现一个问题。有一个国家积极发展太空事业，但是极其反对带有社会主义性质的东西。想必大家都能猜出来。没错！就是美国。美国签署了 UNCLOS，可并未遵守该公约。不过，美国国内时常希望国家能遵守公约的要求。为什么会这样？ 2012 年，美国参议院唐纳德·拉姆斯菲尔德（Donald Rumsfeld）在一场会议中提及 UNCLOS 的时候说："这个公约有可能成为开采太空资源的法律先例，这一点可想而知。"这意味着，一旦我们开始分享深海区域的资源，那下一个可以分享的就是整个太阳系。尽管美国没有官方宣布同意分享深海资源，但是确实声明了自己拥有一个专属经济区，而且大体上遵守了 UNCLOS 的规定。美国又是如何做到的？因为美国将 UNCLOS 视为惯例法。笔者听说，美国这样做既在外交上略胜一筹，又能在不参与任何决策的情况下承担国际法赋予的责任。无论如何，从实际的角度来说，UNCLOS 或多或少还是起到作用了。维护和平，进行合作，利用合理的方式得到资源，这就是人们希望通过太空得到的一切。

UNCLO 对于制定太空法的启示

如果目标是太空定居，那么制定与 UNCLOS 相类似的法律就是前进的方向。确立这样的法律会减少因无意义的太空资源争夺而导致的冲突，并且会促进相关太空科技的发展。各国可以继续在太空中建立科学研究站，了解如何使用研究站附近的太空资源。如果太空资源开采公司愿意的话，也可以进行资源勘测。太空强国不会轻易将自己得到的太空资源拱手相送，而发展中国家也能从太空资源中"分一杯羹"。这时，我们确立的国际太空法，让全人类都向和谐相处为基础的太空定居又迈进了一步。当然，或许我们的担心有点过头了，万一未来的官员真心愿意地设立"太空企业部"呢！

笔者怀疑，大部分读者认为这个想法有些让人失望了。发展中国家不会受到冷落，可是也会遵循大国设定的游戏规则。如果我们制订了在太空中迅速扩张的计划，那这个计划可能会因官僚主义而减慢实施的速度。可是，我们会因法律专家制定了繁琐复杂的法律程序而放弃太空定居的梦想吗？虽然这些法律会非常无聊，但是人类宁愿制定无聊的法律，也不愿面对恐惧。

不过，制定类似于 UNCLO 的太空法就不可行吗？未必！

1952 年，法律学者奥斯卡·沙赫特（Oscar Schachter）在论文《谁拥有宇宙？》（Who Owns the Universe?）中写道，他担忧会再次出现 20 世纪那样的领土争夺，战争和殖民主义随之而来。本书是在斯普特尼克 1 号卫星发射的五年前写的，奥斯卡写道："初次登月将会涉及所有意在宣布月球主权的行为。很显然，国旗将会在月球树立。月球上的地名也会用人名来命名……"各国政府可能会实施控制，甚至发布出入许可，声称无许可的人不可进入月球领地。这一切都会重蹈覆辙，重演领土争端的历史——唯独不同的是，这次的领土是"太空领土"。多亏了奥斯卡的这篇文章，这种惨状才得以避免。在他写下这篇文章的 40 年后，无论是太空，还是与太空类似的环境，都出现了新的财产法，各国大体上可以通过和平和分享的方式来分享共有财产。虽然还未有国家进行火星探测，但是如果因为领土争端导致动用核武器，那么太空计划将会宣告结束。

这些财产法有一点好处——那就是这些法律真实存在。或许，人们希望看到一部将太空资产私有化的法律。可是，纵观二战后的历史，每当人类发现一片之前无人管理的、广阔的区域时，都会将其定义为共有财产。鉴于此先例，太空也自然而然地成为了共有财产。如果你猜测一下未来太空会变成什么，那么答案一定是"共有财产"。

但是，也会有别的可能性。未来太空未必一定按照南极和深海的方向发展。这也是众多太空定居爱好者所希望看到的。现在，笔者就谈谈这些替代方案和它们不可行的原因。

然而，阿斯特丽德并不同意。

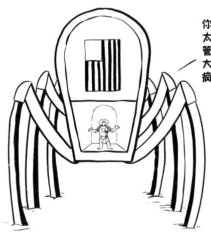

你想让我等联合国来管理太空吗？达是美国的司法管辖的范围。我在一个巨大的月球探测器中。当然，疯狂的想法有的是！

第十五章　划分太空领土

"洛克式"的财产观：激发人类潜能

太空私有化的支持者经常会倾向于一种称为"洛克式"的财产观，这个名字源于 17 世纪的政治哲学家约翰·洛克（John Locke）。洛克在著名的《政府论》（*Two Treatises on Government*）一书中写道：

> 虽然土地和低等生物为人类共有财产，但每个人自身也是一种财产，这种无形的财产只能个人拥有。我们可以说，个人身体所从事的劳动和双手所进行的工作，就属于个人的合法财产。自然赋予万物的状态只要为个人所打破，注入这种无形的财产，将劳动融入其中，自然就成了属于个人的物品，即自己的财产。

其实，洛克口中的这种"财产"就是"无主物"。拿土地举例，你在土地上劳作，那土地就是你的了。或者，就像助理土地管理员乔·大卫·沃尔夫松（Joel David Wolfsohn）在 1946 年被问及关于月球定居的问题时所回答的那样："你最好带上老婆和孩子一起上月球。再带上几头牛。这样才能有一丝可能让月球定居地成为永久居住地。"

那些对太空财产方面抱有"洛克式"思想的人对于美国于 1862 年颁布的《宅地法》都十分熟悉，这部法律可以当作法律先例。亚伯拉罕·林肯（Abraham Lincoln）在美国内战期间签署了该法案。该法案规定，白人定居者和恢复自由的奴隶[1]可以在美国西部得到 160 英亩（约 647497 平方米）的土地。在该土地上劳作 5 年，通过"无主物"法则，这些人就可以获得这片土地的所有权了。

从某种角度讲，土地争夺也是一种竞争。1889 年，俄克拉何马州对定居者开放时就是如此。4 月 22 日中午，大炮和信号弹鸣响。人们有的驾着马车，有的骑着马，就像旧时的殖民者霸占土地一般，他们带着旗子来占领土地。

如果这么一大批人进入太空，想必也会表现得和这些定居者一样。这又把话题引到太空私有化上面，那些支持太空私有化的人相信，在太空中确立私有财产制度，会让太空资源迅速得到开采利用，也会促进太空定居的发展进程。著名的太空倡导者兰德·辛伯格（Rand Simberg）曾多次表示："在过去的两个世纪，可转让的财产权和自由市场可以让贫民摇身一变，成为亿万富翁。在外太空，这些人依然可以效仿此法，变得腰缠万贯。"

这么说，在冷战期间，无论 OST 有多少优点，它依然阻碍了人类在另外一个世界的发展，遏制了人类的进步。很难说这个评价是否正确——太空开发困难重重，物理定律或许会超越法律，成为太空定居的最大阻碍。不过，人类会逐渐克服物理定律带来的难题，而法律的问题会逐渐凸显。

想要进行太空私有化，必须支持 OST。那些支持太空私有化的方案大体会分为三类：（1）寻找 OST 漏洞；（2）希望修订 OST、将太空资源规定为私有资产；（3）建议直接将 OST 取消。下面，我们举例说明。

---

1 不属于美国公民的原住民不适用此法律。

方案一：违背 OST 的精神

如果想要将太空私有化，为什么要无休止地争论如何修订法律？为什么要等着恼人的政府废除 50 年的法律先例？只要换种角度思考，现在就可以占领大片的太空领土。

其实，这种类似的建议有很多。但前提是，你的思考方式必须符合法律的思考方式，否则这些建议都是没用的。所以，对于这些建议不可过分认真。不过，这些建议确实道出了太空定居爱好者普遍的想法，有些想法也有可能会十分有道理。

漏洞 1：火星自由

如果不需要法律，只依靠对太空中新世界的敬畏呢？由于火星定居非同寻常，因此火星上的这部分地球人是否有可能不需要再受到地球法律的约束了呢？雅各布·哈克 - 米斯拉（Jacob Haqq-Misra）博士的想法是，承认 OST 不能约束火星上人类的行为，就可以避开不谈 OST 的规定。

为什么我们要避开 OST 不谈？根据哈克 - 米斯拉博士的分析，人类到了火星，会自然而然地自私自利起来。火星会成为全人类的"改变价值"的来源。从长远角度来看，火星会让全人类受益。但是，为了实现利益最大化，必须避开地球法律不谈，让火星上的人类去探索新的法律，至少在一段时间内应该如此。

很明显，康德的先验观念论并非能解决问题的方法，原因在于先验论是违法的。国际法适用于人类，包括火星上的人类。放弃国际法，会遇到大麻烦。比如，会遇到以下几类问题：

第一，不使用国际法约束火星上的人类会有一些意想不到的副作用。比如：这种与国际法的"彻底决裂"会不会产生与《日内瓦公约》（The Geneva Conventions）相冲突的行为呢？会不会产生与反侵略战争相矛盾的条款呢？火星上的人类不需要哪项国际法所提及的人权？当然，他们或许可以放弃千辛万苦制定的国际行为准则。但是，如果那时他们还未具备某种超越想象的、全新的人类道德观念的话，那么为什么火星上的人类要放弃现行的地球国际法呢？

第二，只是靠敬畏，可能会出大问题。在阿波罗号第一次登月后的半年左右，电视台就不再直播登月过程了。为什么呢？或许，登月过程非常有趣，但观看月球上执行任务就很枯燥了。航天员建立实验室装置，说的都是术语。月球上重力较轻，航天服又十分笨重，航天员动作缓慢。毫无疑问，火星定居是非同寻常的，但是再非同寻常也不会让各国领导人同意建立一个免受国际法约束的、自我治理的火星社会。如果人类确实身处一个完全利他主义的世界中，也未必需要建立火星定居地来改善自身了。我们不应忘记，火星上的国家并不是自然建立的。这些国家拥有自己的文化规范和对自己国家的忠诚。火星上的各国可能会因为共同的利益而进行合作。但是，如果火星上的两个国家在地球上的关系就不和谐，这种对新世界的敬畏又会延续多长时间？

第三，也是最重要的一点，如果火星上的人类在独立之后得不到地球的资源补给，那么他们就会面临死亡。笔者采访的一位生命维持专家告诉我们，国际空间站曾经历一次仪器瘫痪，每隔四到五个月都需要输送新设备才能进行维修。比如，需要的设备有厕所和二氧化碳去除组件——这两样东西必须是最先进的。火星上的人类需要生存，火星上的工业也需要延续，后面会讨论这个问题。可以说，火星上所谓的"自由"与真正的功能运转上的自由还相差甚远。或许，切断与地球的连结是大家所期待的，或者说是合法的，可这样做在技术上是不可行的。实际上，这种情况至少不会在短期内实现。

漏洞2：《月球协定》与OST让人意想不到的"撞车"

在20世纪90年代早期，艾伦·瓦塞尔（Alan Wasser）是美国国家空间协会管理委员会（National Space Society Executive Committee）的主席，他提出了《太空定居奖励法案》（The Space Settlement Prize Act），希望美国国会能通过此法案，但是国会并未通过。

该法案深受约翰·洛克思想的影响。该法案称，如果一个私营公司能建立一个太空定居点，而该定居点拥有常住人口和付费的、往返地空之间的交通工具，那么这个公司就应拥有这个定居点的土地所有权。法案甚至说明了定居点的大小——如果在火星上建立定居点，那么可以拥有 360 万平方英里（约 930 万平方千米）的土地——比中国国土面积稍小一些。如果在相对方便的月球上定居，那么可以拥有 60 万平方英里（约 150 万平方千米）的土地（大概是美国得克萨斯州土地面积的 2.25 倍）。

根据瓦塞尔的理论，一个天体的第二申领人最多能得到 15% 的土地所有权，而第三申领人最多能得到 15% 的第二申领人的土地所有权，以此类推。那么，用不了多久，可以申领的土地面积就会缩小至西班牙的领土大小。因此，对于优先实施定居计划的国家来说优待是最大的。

这些申领规则是怎么来的？来自自然法则。根据瓦塞尔的解释，"自然法则"的意思是，"……个人将劳动融入其中，创造了独立于政府的财产权。政府只能认定这些权利"。换句话说，从本质上来讲，现实就是"约翰·洛克"式的。

笔者无意在本书中讨论财产权的根源，但笔者坚信，财产法确实存在。无论财产权源于自然、国家，抑或是艾伦·瓦塞尔的个人憧憬，以上的所有解读都公然违背了 OST 第二章的规定。

这时，瓦塞尔会告诉你，别急。他提到，在《月球协定》中，确有规定表明月球土地私有制是违法行为。这一点说明，OST 必然表达过"允许将太空财产私有化"的意思。

为了解释其中的逻辑，我进行一个类比。假设一对恋人签订了结婚协议，其中包括一则条款："禁止出轨。"后来，男方不知发什么疯，要求女方签订一个补充协议，协议声明："禁止与邻居戴维发生出轨！"由于各种原因，补充协议并未及时签署。几年后，女方才发觉，不对！第一份协议肯定没有"禁止与邻居戴维发生出轨"这一条，所以才会签订第二份补充协议。

这个类比不仅听上去荒唐至极，而且漏洞百出，会遇到很多专业性问题。首先，《月球协定》并未试图制订新的规则，它只是澄清了含糊不清的概念而已。比如，《月球协定》规定，各国允许从月球取样。想必瓦塞尔和其他的登月国家不会因此就认为，OST 禁止进行月球取样。

第二，瓦塞尔并未明确各国可以划分领土。他只说明个人可以得到月球土地所有权。瓦塞尔认为，美国不能占领土地，可在美国法律约束之下的、得到美国军方保护的、非常喜爱奶酪的美国人鲍勃就可以获得月球土地所有权。其实，这么说并不准确。鲍勃是美国公民，美国对于鲍勃负有责任。鲍勃可以长篇大论地叙述自己的月球土地所有权其实是"自然法则"所赋予的。可是，除非美国准备废弃 OST，否则鲍勃根本无法获得月球的土地所有权。他只是在吹牛而已。

就算假设瓦塞尔如此解释 OST 是有道理的，这样在地缘政治上也行不通。我们真的相信其他国家会眼睁睁地看着美国人蜂拥而至占领月球吗？当然，如果这些人强调，这样做并非在月球上划分美国领土，那另当别论。不过，这个可能性极小，基本不可能。就好像上面的那个荒诞的例子，男方会祝贺女方发现这个巧妙的协议漏洞吗？当然不会。

此外，瓦塞尔还提出了一个问题。别的国家同意与否并不重要，因为只要世界上的太空强国——美国——认可你的土地所有权，那你就没有问题。诚然，这体现了美国由来已久的霸权主义思想。但是，即便美国可以一直享有霸主地位，回到之前婚姻协议的类比，这就好像妻子说："我不管你喜不喜欢我找协议的漏洞，戴维和我已经相爱了！"只要这么说就可以了。那时，这段婚姻会经历危机。把夫妻之间的事情，换成核武器大国去考虑，就可以理解这个漏洞让人担心的原因了。

漏洞3：多国不是"国"

2019 年国际宇航大会上，兰德·辛伯格[1] 朗读了一篇文章。文中写道，OST 只禁止各国在外层空间划分领土，并未提及是否可以就太空财产权的认定签署多国协议。这样一来，划分领土的不是"国家"，而是"国际"。

这听上去有些奇怪。就像牧师牧道"天主十诫"中有一诫——"汝不可杀人"，但对于"你们不可杀人"是否符合十诫的要求就犹豫不定了。最后发现，只要两个人一起扣动扳机，杀人也没问题。

这也是不可取的，原因依然是违背 OST 规定——终有一天，某个国家的某个人还是会在月球上定居。即使美国或者卢森堡共同决定去月球上建立"美卢联盟"，美国人和卢森堡人也必须最终真的到达这个定居点才行。在这里，美国和卢森堡两国共同管理两国人民。可这样做，依然违背了 OST 的宗旨和精神[2]。

我找到了很多太空法的漏洞！

我们可以轻而易举地嘲笑提出这样的法律理论的人，嘲笑别人确实很容易。可是必须澄清一点，笔者认为，这些理论的支持者并不愚蠢。其

---

1 笔者希望在这里提醒读者，虽然我们认为，从法律角度分析，辛伯格是错误的，但是我们依然对这个帮助建立太空定居点群体、充满有趣想法的人心怀敬意。

2 这样企图违背 OST 精神的行为在其他处理共有财产的情况下也发生过。比如，特拉维斯·麦克亨利（Travis McHenry），别称"西北极大公"（Grand Duchy of Westarctica），他曾占领南极洲的部分土地。占领土地前，他声明，南极条约体系禁止国家占领其他区域，但并没有明令禁止个人占领。各位读者能够猜到，国际社会并不认可他占领南极土地这一行为。

实,这些理论和与其相似的理论都是一种战略——为了转移话题。1967 年,对于一个国家是否可以取得并保留月球岩石这件事还没有定论。5 年后,两个国家将月球岩石据为己有,也没有制定分享的政策。因此,法律先例如此确定下来了。有一个漏洞反复多次出现,就连当权者都开始相信,这个漏洞很正常,那这个漏洞或许会改变未来,尤其在某位政治家或者商人的影响下,更会产生深远的影响。

大家思考一下,纽特·金里奇(Newt Gingrich)在 2012 年总统竞选中承诺,将会在未来 8 年建立月球殖民地。这么说可不是一时兴起——金里奇是一位太空爱好者。早在 1981 年,那时他刚刚成为一名国会议员,他就建议确立一个"西北太空法令"来规范月球定居——美国国会承认,如果(月球上)任何群体的居民人数达到美国各州中居民最少的州的水平,那么这类群体的定居地应成为一个"州",与原来在地球上的"州"享有同等地位。

在 1981 年或 2012 年,这样做是不可能的,即便花大价钱也是不允许的。美国人口最少的州是怀俄明州,只有 60 万人。月球行政区域的划分本来没有确定,然而金里奇把自己当成总统一样,一定要划分行政区域,人们不知道金里奇是否因此遭受了世界各国的强烈谴责。不难想象,这样的漏洞是不是可以方便占领土地。然而,美国领导人坚信,这样做是合法的。安全区域的规定长期存在,这或许让美国误以为,在月球上划分行政区域也是合情合理的。如果真的合理,那么从地缘政治的角度讲,月球上这些所谓的"州"外的区域算什么呢?

方案二:关于土地权利方面的修改

持有其他法律观点的人就相对谨慎一些了。他们都认为,OST 可能会让太空定居进展缓慢,但他们并非全都同意完整的"洛克式"观点,而且他们也不希望涉及政治。那有什么解决问题的方案吗?修改 OST 的第二章,允许拥有太空土地,同时加入新的条款,维护其他的价值,如倡导平等或保护环境。我们举几个例子。

修改1：先占加缴税

如果除了"洛克式"的"有东西大家分"的思想，费用也要均摊，会怎么样呢？这个概念既体现了"人类共有遗产"的概念，又融合了"洛克式"的财产理论：你可以通过劳作而获得土地，可如果你想要从这块地上获得收益，那就必须先补偿全人类。

这种缴纳"太空税"的一点好处就是可以限制定居者过度占领定居点用地（约翰·洛克也会给这个想法点个赞）。随着定居者占领的土地越来越多，他们就需要通过向地球缴纳越来越多的税来补偿人类。但是，这样做也有一个缺点：假如某个国家真的建立了一个永久的火星定居点，那么就需要为这些永久居民缴纳"生存税"。我们怀疑，在不久的将来，火星上的人类将会有能力实施反对地球的大革命，但如果我们想要对火星进行制裁，那就完全需要靠战略了。

修改2：有限占有

其他的建议就涉及完整的"洛克式"思想了。但是，这个建议又明确提出，某些优势土地必须得到保护，留给未来的申领人。这个方法看上去很有道理，但是精准分割太空土地的同时也会引发政治斗争。

历史告诉我们，无论国家间达成了何种协议，这些协议也都倾向于强国。提出建议的专家自然会慷慨地将大片的优势土地留给后人，但实际上，这样的事很难实现。假设在宝贵的地球同步卫星上，已经形成了这种"有限占有"的模式。

地球同步卫星轨道约有 1800 个位置。根据现行的国际法，每个国家只允许占有一个位置。如果每个国家在月球上占有相同区域的土地，那么大约每个国家会得到 144 平方千米的土地。分配的土地是否合理，就取决于得到的土地中是否有永昼峰或者永夜陨石坑等优势资源了。

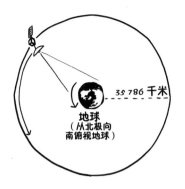

地球同步卫星轨道高度为 35 786 千米，卫星围绕轨道运行的速度与地球赤道旋转的转速相匹配。因此，地面与卫星处于相对静止的状态。实际上，地球同步卫星就如同一个巨大的观测塔。

修改3：有边界占有

另一个建议允许赋予土地所有权，但是占领土地的面积是有限制的，规则类似于 1862 年的《宅地法》。这就意味着，每个定居者或者每个定居群体将会获得 100 平方千米的土地，这个面积相当大。如果定居点的人口无节制增长，那么或许会得到更多土地。因此，设立土地占有制度，就是为了避免某些定居群体一下子占领整个星球。

这个建议也存在一个问题。因为在月球或火星上，并不是所有的区域都适合定居，所以优先定居就极具优势。这就意味着，这个建议会极大地有利于太空强国。沙克尔顿环形山和永昼峰及其附近的固态水资源也只在 20 千米的区域内。据传闻，太空爱好者认为，从战术上讲，可以建立诸多小型定居区，每个定居区相距 100 千米，这样就可以利用少量人口占领面积巨大的领土。

修改4：占有加保护区

有些人认为上述的修改建议还是具有侵略性，因此，他们想出了另一个建议：保留 OST，但只在一部分区域实施 OST。在这个建议中，一些土地类似于自然保护区，而其他地区是可以利用的。具体需要将多少土地归为保护区，专家的意见也不一致。有一篇论文提出，太空中 7/8 的土地都应该归为保护区。支持这样处理太空财产的人确实保护了大部分外层空间，但是将一些景色壮观的区域或有科学研究价值的区域（如火星上的奥林匹斯山，它是太阳系中的最高峰）也归入了保护区范畴。

关于"保护区"方面的修改

像这样的法律修改案最大的阻碍就是，必须得到国际社会的同意，但因此受益的国家只占少数。支持修改案的人会长篇大论地叙述，从长远来看，这个法案如何让全人类受益。可如果想要让法案通过，就必须让所有国家都签署同意。

现如今，联合国的成员国众多，但其中有能力发射星际飞船的强国只有屈指可数的几个。除非这些强国对于无意进行太空定居的小国十分慷慨。否则，这些小国可能是不会同意签署法案，让这些少数的太空强国占领太空的。虽然道理如此，但是下面还有一个选择。

方案三：权利！

还有一个建议，就是取消法律限制。废除漏洞百出的 OST，将无数外交官所付出的辛劳弃之不顾，立刻开启太空私有化进程。

虽然废除 OST 并不是众心所向的选择，但确实有人同意这个想法。可是，即使废除了 OST，也只是计划的第一步而已。除非人们相信"洛克"式思想的那种"自然法则"，否则那些个人定居者还是需要先经过正式的手续，才能得到土地的所有权、经营权和保卫权。这里，需要存在一个大家都信赖的权力机构发放这些权利。这个机构有可能称为"土地管理署"，该机构管理土地登记，并提出规定，要证明永久居住，就必须在居住地圈养牲畜。可是，这些热衷于获得土地权利的人未必需要复杂的程序就可以替换 OST。各国自己就可以在太空中占领大片土地，然后再处理个人占领土地的问题。但是，哪个国家得到哪块土地，又该通过何种方式获得呢？

有人建议，将土地按照人口比例、土地整体大小分配给不同国家。因此，火星成了迷你版的"地球"，就像迪士尼未来世界那样，只是整个世界都充满毒气。如果你看到一只巨大的老鼠在说话，那就可能是因为生物医药试验出现了大问题。在外交场合，这种解决方案不会太顺利。因为，笔者怀疑各国关注的重点相差甚远，俄罗斯和加拿大有可能会觉得土地是决定性因素，中国和印度会认为人口才是决定性因素，而美国认为国民财富才是决定性因素。

即便上述情况真的都发生了，土地是否紧缺并不是唯一的危险因素。美国人口占全球人口的 4.25%，占地面积是全球土地的 6%。无论按照哪种说法，美国都能理直气壮地分得最多的月球优势土地。

即使各国反对，那么它们能阻止个人占领太空土地的问题吗？笔者采访的很多人都认为，国际太空法毫无意义，因为如果埃隆·马斯克建立火星定居地，有任何人可以阻止他吗？笔者的兄弟马蒂（Marty），他就是这么认为的，而他的想法是错的。这类的错误称为"太空法的树屋理论"。假设有一群孩子在树顶建造了一个树屋。树屋的梯子太脆弱，大人一踩就坏了，所以只要孩子进了树屋，就没有人能够管得了他们。孩子们的父亲出来喊："孩子们！饭好了！下来吃饭吧！"孩子们自鸣得意地笑道："就不下去！进了树屋，爸爸说话就不管用了！你拿我们没办法的！"这时，爸爸会做什么呢？没错——不吃就不吃，吃的喝的都攥在手里，慢慢等着孩子反悔。

有读者指出，这样做的前提是妈妈不能偷偷给孩子送吃的。意思就是，即便国际社会不给埃隆·马斯克补给，他依然可以继续与美国做交易，在火星上支撑下去。这么说当然没错，但是现行的太空法规定，美国如果为他提供补给，那就相当于在火星上非法占有土地，那么美国就会出现大麻烦。

实现太空定居的方法

如果你支持太空财产私有化，那么还有一个策略，就是反对修改太空法，等待危机到来。世界顶级太空法学者兰姆·雅库（Ram Jakhu）及其联合作者在 2016 年出版的《太空采矿及其监管规则》（Space Mining and Its Regulation）一书中写道："几乎所有的新法律、公约，尤其是国际条约都存在这样一种趋势：'在问题出现之前按兵不动，问题出现再解决问题。'"这句话是一个警告，并非建议，可我们当然要试一试。我们等太空探索技术公司宣布在火星上成功建立定居点时，或者等金里奇"总统"将月球定居点交由美国管理时，再去解决这些问题。只有这时，上述很多疯狂的想法才有可能变得十分可行。

第十六章　太空国家的诞生

与太空婴儿的诞生类似，但是更加混乱

2016 年，太空国家"阿斯伽迪亚"（Asgardia）诞生了。至少，建立这个太空国家的人是这么说的。这个太空国家的名字来源于"阿斯加德"（Asgard），即北欧神话中神居住的地方。阿斯伽迪亚的社会结构清晰，在互联网上建立，以类似于地球国家上的方式运行着。阿斯伽迪亚拥有宪法、议会、法院，还会颁布地球上的国家才会颁布的那种无聊的法令。比如，"第60 号法令：关于阿斯伽迪亚管理法案的认可"上标明"0005 年山羊座月8 日至 10 日议会上讨论的法案"。其实，这个奇怪的时间就是 2021 年 12月 10 日至 12 日[1]。

有读者会问：这些都是真的吗？反正他们是真的有钱！阿斯伽迪亚由阿塞拜疆裔俄罗斯籍火箭科学家伊戈尔·阿舒尔贝利（Igor Ashurbeyli）博士创建。2017 年，他们用火箭将这个"国家"发射到太空，这个国家称为阿斯伽迪亚一号国家。空间站的空间狭小，但是足够人类生存，但是阿斯伽迪亚创立了一个全新的标准，整个国家都封闭在一个人头部大小的硬盘驱动中。根据阿舒尔贝利的描述，与其他太空定居计划不同，阿斯伽迪亚十分严肃："（这）不是幻想。飞往火星，探索银河系等等——那些都是假的。而我要做的是真实的事情。"

---

1 阿斯伽迪亚人有自己的日历，他们在网站上已经公布，这个太空国家竟然有 40 种计时方法——而他们还想发明第 41 种计时方法。

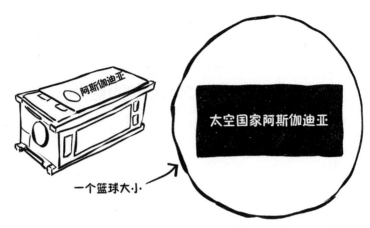

那么，一个问题出现了，或许出现了很多问题。但是，我们关注的这个问题就是，为什么这些人投入如此大的精力和资金，就为了能够承认阿斯伽迪亚是一个国家，而不只是一个拥有"迷你卫星"的互联网俱乐部。

其中还牵扯哲学问题。对于很多人来说，独立是太空定居的首要目标。最近，火星协会的主席罗伯特·祖布林在社交网站"掘克"（Reddit）中的论坛表示："……探索太空的目的是建立新的国家。"这个逻辑可以解释建立太空国家的原因，但是，为什么将这个国家置于一个 3 千克重的硬盘中，并将其发射进入地球低空轨道，只靠这个逻辑就解释不清了。其实，"国家"这个词在国家法中是有特殊定义的。人们认为，阿斯伽迪亚以一种特立独行的方式来满足这个定义中的各种标准。而这些标准就是探索太空之旅中建立太空国家的前提。

国家的定义：3 千克重的卫星算国家吗

无论阿斯伽迪亚的公民认为自己多么具有未来感，他们依然受到 1933 年的《蒙特维多公约》（the Montevideo Convention）的约束——普通人大多不知道这个公约，但是这确实是法律学者和想建立国家的人潜心研究的条约。该条约于 1933 年在蒙特维多举行的一场会议上由美洲各国签订，并形成了在国际上达成广泛共识的、关于"国家"定义的法律标准。与本书讨论相关的部分在条约的第一章。内容如下：

> 作为国际法法人的"国家"应具备以下几个条件：(1) 拥有永久居民；(2) 拥有固定领土；(3) 拥有政府；(4) 拥有与其他国家建立关系的能力。

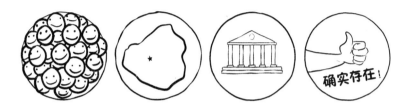

那阿斯伽迪亚符合这些标准吗？从某种角度讲，阿斯伽迪亚拥有永久"居民"，人口数约 30 万。2022 年，人口数超过了 100 万。即便如此，这些人并不生活在这个与鞋盒一般大小、围绕地球旋转的"领土"上。国际法规定，必须生活在一个符合《蒙特维多公约》定义的"国家"中的人才称为这个"国家"的居民。否则，事情就麻烦了。如果拥有成员身份就算"永久居民"，那或许一个美国流行女歌手的粉丝团都能算一个国家了。

第二个要求——拥有固定领土——一个绕地球飞行的硬盘何来领土之说？诚然，3 千克的硬盘无法成为太空国家，但公约中也并未提到成为一个国家到底需要的领土面积大小。梵蒂冈是世界上最小的国家，国土面积只有 0.4 平方千米，比美国佛罗里达州的迪士尼神奇王国的停车场还要小。

然而，传统意义上的"领土"指的是地球上的一块土地，而非硬盘[1]。

第三个要求——拥有政府——阿斯伽迪亚确实拥有组织结构清晰的决策机构。但是，迪士尼乐园也有决策机构，可它并不是"国家"。迪士尼乐园不是"国家"的一部分原因（另一部分原因是它也缺少领土）是，迪士尼乐园无法真正实施法律约束。如果你在米奇老鼠的脸上打了一拳，那么你应该违反的是地方政府制定的法律，而非"地球快乐警察局"制定的法律。笔者采访了权威的太空法学者弗朗斯·冯·德尔·当克（Frans von der Dunk）博士，关于这一点，他认为，迪士尼乐园都比阿斯伽迪亚更有能力依法制裁其公民。

虽然《蒙特维多公约》只规定，一个"国家"需要有"政府"。其实，更准确地说，应该是"有效力的政府"。如果一个"国家"的领土上出现混乱，而名义上的政府无法实施管制，那么这个政府就不算有效力的政府。还有很多情况下，有效力的政府还未组成，国家就已经建立起来。但是，无论根据传统标准，还是从普通人的角度去看，阿斯伽迪亚目前还无法成为一个国家。

---

1 公平地说，阿斯伽迪亚公民计划扩大领土面积。

　　现在，只剩下第四条要求了，这条要求阿斯伽迪亚根本达不到——与其他国家建立关系的能力。迪士尼乐园不能与德国建立外交关系，因为迪士尼乐园不是一个国家，阿斯伽迪亚也有着同样的问题，而且，这个问题会持续很长时间。

　　如果你依然只是想建立太空定居点，宣布建立了一个新的国家，那么你就发现所有的太空科技都无用武之地。你可能会说，阿斯伽迪亚就是一个国家，而符合《蒙特维多公约》要求的那些国家都会对此嗤之以鼻。其实，这么说并非完全错。国际法文献中一直都存在着两种声音，一个声音是探讨一个国家的成立是否需要得到国际认可，另一个声音是探讨"国家"这个词是否只是对现实的一种描述。换句话讲，如果在《蒙特维多公约》确立之前，人们发现了失落的大陆"亚特兰蒂斯"或者某歌手的粉丝团建立了国家，它们不会成为合法的国家，但是人们始终会将它们当成国家来看待。它们会拥有自己的人口、领土、政府，它们也会成为社交平台上的"网红"。不过，唯一缺少的就是"与其他国家建立关系的能力"。当然，阿斯伽迪亚或许会有例外。就像某歌手在歌里唱的那样，"对你的爱那么多，可以直达月球和土星"。阿斯伽迪亚或许会和土星、和月球"建交"也说不定。

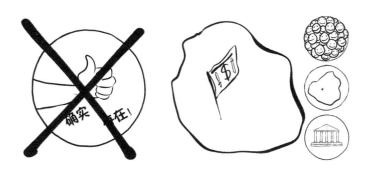

　　"国家"这个词或许在过去只是为了描述现实，而现在受到其他国家的认可对一个国家更为重要。这个认可会带来很多特权——获得联合国大

会的席位、与其他国家享有同等地位进行外交等等。一个国家还可以得到国际法所赋予的保护权，其中包括一些重要的权利，比如避免国土被强行占领。

既然在太空中生存十分困难，获得这些特权对于生存至关重要。可能这就是阿斯伽迪亚能为成为法定国家并希望获得联合国席位而制订长期计划的原因。可是，很明显，绕地飞行的硬盘驱动，附加一个太空爱好者的成员群体，这样是不可能成为联合国成员国的。如果想要建立太空国家，并且得到国际合法权益，会面临更深层次的问题，那就是 OST 禁止建立太空国家。《蒙特维多条约》规定，一个国家必须拥有自己的领土。OST规定，不允许在太空中划分领土。那么，这个逻辑就变成了"《蒙特维多条约》+ OST = 没有太空国家"。

或许真的不会有太空国家吧。

事情的真相是，实现太空国家的合法手段有很多，有的手段更胜一筹。

首先，未来法律可能会修改。22 世纪，地球上的国家可能会一起确立法律标准，允许居住在太空的人建立属于他们自己的、合法的独立国家。根据上文所讨论的内容，这样做将会面临很多困难，但至少是可行的，尤其是如果各国纷纷进行航太飞行引发某种国际危机的时候，更是如此。

然后，让人更加难以置信的是，应对法律漏洞的方案也存在。比如，阿斯伽迪亚计划证明自己是国家，加入联合国，不签署 OST，然后将定居所需资源从地球上的一个没有签署 OST 的国家的领土上发射[1]。然而，从法律上讲，空间站与地球上的领土并不是一回事。同样，根据现行国际法，这不符合相关的法律标准。

即使打破了这一道屏障，还是会面临一个实际问题。笔者十分怀疑，联合国到底会不会将成员席位授予一个基于互联网议会管理的、公然避开

---

[1] 至少，这是笔者对于这个计划的理解。笔者曾发邮件给阿斯伽迪亚管理局局长，试图确认此事，但至今并未收到回复。

国际认可的条约的、0.1 平方米的硬盘。

还有一种方案，需要一个联合国成员国从 OST 中退出，然后帮助建立独立的太空国家。那么，试问又有哪个有发射能力的国家愿意退出 OST，只为了帮助其他对手建立一个太空国家呢？这个答案笔者也不清楚。即便有国家愿意退出，那么其他国家也会质疑：OST 是国际惯例，不能想退出就退出。如果退出国是不发达国家，那么其他国家会对其进行猛烈的抨击。如果退出国中有一个甚至几个发达国家，那么这个方案倒是有可能成功。可是，退出了 OST，这些国家可能会面临大麻烦。

还有很多类似的方案。但是，正如上文提到的，找漏洞、钻空子并不那么容易，法律修订案也不容易达成。同时，现行的法律似乎又禁止建立太空国家。太空定居困难重重，这预示着想要建立太空定居地的国家必须是大国。

那如何才能建立太空国家呢？已经说了那么多，可能有的读者会觉得，太空国家根本没有希望建立。但是，这么说真的不太对。

太空国家如何建立

根据现行国际法的规定，一个最重要的准则就是"领土完整"。简言之，一个国家不能被其他国家强占领土。领土完整是国际法的一个主要准则。为了强调这一点，下面有一幅画，领土完整是第一根巨大的支柱。

可是，在过去的一个世纪，100 多个国家相继成立了。从法律上讲，

这些国家是如何出现的？这个问题的答案就是，"领土完整"并不是唯一的主要准则。这个问题的答案也会对建立太空国家起到意义深远的影响。

假如时间回到 100 年前，那时世界上还没有那么多国家。但是，和现在一样，那时也有很多的民族，如犹太、祖鲁、大和、吉卜赛、切罗基部族、波斯等民族。但是，世界的大部分国家都掌握在几个拥有大型殖民地的帝国手中。如今，这些帝国都已不再。

20 世纪国家的建立经历了几个重要时期，这些重要时期的演变产生了现代准则，特定民族有权进行"自主决策"。宽泛地说，"自主决策"就是这些民族在其政府中享有话语权。这就是本书讨论所需的第二个支柱。

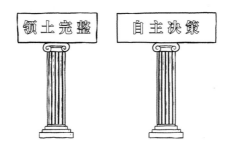

国家有权保持领土完整，但特定民族也有不受压迫、享受自由的权利。当这两种权利相互对抗时，新的国家就诞生了。从很多角度说，这些新的国家也得到了其他所有国家的认可。不过，从太空的角度说，很难想象未来会经历类似的情况，因为没有帝国准备解体了。

这并不意味着新国家无法诞生。事实上，国家的创建依然存在可能性，也确实发生过。但这一过程是混乱的，通常涉及暴力，而且最终所成立的国家可能不会被广泛承认为一个应享有国际法正常待遇的合法国家。

尽管国际社会承认不同民族拥有自治权，但这并不意味着他们有权拥有自己的领土。一般来说，只有当一个群体遭受极端压迫，并无法参与自身治理时，其追求自决的权利才有可能被视为正当，并且超越保持领土完整的优先权。

实际情况往往更加复杂。各国对国际法的适用并不总能达成一致，而这种分歧通常源于各国不愿设立可能损害自身利益的先例。换句话说，任何未来可能出现的火星国家能否被承认，并不取决于人类太空命运的某种宏大设想。火星国家的诞生必然受到现有地缘政治格局的制约。当火星人试图建立独立治理体系时，该国的政治立场以及世界各国的动机都将至关重要。

建立太空国家难上加难

那么阿斯伽迪亚的未来到底如何呢？并不太乐观。如果成功规避了OST，那么建立太空国家就势在必得。可是，这样也会有很多问题随之出现。第一个问题就是，必须出现民族遭迫害的情况。即便有民族遭到迫害，理由依然不充分。因为最有可能出现的情况就是，地球上的一些国家不希望开创公共财产的法律先例。要想建立那种罗伯特·祖布林和埃隆·马斯克想象的那种太空国家是有可能的，可建立这样的国家需要出色的政治家进行诸多的斡旋，或许还需要发生一系列难以想象的大事。

笔者依然继续讨论创立太空国家的部分原因，是人们经常会以为建立太空国家势在必行。实际上并非如此。想要建立太空国家，必须废除OST，或者对 OST 做出大篇幅的修改，还要克服上文提及的法律和地缘政治上的障碍。

笔者敢说，在建立太空国家这个问题上，最好的方式就是等待时机。各国没有必要匆忙地建立太空国家，应该在建立之前先做足够的科研和勘测。随着国际法制度不断完善，在允许进行资源开采的同时，也会允许通过和平手段建立太空国家。

笔者认为，如果必须建立太空国家，那么理想的状态就是先在地球各国之间达成一致意见。要想达成一致，依然会面临诸多风险。在本书结尾，我们会谈及这些风险。但是，至少不应该出现多个国家争夺一块土地的现象。因为我们距离成功建立火星定居地还有很长的路要走，所以建立一个避免冲突的机制可能比尽快建立太空国家更为重要。

　　最初编写此书时，有一个部分讲的都是南极基地发生的奇闻异事。在这一版中，笔者把这部分删掉了。这主要是因为这样的奇闻异事十分罕见，在书中加入这些血淋淋的细节完全没有必要。另外，就太空这个话题而言，有很多出版的作品似乎没有向读者传达真实的情况。有一则故事广为流传，这则故事也曾出现在学者的文献中。故事的经过是这样的：1959 年，在南极的东方站（Vostok Station），两个俄罗斯人因为一盘棋打了起来。一个人因用冰斧袭击了另一个人而被勒令禁止在南极进行棋类游戏。

　　读者可能会觉得故事匪夷所思，其中有几个疑点。首先，故事中的人物并没有姓名。第二，一些人说袭击导致受害者死亡，另外一些人说袭击只是让受害者受了伤。第三，故事中出现的俄罗斯人是典型的那种外表斯文、内心粗鲁的形象。第四，诚然，读者未必都在南极基地工作过，但是听到遭到冰斧袭击后的第一反映就是，他们玩的到底是什么棋类游戏？

　　笔者承认，初次读到这则故事的时候，我们相信故事是真实的。但是，我们寻找第一手资料时，却找到了一段对话，这段对话虽然也是与用冰斧袭击别人有关，但是却没有提及姓名。笔者询问了一位俄罗斯朋友，看看是否能找到俄语版的原版故事，在他的回信中，说这个故事只有英语版的，没有俄语版的。

　　让人意想不到的是，当笔者给国家科学基金会的弗拉德米尔·帕皮塔斯维利（Vladimir Papitashvili）博士发邮件时，我们收到了博士的回信。回信的内容十分详细。下面是回信的节选：

　　　　我认为，你提及的这则故事并不是真实故事。从 20世纪 70 年代开始，我就和苏联南极探险队一起工作……我初次到访东方站是在 1983 年。从 1957 年开始至今，东方站唯一的一次死亡记录就是，一个技术工人在 1982

年发电站失火中死亡……

这样也并不能说明这个故事就一定是虚构的。可是，如果真的有人用冰斧砍伤人，并且从此再也不许玩棋类游戏了，那么一个长年与苏联南极科学家待在科考基地的人怎么会不知道这些事呢？

需要明确的一点是，读了足够多关于南极的文献之后会发现，有些故事记录得十分具体。例如，红葡萄酒杀人事件，或者那时有两个俄罗斯人真的出现了非常严重的口角，但是并未涉及棋类游戏。

关于葡萄酒杀人事件

这是马里奥·埃斯卡米利亚（Mario Escamilla）和"骗子"的故事。埃斯卡米利亚与唐纳德·莱维特（Donald Leavitt，就是"骗子"）被困在北极科考基地一个多月。骗子的人品极差。其实，骗子就是那种做了坏事还理直气壮的那种人。1970年7月16日，埃斯卡米利亚的室友告诉他，唐纳德偷了他的酒。埃斯卡米利亚拿起枪，去找唐纳德对峙。结果，他发现唐纳德正在与基地管理人本尼·莱特西（Bennie Lightsey）喝鸡尾酒，这种酒是由乙醇、葡萄汁和葡萄酒调和而成的。最后，莱特西和埃斯卡米利亚就唐纳德偷盗他人酒的行为产生了激烈的口角。在这个过程中，枪走火了，无意之中杀死了莱特西。

这些案件在法律界不胫而走，因为律师们对于一个问题争论不休，那就是北冰洋上漂浮的冰盖上的科研基地到底属于哪个国家的管辖范围。这个案件最终在美国进行审判，埃斯卡米利亚被判有罪。

此后的杀人案件

2018年，在北极别林斯高晋站（Bellingshausen Station），一名俄罗斯科学家在另一名科学家的胸膛刺了几刀。俄罗斯人的身体素质极好，人们用飞机将被刺伤的人紧急送往智利进行治疗，最后他活了下来。

或许，读者在新闻中听过这个故事。故事最初的版本有一些奇怪的细节，称谢尔盖·萨维茨基（Sergei Savitsky）将奥列格·别古佐夫（Oleg

Beloguzov）刺伤的原因是别古佐夫一直剧透萨维茨基所读的那本书的结局。这个故事让我们又一次见证了某些俄罗斯人的外表斯文、内心粗鲁。

后来，这个故事逐渐演变，剧透的细节变成了别古佐夫在基地长期羞辱萨维茨基。有一天，别古佐夫让萨维茨基在桌子上跳舞，并告诉他这样会得到钱。萨维茨基忍无可忍，突然将匕首插进了别古佐夫的胸膛。

那么，科学基地有没有禁止和别人开玩笑，让别人在桌子上跳舞这种禁令呢？并没有。让人更加匪夷所思的是，萨维茨基似乎在行凶之后忽然意识到自己反应过度了，因此他十分愧疚。他承认了自己的所作所为，在无人监督的情况下乘飞机回了家，然后自己在家中软禁。他被判处激情杀人，甘愿接受惩罚。他最后得到了别古佐夫的原谅。由于萨维茨基之前没有前科，又决心悔改，最终别古佐夫放弃了对他的指控。

在太空中，或许也会发生类似的事情，我们先不去猜测太空定居者应作何反应。可是，我们认为，如果想在未来实施长期的定居计划，那么一定要做好万全的准备。读者可以思考一下，这起在地球上发生的杀人事件涉及哪些方面——交通运输体系、法律体系、监狱制度和医院。所以，如果此类事件在太空定居地发生，还会有这么完美的结局吗？

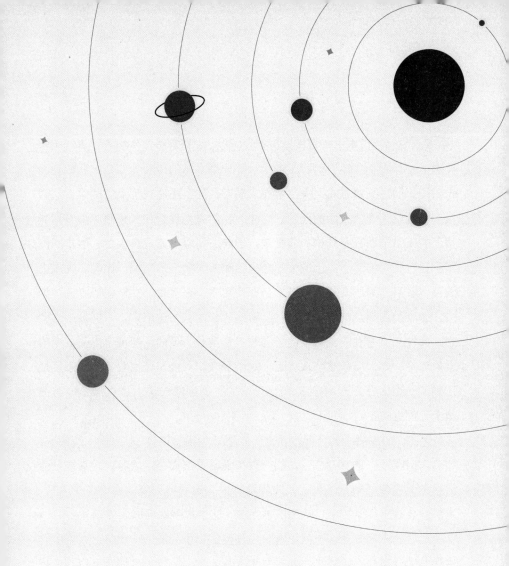

第六部分

是否进行备用计划

太空社会、太空扩展和生存危机

到现在为止,本书一直谈及可行性问题。太空定居在生物学上可行吗? 技术上可行吗? 法律上可行吗? 第六部分是本书的最后一部分,我们只能先假设,通过某些方式,太空定居实现了,甚至还建立了太空国家,这样我们才能讨论人口层面的问题。首先,我们先来看看在大家眼中最有可能实现的太空早期社会结构:公司城。形成公司城的方式有很多,但本书侧重于通过研究地球历史上的公司城来预测未来太空的情况。比如,火星上的公司城当然需要太空探索技术公司来建立。在笔者与太空爱好者的访谈中,这个话题提及的频率最高。一看到"公司城"这个词,可能很多人会想到那种长着卷卷的长胡子的、邪恶的资本家。虽然可能每个人头脑中的形象都不一样,但是这个人肯定不是个好人。对公司城抱着谨慎的态度是正确的,因为在距离地球 2.25 亿千米的、遥远的火星上建立一个经济体是十分危险的。

第二,如果最后的目标是建立一个不受地球控制的、独立的太空国家,那么人口问题也需要考虑。我们一直在强调要把太空定居做大,本部分会讨论做大所须具备的条件。从生物学上讲,定居地到底能容纳多少人口,本部分会给出具体数字。从经济学上讲,这个数字就不那么确定了。

最后,本部分会再次回到前言中谈及的那个问题——战争。太空中发生战争的概率是否比较小? 如果发生战争的概率比较大,那么太空是不是就更加凶险了? 如果进行标准的战争理论分析,而不讨论当下流行的战争起源理论,那么就会发现,人类在太空中的行为与在其他地方的行为无异,所以在太空中依然会发生战争。如果太空战争因此变得更加凶险,那么会是个大麻烦。

第十七章 火星上没有劳动力储备

外太空中的公司城

当埃隆·马斯克宣布在得克萨斯州南部建立"星舰基地"(Starbase)这座城市的时候，媒体上很多文章纷纷写道，这个基地有可能会变成"公司城"。对于很多人来说，这让他们毛骨悚然，因为公司城基本上就是虐待工人的代名词。但是，在能建造"星舰基地"这样的大型公司中，发生剥削的概率是很低的。而且，传统的剥削工人的公司城一般建在杳无人烟的地区，但是"星舰基地"却离得克萨斯州的布朗斯维尔市(Brownsville)只有20分钟的车程。布朗斯维尔市有18万人口，拥有至少3个星巴克咖啡厅。"星舰基地"的工人无须住在公司宿舍，也无须在基地的商店中购买生活所需。工人们除了基地的工作，还能在当地寻找另外一份工作。他们还能拥有相对宽松的业余时间，离开基地，寻找条件更好的工作。尽管"星舰基地"可能在形式上类似于"公司城"，即从某种意义上讲，几乎所有在这个城市中生活的人都会受到一个公司的雇佣，但发生公司剥削员工这种情况的概率极低。

在太空中建立公司城，上述细节至关重要。事实上，公司城并非一个邪恶的地方——一般来讲，公司城就是一个坐落于矿区或者林区周围的、名不见经传的小镇。工人们偶尔也会十分乐于接受公司的管理。有时，公司企图对工人施加压力，还会遭到当地人的抗议。不过，历史上确实存在一些反面的案例。在臭名昭著的"布莱尔山战役"(Battle of Blair Mountain)中，工人们进行反抗，结果却遭遇了飞机在平民区投放炸弹的惨痛经历。

那么，建立太空公司城的危险不言而喻。公司城的大部分权力掌握在公司的手里，员工是弱势群体。如果公司让员工在杳无人烟的地方进行采矿作业，那么就必须为员工提供全套的服务：住宿、洗浴、商店，甚至是教堂或医院。这样做并非善举——这是公司必须为员工提供的基础设施。然而，当员工想要罢工，甚至只是希望和公司谈判的时候，就不得不和公司领导商量。因为领导不光是领导，还充当着房主、市政、医疗服务提供者等角色。

公司城的最基本的架构决定了公司领导和员工之间权力分配严重失衡，就算说公司领导不是恶人也没有人信。如果他们真的是恶人，那事情就真的让人胆战心惊了。不管阿巴拉契亚煤炭小镇环境有多么恶劣，总还有一列火车让工人可以有选择离开的自由。但是，在火星定居地，要想实现自由，简直难上加难。火星上的公司领导会比在地球上掌握更多的权力——他们可以掌控住宿、饮食，甚至是整个生物圈。

如果想要在太空中建立公司城，那就必须避免员工和公司管理之间的对立，让一个默默无闻的小镇逐渐发展壮大，最后从一个公司转型成一个城市（理想情况下，不要出现向平民区投放炸弹的惨状）。事实证明，公司城可以做出一些选择，让情况良性发展，但也有一些情况无法避免，甚至会非常糟糕，因此需要提前做好准备。

什么是公司城

从太空定居的角度去分析，公司城的主要雇主是一家独立公司。典型案例就是类似于加拿大纽芬兰森林中的科纳布鲁克市（Corner Brook），该城市于 20 世纪初建立。那为什么在地球上如此寒冷的地方从零开始建立一个新的城市呢？那是因为这个地区木材丰富，水力发电价格低廉。可是，天气寒冷也注定不会有充足的劳动力。为了让工人前来务工，这个小镇里有其他小镇都有的基础设施。实际上，还有一些与科纳布鲁克市类似的小镇，用于开采铜矿或者石油。如果建立太空公司城，那么就必须存在有价值的矿藏。如果没有矿藏，那就只能发展太空旅游业、传媒业和科研行业了。

另外，并非所有公司城都属于私有企业。苏联建造了"单一城镇"（Monotowns）。单一城镇与科纳布鲁克市类似，都坐落于自然资源丰富的区域。但是，有一个区别，那就是单一城镇也有其政治意义。如果太空定居说到底就是各国政府的相互示威，那么苏联的这些单一城镇就有了现实意义。斯大林创建这些城镇的部分原因是，他相信城市会愈发拥挤，走下坡路。他希望城市居民能将城市文化带入乡村。他也希望，如果苏联受到德国攻击，那么苏联的工业中心可以向东转移。事实证明，此举十分成功。虽然在斯大林时代，单一城镇的居民一般是古拉格监狱的犯人，但在20世纪60年代，经过改革之后，这些单一城镇经历了与公司城同样的过程——提供住房和其他福利条件来吸引工人前来务工。这些城镇中最典型的就是克拉斯诺卡缅斯克（Krasnokamensk）。克拉斯诺卡缅斯克与科纳布鲁克市也十分类似，它建立在一个环境条件严酷的地方——当地的牧民将其称为"死亡之谷"。那为什么在死亡之谷建立一座城镇呢？因为这里有珍贵的铀矿。

除此之外，还有一种公司城条件优越。与上述公司城相比，简直可以称为乌托邦。诸如位于美国宾夕法尼亚州的赫尔希镇（Hershey）、华盛顿州的普尔曼镇（Pullman）和位于巴西的"福特之城"（Fordlandia），这三个城镇分别以赫尔希（好时巧克力公司的创始人）、普尔曼（一位实业家）和福特（福特汽车公司的创始人）的名字命名。这些城镇既能赢得企业效益，又能充分发挥城市的角色。但是，这样成功的公司城来之不易。普尔曼镇和"福特之城"都经历过激烈的工人罢工，但这些工人的反抗以失败告终。赫尔希镇也有自己的问题。比如，在赫尔希镇发生了历史上唯一的一次挤奶工人反抗巧克力制造公司的斗争。不过，现在赫尔希镇已经成为了一座普通的小镇，小镇上糖果随处可见，这里还有一个非常漂亮的主题公园。

这些小镇之所以如此成功，那是因为这些小镇的建造者对待其员工的方式不一样。比如，亨利·福特（Henry Ford）创立小镇初期，对待员工的态度类似于"大家长"。工厂设有"社会学部"，这个部门用来监督员工，避免出现酗酒或通奸等不良行为。他们还会举行仪式。在仪式上，移民工人会穿上自己国家的服装上台，走入舞台上的一个"大熔炉"。走出熔炉时，变换成了美国的服装。纵观公司城的历史，这样优秀的案例大多源于小镇的建造者拥有的非常有趣的人格特质。这些成功的案例对太空定居都具有现实意义，因为正在进行太空定居计划的这些企业家都有着独特的个人特质和乌托邦式的社会理想。

任何一个太空定居的设计计划都会牵扯一个有趣的问题，那就是社会工程学。前文提及过通过机器实现人类和谐相处的诸多建议。笔者认为，这些建议并不能让人类和谐相处。但是，这些建议也有各自的道理。太空定居地就是残酷的现实世界中的脆弱的泡沫。定居地的人口越多，出现危险的概率越大。有的读者可能认为，设立"社会学部"就是20世纪早期公司专制的体现，而通过提高企业效率来改善社会表现会带来多种形式的回报。

然而，所谓的那些"传统的"公司城面临的问题已经过时了，这些问题与权力的分配及产生如此分配的原因有很大关系。

太空公司城的员工服务和饮食

太空公司城的重中之重就是避免出现操控住房的现象。按照常识来讲，人们通常会认为，操控住房是屡见不鲜的管理手段，但从现有数据和人们口耳相传的故事来看，很多公司似乎根本不愿意提供住房。普莱斯·菲希拜克（Price Fishback）在《软煤：艰难的抉择》（*Soft Coal, Hard Choices*）

一书中对 20 世纪初的阿帕拉契亚煤炭小镇进行了经济学分析。普莱斯发现，那些能让第三方房地产商提供住房的企业通常都会为员工解决住房需求。如此一来，我们很难相信公司会利用住房来操控员工。

　　理论上讲，有诸多原因可以解释公司为什么要建造住房并向工人租赁。假设埃隆·马斯克正在建设太空城。马斯克咨询了离他最近的太空城。然后，他决定，为了避免出现权利分配不均或类似的问题，他会为员工解决住房问题。他开始找建筑商，可是马上就遇到了一个难题：基本上没有建筑公司能在火星上进行施工。假设这时只有一家建筑公司愿意在火星上建造房屋。

　　实际上，这时马斯克就可以进行行业垄断了。他可以坐地起价，提高住房价格，或者降低住房品质。当然，这么做也会让他失去很多想要前来务工的工人。现在，马斯克能做的只有提高工人工资，这会让公司的运营成本增加。可是，无论如何，建筑公司都会赚得盆满钵满。

如果马斯克想要避免上述情况，那就必须找到更多的建筑公司，这样建筑公司之间也会有竞争。如果找不到那么多建筑公司（位于偏远地区的公司城经常会涉及此问题），那么解决问题的唯一途径只有公司自己动手建造房屋。自己建造是可以的，但又会出现新的问题：马斯克必须在经营核心业务的同时，解决员工住宿问题。所有的一切都证明，马斯克并非是渴望权力的恶人——他只希望吸引工人到这个没有建筑公司愿意施工的地方工作。

纵观公司城历史，让人担心的其实是租赁协议，在协议中通常会把住宿和员工的就业联系在一起。其实，与员工签订租赁协议也是雇主在雇佣工人的时候不得已而为之的事情。矿区的工人是流动的，资源也是有限的。只要矿区的资源不再让雇主盈利，工人和矿区就都会不复存在。这也让获得房屋所有权失去了吸引力。原因有两个。首先，如果15年后铜矿不再盈利，那么公司城将会倒闭。买矿区的房子就是个失败的投资。其次，人在哪里安家，就会在哪里落地生根。如果强制搬迁，通常也会让工人成为受害者，到时还要和公司进行谈判。

问题在于，一旦工人的住房和工作产生了联系，遭受虐待的可能性就会变大——尤其在罢工的时候，更是如此。租赁协议通常与雇佣关系相联。这样一来，罢工或产生肢体冲突而受伤就会意味着失去住房。只要老板提供住房，他对工人及其家庭就会产生威胁。实际上，历史上曾出现过将带孩子的家庭强行驱逐出公司提供住房的经历。如果工人拥有自己的住房或者签订对自己更有利的租赁协议，那么对公司又不公平。工人会罢工，要求加薪、提高工作环境，并强行霸占公司住房，让雇主失去招聘新员工的主动权。

有人会认为，这样的问题只会在资本主义社会出现，可当时苏联的单一城镇也出现了类似的住房问题。工人想要公司城提高住房质量。可是，如果工人失业了，就必须离开公司城，就近返回当地的住宅区，而当地住宅区的条件更加恶劣。一位作者写道："因此，住房成为提高员工优秀率的方法……"这表明住房有推动人力资源结构深层变化的力量。也就是说，只要老板提供给工人住房，他就有可能会在将来的某个时候利用住房来挟制你。

在太空中，公司就无法随意将工人从住房驱逐出来了。因为那样会要了他们的命，或者得花高昂的价格送他们回地球。火星的逃逸速度很大，就算公司能够承担高额的费用，回到地球的可能性也极小。在与太空定居爱好者进行讨论的时候，很多人都认为，住房问题就是一个非此即彼的问题——"如果你不能要了工人的命，那就得好好对待他们。"事实上，就算公司发坏，也会有个度。假如火星上有公司城，那么这个公司城的领导可以提供劣质饮食，减少住房面积，限制提供水资源，停止药物供应。他们还能调整大气环境。曾有一艘英国潜艇的工作人员描述，他们会根据潜艇中人员的精神状态来调整空气中氧气和二氧化碳的比例。定居地的居民是公司花了天价送入太空的，激怒这些员工到底是否值得，这个问题很难说。

公司必须提供福利才能吸引员工前来就业，可公司就会因此获得支配工人的巨大权力。这个完整的逻辑也适用于太空。为了吸引技艺高超的工人，公司必须提供住房，因为这些人或许已经组建家庭。可是，除了住房外，公司还必须提供其他的基础设施——商店、娱乐场所、节日庆典、医院、道桥管理、市政规划、学校教育、寺庙教堂。如果公司控制了商店，就控制了商品价格。如果控制了娱乐场所和宗教场所，就控制了工人的舆论和行为。如果控制了学校，就控制了学生学习的内容。如果控制了医院，就控制了人们的医疗保障。

即使公司不控制员工生活，或许还是会有员工抱怨。这大体上是因为每个人都不希望自己生活的方方面面都受到一个个体的控制。菲希拜克认为，公司城并非像大家想象的那么不堪。在他的论证过程中，他提及了一个名词：泛对手效应。你可以想象有一个群体，这个群体曾经在你的成年生活的某一个节点出现并激怒过你。你会想到哪个群体？房主？房屋维修公司？当地的商店？煤气、水、电公司？业主协会？当地政府？还是医院？当然，很有可能当你读到这里的时候，你正好在和这些群体中的一个在置气。但是，假设现在所有这些让你发怒的人都变成了一个人，而这个人恰好还是你的老板，会怎么样？

在太空中的情况通常会比地球上更糟糕：基础设施公司的存在不仅仅为了保持卫生间的洁净，还会决定人们呼吸的空气中二氧化碳的含量和出入公司城的交通。就算公司并没有控制工人的想法，想要保持良好的雇主和雇员的关系也是不容易的。即便在大家和平相处的时候，也是如此。

更何况，大家并非总是和平相处。

当公司城出现麻烦时

建立工会

1921 年 9 月 3 日，西弗吉尼亚州发生了一起煤矿罢工，这次罢工愈演愈烈，美联社发布了如下的新闻简报：

联合矿区工人辖区主席称，从堪萨斯州的洛根县飞来的五架飞机在矿工居住区投放了用煤气管道和烈性炸药制成的炸弹，但并无人员伤亡。辖区主席称，其中一颗炸弹落在两位妇女附近，当时她们正站在院子里，但是这颗炸弹并未爆炸。

"并未爆炸"确实比爆炸了要好。可是，是否爆炸不是关键，觉得炸弹没爆炸就没关系才是关键。

大部分的罢工并不会演变成战争的暴行。但是，将这次工人罢工称为 20 世纪早期美国发生的"煤炭战争"，实在是恰如其分。这次事件的发生与工会的建立有很大关系。

从经济学的角度来看，发生的一切理所当然。从公司的角度来讲，建立工会的背后隐藏着巨大的未知数。之前公司层面直接可以做决策，但有了工会，就需要经过工会的讨论，其中可能会遇到阻碍。由于经济衰退，公司不能调整工资，也不能让工人下岗。相比之下，没有工会，公司会更具有企业竞争力。既然工会存在，公司就不得不重新与每一个员工协商并修改聘用合同。

无论工会对太空定居是否有益，无论工人和雇主间的冲突多么危险、多么耗资巨大，有一个由工人组成的机构来维护自身利益对于太空定居是个不错的选择，哪怕单纯为了避险也是可以的。工会也可以通过让工人共同维护自身权益的方式来减少权力分配不均的现象。然而，如果太空定居的主要投资人有朝一日成为太空公司城的老板，那么成立工会就很难成为现实——因为埃隆·马斯克和杰夫·贝索斯在各自公司出任首席执行官期间并未设立工会。

经济危机

还有一个大问题。一般来讲，公司城主要以单一资源为依托，面对经济的不确定性，公司城十分脆弱。一些学者已经意识到，如果公司城收益丰厚，那么就不容易出现雇员和雇主间的紧张关系。其实，煤炭小镇发生的冲突时，正值 20 世纪煤炭价格严重下跌。煤炭价格下跌、经济大环境不景气，这就意味着公司需要与员工重新协商聘用合同，因为公司也在为自己的生存而担忧。如此一来，情况才变得如此糟糕。

假设未来马斯克城获利的来源是旅游业，而苹果公司在马斯克城不远处开设了一个更棒的火星度假村。或者，地球上出现经济大萧条，无法进行昂贵的太空度假，那马斯克城的收益肯定会受到影响。那么太空公司城的首席执行官会作何反应呢？在地球的公司城里，如果出现经济大萧条，有一种结果就是直接将公司城关闭。这个决策并不让人开心，可至少还会有一列火车载着工人离开，或者工人可以搭乘其他人的车离开公司城。而火星的发射窗口两年只有一次[1]。就算从月球上发射火箭,也需要发射至 38 万千米的高度,这个费用也不是一笔小数目了。

最大的火箭也只能容纳 100 人,可即便这样的火箭也还在设计阶段。太空定居地就算只有一万人,考虑到有可能出现清空太空公司城的情况,也需要大量火箭才能进行人员的运输。假设成功建立了太空公司城,我们也不清楚,那些在月球或火星上出生和成长起来的人是否能从心理上接受重返地球这件事。这个问题很有意思。

综上所述,从道义上讲,谁建立太空城,谁就要负极大的责任,太空城需要拥有雄厚的资金、充足的供给和便利的交通。当然,这些都是在紧急时刻救援工人和清空太空城必须具备的条件。除此之外,必须提前进行科学研究,确定是否具备将引力小于地球的、火星上生活的人类带回地球的条件。

历史上存在政府主动向公司城提供支持的先例。如今,苏联建造的一部分单一城镇都得到了俄罗斯政府的经济援助。然而,值得注意的一点是,为俄罗斯的一个小城镇进行生命补给要比为大型火箭舰队提供生命和交通补给便宜多了。

如果公司城没有想象的那么不好

名声很重要

当笔者和经济学家谈及在太空中建立公司城时,他们大部分人都提到,建立公司城的最佳方法就是提高声誉。或许,第一个火星定居地会吸引一批这样的员工,他们高声喊道:"火星!离开家,去火星!"但如果希望工

---

1 一些细心的读者会注意到,火星上的情况有一点复杂。由于能源和资金损耗巨大,因此火星的发射窗口缩短了。当然,假如遇到高难度技术问题或者因发射地点、时间错误而出现暴风雨,也会错过这个发射窗口。

人自愿去火星工作，那么工人们就必须确信自己会得到公司最好的待遇。笔者认为，想让公司形成良好的声誉，就必须切切实实地善待工人。不过善待工人也有几种不同的方式。

美国有很多著名的公司城，其中一个就是田纳西州橡木岭。最初，美国政府利用橡木岭秘密提纯铀，制造核武器。橡木岭有一个告示牌，牌子上写着如下的禁令。

在理想状态下，这种禁令是不会在太空公司城中出现的。但是，公司城也会有自己的选择。未来的火星定居地的卫星数量可能会比较少，各国和各公司只能减少信息流动。为了避免出现将火星定居地的成功与某个国家在地球上的威望相联，可能建立定居地的人也不希望将定居地的信息泄露出去。

当法律倾向于工人

政府更倾向于保护工人的劳动者权益。可是，一些分析家发现，在太空中，劳动者的权益一定会比在地球受到更好的保护。建立太空公司城，需要思考一个有趣的问题：火星人上的人到底会面临何种法律体系的约束？在现行太空法的规定之下，太空劳动法将会由地球上的某个国家确立。如果想要公司城稳定，那么就需要强有力的劳动法。可是，前文中曾提及，现行的国际法允许方便旗船出现，这个方法也可以用在太空活动中。一个公司的首席执行官为了将利益最大化，可能会选择从劳动法不完备的国家发射火箭。

如果成功建立了独立的太空国家，那么劳动法将会由定居地的居民来确立。这样建立太空劳动法的方式有可能会对月球或火星定居地文化产生深远的影响。国际财团建立的太空国家或许与进行太空采矿的公司建立的太空国家迥然不同。

定居地经济学：远离地球，生存困难

我们如此全面地分析公司城的优劣，是因为公司城似乎是最有可能实现的太空定居方式。当然，也是因为太空爱好者们经常会提起公司城。人们对公司城的研究十分深入，未来建立太空公司城时，能提供实际的建议。可是，笔者想在这里强调一点：将地球上的经济模型运用于太空公司城是行不通的。以上讨论的所有问题的决定性因素是"劳动力流动"，即雇员自由选择雇主的能力。如果工人能拥有更换工作的自由，那么他们不仅可以获得新工作带来的利益，而且还能更平等地与现任老板谈条件。在地球上，虽然劳动力流动会根据工人的居住地点发生变化，但是极少数情况下会出现零流动的现象。

而在火星上，工人想要寻找的下一任老板可能远在另一个星球上。即便下一任老板就在火星上，发生劳动力流动的概率也是极小的。

假设马斯克城与其他太空城进行咨询，决定邀请其他四个公司在火星上建立太空城，因为马斯克认为，劳动力流动性更大，员工的幸福指数更高。当然，不听话的员工，他也可以裁员，让他们去祸害别的公司。这或许比劳动力零流动要强，可是也没有好太多。

在地球上，如果你辞掉一家快餐公司的工作，去亚马逊公司的仓库工作，那么你无须担心亚马逊是否会提供充足的空气和食物。在太空中，除非公司提供充足的食物和空气并提供个人清洁条件，否则公司不能聘用任何人。实际上，定居地的选址需要考虑周边人口数量。

所以，星舰基地的情况就在情理之中了——基地周边有一座大城市，城市有大量人口。星舰基地的工人有离开基地的自由，很多工人在工作几年之后技艺提升了，就可以选择去别的地方谋生。就算在煤炭小镇，也会有火车定期发车。工人想离开，随时都可以离开。在太空中，除非交通便利，当地居住条件十分发达，否则想实现地球公司城的环境条件是不可能的。当然，在太空中，就算工人们想换工作，可供选择的工作并不多，这一点雇主也非常清楚。

好在公司应该不会希望让自己的雇员感到不满，因为雇佣员工的费用不菲。如果每天单单雇佣工人的费用就是几百万美元，那么工人罢工将会是要求和公司进行谈判的、最行之有效的方式。另外，纵观公司城的历史，一般公司城给予高级技工的待遇都会高于普通蓝领工人。这看似是件好事，但并非如此。事实证明，早期太空定居者中的精英会得到更好的待遇，可这样并非代表雇员和雇主关系和谐，而是两者在相互制约的前提下达成的一种协议而已。

或许，我们认为，讨论太空定居地的员工住房的房租或者商店的罐装食品的价格高低是完全没有必要的。但是，住房和生活用品就是普通人生活的一部分。很多太空定居计划都忽略了这个事实，认为太空定居者会着眼于手头的任务，永远都将目光放在定居地的宏伟建设上。我们永远不能忘记，这些定居者就是普通人，而普通人的日常关切就是房价、物价和就业，不是什么宏伟蓝图。

最终，我们无法说清太空公司城或者太空中的任何一个经济结构的结局会是怎样的。笔者也很难去界定太空中哪种企业管理的方式值得尊崇，哪种方式不适合。但是，这些管理方式的细节决定了一切。对于一个大型的火星定居地来说，可能会具备多个公司，每个公司都能提供充足的生命补给，雇佣新员工，并且定居地拥有发达的运输系统，能运载不想在此处谋生的人离开。这样的火星定居地的管理方式和小型定居地的管理方式是不同的。这样的定居地拥有经济多样性，可以抵御经济衰退。它可以提供一定程度上的经济流动性，这意味着工人能与公司老板有更大的谈判空间，或者说能和当地的商店讨价还价。

没有上述的保证，工人的处境就会很艰难，定居地也很难维系下去。当然，对于地球上的我们来说，这样也是没有任何好处的。我们之前曾担心，未来技术飞速发展，各国发展航天事业越来越容易，而我们又希望我们的子孙遵循"物竞天择、适者生存"的自然规律，这两者是相违背的。任何拥有这种发射能力的国家都可以称为地球上的核武器大国。这也引发了对于太空定居早期的太空治理体系问题的担忧。如果由一家公司管理太空定居地，那么很有可能会发生权力滥用或者定居地自治等问题。如此一来，定居地将会对每个人产生长期的危害。如果我们想要定居太空，想要建立太空经济架构，依然需要耐心等待，等待有一天我们可以从头建立这个太空社会。到那时，我们的地球社会极度发达，在太空中也能轻易地建立起和地球类似的经济结构。到那个时候，再行动也不迟。

阿斯特丽德国现在拥有 4 家百货店、2 家医院、5 家建筑公司和 8426 家星巴克咖啡店。是不是很棒？

第十八章 多大才算大？

不会出现遗传和经济灾难的备用定居计划

在引言中，本书曾提及，太空定居无法解决地球上出现的任何短期问题。然而，如果着眼于长远，太空或许可以成为人类的第二个选择——一个没有地球也能生存下去的选择。可是，没有地球上的贸易与移民，太空社会能长久吗？

当谈及太空定居地独立的可能性时，会涉及两个问题：一，太空定居地需要多少人口才能避免近亲生育；二，太空定居地需要多少人口才能让定居地一直过上没有地球援助的高科技生活？本章将涉及很多细节。但是，说到底，还是得需要大量人口才行。

如何避免近亲通婚和近亲生育

《圣经》传说，人类的祖先亚当和夏娃相爱并生下了孩子。可是，事实上，只是有一男一女是远远不够的，因为这样可能遇到近亲通婚的问题。近亲通婚在艺术作品中屡见不鲜，但在现实中却十分尴尬。那么，到底需要多少人才能避免这种尴尬的情况出现呢？

这个问题可不好回答。有专家进行了两个领域的研究。第一个领域就是保护生物学，这是一门拯救濒危动物的科学；第二个领域，我们称之为"方舟学"，这是一门研究运载多代人的星际飞船的学科。

可持续增长的情况——学习保护生物学的收获

假设在太空中人类的生育没有遇到任何问题，从人口的角度会遇到三个问题：多样性、数量和移民。

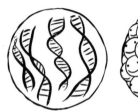

从多样性和数量的角度来说，存在一个标准，称为"有效群体大小"。我们经常提及的人口的概念强调的是总人数，而"有效人口"却不是。下面举例说明。

假设现在在月球上建立定居地。为了给定居地找足够多的居民，你联系了大学学生会的好兄弟，很快你就招收了 10 万名正值生育年龄的男青年。然后，当你把这些人送往沙克尔顿环形山附近，而一个生物学家告诉你，你找来的这些男青年的有效群体大小为零。这些男孩在月球的"生物圈 3 号"中尽情享乐，但是他们却无法进行生育。因为，只有男人，没有女人无法生育。实际人口：10 万，有效群体大小：0 万。

即便找到的人适合生育，男女数量均衡，依然会面临很多问题。其中一个问题就是多样性。假如犯了上次的错误之后，你想要重新找人。这次送人上火星。为了找到合适的人选，你使出浑身解数。你想要先找到一位合适的男性和一位合适的女性，然后利用基因克隆技术把这两个人的基因混合，总共得到 10 万个不同的基因。这时，有效群体大小就取决于计算方法。但是，我们至少能说，这次比上次找 10 万个男青年要强多了。你还成功地混合了基因。不过，问题在于基因库的基因数量太少了。这 10

万个基因中除了原来的这一男一女外，剩下的基因相似，可以看作兄弟姐妹。缺少基因的多样性对后代健康会产生非常大的威胁，尤其在进行基因克隆时，如果有基因遗传疾病的话，就更危险了。所以，这次有效群体大小依然要远远小于总人口数。

这些例子都愚蠢至极，但只是要让读者明白：如果希望火星人口可持续，那么可能在刚开始就需要大量人口，而且需要考虑基因多样性的问题。从长远来看，最好的选择就是从地球上源源不断地输入新的基因。只要你保持与地球的联系，鼓励地球上的人类来定居地，在太空中近亲生育的概率就会与在地球上相差无几。

然而，对于很多太空爱好者来说，太空定居的目标就是要在地球毁灭后让人类生存下来。所以，从地球获得基因多样性这个方法从理论上是可能的，但实际上并不容易。

备用定居计划所需人口

如果目标是要找到不是近亲生育、又具有基因多样性的一群人，那么需要保护生物学家所提及的"最小可生存种群"（minimum viable population）。一般来讲，如果人类只剩下了一男一女，那人类真的会灭亡。这对男女可能会生下很多的孩子，但是如果想让人类继续繁衍，那么不可避免的会遇到近亲生育的问题，这对人类的健康和生殖力都是一种损害。

所以，"最小可生存种群"到底是多少？我们也不清楚。人类历史上还未曾遇到人口数量"太少"的问题。有时，关于太空定居的书中称，人类的最小可生存种群是 500 人，这个数字是保护生物学中的经验之谈。但是，在真实的太空定居地中，这个数字可能就不准确了。为什么会这么说呢？这是一小批方舟学家花费了数十年时间来研究得出的答案。

在 20 世纪 90 年代，一些早期的研究似乎证明，仅需 80 到 150 个人就可以让人类持续繁衍，这一论断基于人类学的研究。种族部落的人口一般都很少，而且这些部落里的人很多都是近亲。如果这些部落能够以极少的人口繁衍上千年，那么证明在太空中也能效仿此方法，让人类持续繁衍。

不幸的是，对于那些认为少量人口就可以持续繁衍的太空爱好者来说，下面的分析可能会让他们失望，因为上面的这个论证并不正确。虽然世界上确实存在人口数量很少的种族部落，但他们依然可以避免近亲生育。前工业时代的文明产生很多小部落，这些部落一直在通过和附近的其他部落联姻的方式来保持交流。这样一来，就产生了一个总人口数以千计的、庞大的种群。

每一个圈都代表一个单一的种群

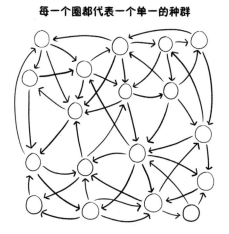

其次，一些高级的电脑模型得出的结论是需要更多的人口。当然，这些模型得到的结果也不一样。想象一下，太空中危险重重，这个数字大一些是理所当然的。比如，太空人类学知名学者卡梅隆·史密斯就对此做出了合理的猜测。他认为，进行太空定居，至少会出现一次大灾难。14世纪出现过黑死病，当时欧洲近30%的人都病死了。考虑到可能会出现大的流行性疾病，史密斯将模型中加入了因病致死，或者因太空飞船内撞击或者战争死去的那30%的人口数。根据这个模型的计算，他认为，如果计划在太空定居中繁衍5代人，需要的有效群体是1万人，这就意味着，实际总人口需要3万人。其他的模型得到的数字相对较少，有很多模型得到的数字只有几千人。这两种结果相差甚远。不过，值得注意的是，不同模型得到的结果不同，主要的原因是这些模型对人类需求的预测不同。可是，从总体上讲，如果想要避免地球的人口输入来补充基因多样性，那么最小可生存种群少则几千，多则几万。

技术补救

或许，我们无法实现太空定居，只会让事情变得更加奇怪。有一个想法，是使用冻干的精子和卵子，甚至冻干受精卵来繁衍人类。如果能只把人类繁衍生息的核心部分带去太空定居地，那为什么要将整个人送上太空呢？冻干配子体型小、重量轻，可轻而易举地储存数量庞大的有效群体。最新的研究记录中，人类将老鼠的冻干精液运往国际空间站。在三年后，冻干精液为卵子受精，成功地孕育了老鼠宝宝，可这些用冻干配子孕育的老鼠宝宝比正常孕育出生的老鼠寿命要短。虽然如此，这些老鼠还是继续繁衍，在地球上生下了下一代，下一代又生出了下一代，完全没有任何问题。冻干精液似乎成为备用的移民群体，只不过这些人进入种群的方式十分特殊。

另一项技术就是人造子宫，这项技术与冻干配子的技术完美契合。胚胎可以免遭辐射，而且人造子宫孕育人体的时间与正常母体孕育的时间一样。如果利用机器人照顾小婴儿，那么人类繁衍完全不需要人类本身的参与。

即便如此，人类身体的生育权完全被智能电脑程序所取代的这种方式在"遗产"模型中曾经得到过研究，该模型主要研究星际太空航行的飞船上的理想人口数量。需要澄清的一点是，这些模型的设计者并没有得出理想人口数量——只是得出了最小人口数。他们发现，若想让人类繁衍上千年，最开始的人口数量只需要 98 人。这个数字与 20 世纪 90 年代早期乐观估计的数据相持平。但是，这里会遇到一个小问题：配对选择是电脑程序做出的，电脑可以利用复杂的算法保持基因的多样性。电脑程序还决定一些其他的因素，比如女人生育孩子的数量。在人口过少的时候增加生育数量，在人口过剩的时候减少生育数量。诚然，遵循电脑程序的安排或许比人类自行做出抉择要更科学，但人们可能不会按照电脑程序的安排爱上某个人。

以技术为基础的方式成为太空中人类繁衍的方式，而笔者担心，即便这些方式有效，只要在太空中施行，就可能会面对很多反对意见。类似精子库和基因检测这样有助于生育计划的工具之所以在地球上受欢迎，是因为这些工具可以让我们的选择更自由、更多样。可是，如果使用这些工具成为每个人的义务呢？或许，第一代定居者会主动放弃生育权，这无伤大雅。但是，如果所有人或者第二代定居者也想要放弃生育权会怎么办？符合人类道义的太空定居不应该让生育成为定居群体需要履行的义务。这时，我们仍然是只能慢慢等待，等待问题解决的那一天。不要让人类生育成为机器人的工作。到那时，可以送一大批具有基因多样性的人类上太空，人们也可以自己选择生育的方式。

方舟学研究十分有趣，因为这个学科能帮助我们得知人类持续繁衍所需的最少人口。不过，让最小可生存种群足够大，并让人类在地球毁灭后生存下来，又希望脱离科技的赋能，这样的事情发生的概率极小。为了明白其中的原因，我们需要思考一个概念：自给自足。

自给自足的方舟

本书的前言部分曾提及埃隆·马斯克所说的话。他说，在本世纪中叶可以建成独立的太空定居地。这句话是从马斯克在推特上与其他用户互动时留下的，一位名为普兰尼·帕索（Pranay Pathole）的推特用户在网上提问："埃隆，你认为要用多长时间才能在火星上建立一个自给自足的文明？20年够吗？我说的'自给自足'是不依赖于地球补给。"马斯克回应："假设每个飞船可运载约10万人，定居地总人口大约100万的情况下，并且火箭发射的频率呈几何数级增长，那么从人类第一次登陆火星开始的第20年到第30年间，就可以实现你说的'自给自足'。"

就算用埃隆·马斯克的标准来说，这个时间也是有一些理想化的。马斯克之前曾说过，人类初次登陆火星应该在2029年。现在，运载飞船一直处于试验阶段，成功登陆火星并在火星稀薄的大气下生存几年还是不现实的。更重要的一点是，马斯克所说的定居地总人口"大约"一百万，这个数字的不确定性也是问题的关键。

在经济上完全独立，用术语去表示，就是"自给自足"。物理学家凯西·汉德默（Casey Handmer）博士对火星上自给自足的文明所需的人口数给出了一个粗略的估计。他认为，至少需要一个像古巴（人口数大约1100万）这样的国家。当然，如果是古巴，那就还需要先进的工业产品；或者像朝鲜（人口数约2600万）这样的国家。当然，如果是朝鲜，那就还需要足够的燃油和食物。也就是说，地球上最接近这种"自给自足"的国家也远远超过100万人了。而这两个国家也并非地球上经济最发达的国家，它们也会偶尔出现无法自给自足的情况。自给自足在地球上已经很难达到了，那么想要在太空中仅仅依赖技术达到自给自足更是难上加难。

再来举一个例子，比如，电脑芯片制造也可以说明为什么自给自足很难实现。在地球上，电脑芯片制造行业需要巨额的投资，因为在生产芯片的过程中需要大量的水。当然也需要大量的专家。马丁·艾尔维斯博士称，地球上的近80亿人的高端芯片都源于三个芯片生产商。即便有足够的人力和技术水平在火星上制造这些芯片，经济学家也会提出反对的意见。芯片重量轻，火箭可以运载大量芯片。那么在太空中肯定不会建立电脑芯片公司，除非十分确定火星上马上就要与地球失去联系，才会建立芯片公司。

那么，汉莫最终得到的数字到底是多少呢？根据他的研究，火星定居地所需的人口数与马斯克所说的一样，需要约 100 万。不过，他说，到底是超过 100 万，还是少于 100 万，这要看未来机器人进步的程度。笔者认为，100 万这个数字是人口的底限。著名科幻小说作者查尔斯·斯特劳斯（Charles Stross）也曾预测过火星定居地的人口数。他认为需要 1 亿，甚至是 10 亿人口。这个数字听上去就更可信了。地球上的朝鲜拥有 2600 万人口，也未达到自给自足的地步，那么太空国家的人口又能少到哪里去呢？更何况，地球上有适宜人类生存的空气、海洋和陆地，那火星有这些便利的自然条件吗？

如果定居地不在火星，而在其他星球，实现自给自足的难度就更大了。艾尔维斯指出，未来的大型空间站也无法实现 100% 的资源循环。即便能达到水资源 99% 的再利用，那损失的 1% 的水的重量在 50 年之后也会积少成多，对人类繁衍产生很大影响。太空中的人类必须进行资源的交换才能继续繁衍下去。

笔者认为，只给出一个从 10 万到 10 亿的所需人口区间并没有真正解决问题。但是，我们清楚，所需人口数量是巨大的。考虑到想要实现太空定居，还需要解决诸多问题，太空定居所需的巨大飞船还在设计阶段，而且现在也不具备在太空中建立经济体的基础。因此，假设遥远的未来，地球毁灭之际，人类还无法逃离地球，到太空定居。

此外，还值得注意一点：人口数越少，那么需要的高科技机器人就越多。这很好，但从我们自身的角度说，这么做似乎没有必要。如果真的每个人都可以拥有 40 个机器人，那么为什么不让它们好好地在地球上伺候我们，非得要上太空呢？

备用计划到底可行吗

在本书的最开始，笔者就强调，太空中并不存在"短期的备用计划"。当然，在太空中生活肯定会遇到诸多科技和道德上的困境。但是，最难以达成的，莫过于实现自给自足。如果有人认为地球即将毁灭，想要拯救人类，那么必须在短期将大量人口运往火星（有可能是数以亿计的人口），或者必须发明出高科技机器人。未来如何，难以预测。可是，如果我们能发明出如此先进的机器人，在生态学研究上能有如此跨越式的发展，能让我们在遥远的、没有海洋的星球上建立一个能容纳 100 万居民的定居地，那么我们当有能力将地球上过剩的二氧化碳清除，避免因气候变化加剧导致地球毁灭。

没有备用计划的另一个原因就是，备用计划的结局或许与地球的结局是一样的。我们当然不能建立一个地球的翻版——原因并不是我们没有这个能力，而是用同样的方式建立太空定居地并不会让人类远离生存危机。

这里太拥挤了，但是我的孩子们会珍惜我们辛苦得来的新世界，也会珍惜繁衍生息的机会。

第十九章 其他方式建立的太空政治

关于太空战争的可能性

> 谁控制了近地轨道，谁就控制了近地太空。谁控制了近地太空，谁就控制了这个星球。谁控制了这个星球，谁就控制了人类的命运。
>
> ——埃弗雷特·C. 多尔曼（Everett C. Dolman）博士，
>
> 军事战略教授

1999 年，来自马里兰州的美国议员罗斯科·巴特勒特（Roscoe Bartlett）与俄罗斯就签订一份终止科索沃地区战争的协议而进行谈判。俄罗斯前来谈判的是弗拉德米尔·卢金（Vladimir Lukin），他曾经是俄罗斯驻美国大使，也是杜马副主席。卢金表示出不悦。那时，苏联解体甚至不到十年的时间，已经失去了超级大国的地位。俄罗斯当时在后期才加入谈判。根据巴特勒特的描述，谈判进入剑拔弩张的时刻，卢金转向巴特勒特说道："如果俄罗斯真的想要伤害美国，我们不会害怕你们报复，我们会发射一枚潜射弹道导弹（submarine-launched ballistic missile，简称 SLBM）……我们会在美国上空引爆一枚核弹，切断美国的电网半年左右的时间。"另一位在场的俄罗斯官员补充道，以免前面所说的核弹无法发射，它们还有备用计划。根据巴特勒特的描述，这样的备用计划有 7000 个。

巴特勒特的回应非常奇怪，后文中会提及。俄罗斯是否真的想使用核武器？当然，他们会使用。美国和苏联都在太空中进行过核武器试验，两国都了解这些武器对基础设施的影响。苏联的核爆试验曾经切断过哈萨克斯坦的部分电网一段时间，而美国的核爆试验也曾引起夏威夷街道的路灯和卫星的损坏。

如今，卫星在导航和通讯中起到十分重要的作用，但它们依然很脆弱，不堪一击。无论太空是否会成为战场，太空中的电子设备是极其脆弱的。而且，以免读者忘记，太空中的任何人都依赖于这种电子设备。

本书最开始的时候，笔者曾提及，太空定居地会成功实现，原因有两个[1]：第一，人类需要一个长期生存繁衍的环境；第二，因为太空定居是很棒的想法。然而，如果太空定居最终会导致战争，那么我们无论如何也无法建立定居地。

所以，太空战争发生的概率有多大？我们不得而知。但是，人类遭遇生存危机的概率是很大的：太空定居活动导致人类灭绝危机增加，但人类自地球外建立第二个生存空间会让人类灭绝的危机减少。结果我们会发现，人类生存繁衍面临的危机是不确定的。

我们认为，任何人都不知道这个结局是怎样的。但是，我们可以先研究一下太空至今保持和平的原因，太空采矿和太空定居地面临的短期危机，还有建立太空国家会面临的危机。

近期可能发生的太空战争

至今，外层空间依然保持和平的状态，全人类皆大欢喜，但对那些对太空战争充满幻想的人来说，这种和平的状态就让他们失望。如果时间回

---

1 我们承认，让全人类都面临灭绝是很难的。但是，让人类的生存状态极度恶化的可能性是很大的。

到 20 世纪 60 年代，如果当时的那些专家知道未来太空会处于和平状态，他们会大吃一惊，因为他们亲眼见证了火箭技术迅速发展并应用于制造导弹和部署在太空的核武器。然而，很快人们就开始明白，在太空中引爆核武器害人害己。爆炸后产生的高速飞散的碎片和辐射殃及平民，也会毁坏军用卫星。因此，核武器注定被太空飞船拒之门外。这也解释了在 20 世纪 60 年代生效的众多国际条约中都禁止将太空武器化的原因。

　　大体上讲，这些条约确实起到了作用。当然，美国和苏联纷纷将核武器发送太空，其目的就是，如果返回地球的过程中遭遇意外，降落到某个杳无人烟的地方，这些武器就可以防身，而并不是摩拳擦掌，为未来的太空战争做准备。1974 年，苏联曾在"礼炮 3 号"空间站进行了一个加农炮的爆炸试验，但是他们只试爆了一枚，而且是在空间站全员清空的状态下进行的，因此未造成人员和财产的损伤。

　　卫星主要用于军事活动和商业活动，不存在攻击的功能，在太空中居住的人少之又少，太空战争就像期待两只狗开着太空飞船打架一样，根本没有可能发生。然而，最大的威胁在于，太空活动会造成地球上原有的争端继续恶化。尽管具有武器功能的卫星还未开发使用，可是军用卫星从 20 世纪 50 年代末就出现了。虽然自此之后军用太空卫星不断升级，但是还是出现了"第一次太空战争"。

　　"第一次太空战争"？有的读者说，从未听说过这个战争。其实，这里说的就是"第一次海湾战争"（the First Gulf War）。这次战争发生在1990 至 1991 年。可是，对于研究军事空间的专家来说，这场战争是历史上的转折点。因为，美军能迅速击败伊拉克军队，卫星通讯在其中起到了至关重要的作用。经过这次战争，军用卫星的数量与日俱增。虽然美国依然是世界上拥有卫星最多的国家，但俄罗斯也有很多卫星，中国也在不断制造和发射军用卫星。

不过，想要精准衡量太空在军事上可以起到多大的作用是很难，因为卫星的用途是多样的。几乎所有在近地轨道上绕地飞行的物体都可以有战略用途。在历史上，这一点在早期的太空旅行理论中就有所涉及，航天学奠基人赫尔曼·奥伯特曾提出向太空中发射一面巨大的镜子，这面镜子可以用于补充太阳光，对地球农业起到重要作用。这面镜子也可以用作武器。（"镜子"高悬于 8200 千米的地球轨道上，在地球上形成有 9 平方千米面积的焦点。"镜子"反射太阳光，地球上任何地方都可以被聚焦的太阳光灼烧成一片焦土。）如今，太空探索技术公司"星链"计划的数以千计的卫星也印证了卫星用途的多样性。最初，这些卫星的用途是网络信息传送。后来，埃隆·马斯克向乌克兰提供几千个终端，这些卫星又在俄乌战争中起到了重要作用。对此，俄罗斯感慨道："准民用基础工程的设施有可能成为复仇的合法目标。"

虽然还没有国家炸毁敌军太空飞船的案例，但是有一些国家已经证明，他们可以从地球发射武器，将太空中的卫星击落。人们相信通过网络攻击可以毁坏别国卫星，可需要击落的卫星数不胜数，更不要提卫星数量还在持续增长。最初，美国的卫星由空军来管理和保护，而现在使用和保护卫星成为美国太空部队主要的任务。诸如俄罗斯、中国、法国等国都拥有类似的、保护其太空资产的组织。随着世界各国不断发展，越来越多的国家和企业发射卫星，这种战争形式也会变得越来越普遍。

所以，尽管有很多理由相信，在短期内，太空依然会保持和平的状态，可是需要清楚一点：在太空中无论进行任何活动，都是不可逆转的。太空中进行核武器试验很少见，部分原因是，各国的军队只有保证太空的和平，才有能力在地球上"秀肌肉"。

这样的和平不是我们想要的。可是，从总体上讲，我们也很乐意看到地球周围不会被核试验的导弹碎片"围攻"。那么，随着太空航行和发射的成本不断降低，太空的和平状态能维持多长时间？我们无法回答这个问题，专家也未就此达成一致意见。

不过，这个问题具有两面性。好的一面，也是我们没有向太空中发射核武器的部分原因——每个人都是自私自利的。太空对商业活动、军事侦察、环境数据收集、履行国际条约的监控和各国及其人民所关心的其他活动都至关重要。不好的一面，也是太空中一直和平的另一部分原因——历史上出现的所有太空武器都不成功。

为什么太空武器都不成功

抛开人们对于太空武器的看法不谈，各位读者想象一下，在地球上方发射一个太空武器应该算是一次军事行动。分析学家对此意见不一。假设美国正在争夺南极洲的土地，再去分析这个问题就清楚了。（说美国争夺南极土地，是因为没有别的国家有能力在寸草不生的、寒冷至极的南极发射导弹。）

假设，2063 年火星土地割让以后，一群生活在南极的研究生决定，尽管智利或阿根廷的妇女在南极地区生了孩子，将南极地区打上了自己国家的"标记"，可现在依然是占领全球共有财产和在南极半岛宣布主权的好时候。可是，天不遂人愿，美国恰好拥有一批陆基导弹。

不错。这些导弹迅速导向目标并打击了目标，打击十分精准，将对企鹅的连带损失降到了最低水平。但是，假如美国从卫星上发射导弹呢？

向南极发射导弹的成本非常高，这一点是确定的。历史上，美国曾斥巨资向太空发射过一枚导弹，但现在让这枚导弹维持轨道速度，并在温度高低不定、充满辐射的太空环境下维持正常运转已经成为了政府的一种负担。但愿这枚导弹有一天派上用场时，依然能正常运转。

　　大部分情况下，向太空发射导弹也是不允许的。卫星和导弹不同，导弹可以导向目标。当然，美国可以发射同步地球卫星，并将载有导弹的卫星置于位于赤道地区的敌国。但是，如此一来，导弹必须能完成长距离的飞行，发射升空后会到达约 35000 千米的高度，然后再精准地降落到目标——甚至精准到每一个研究生。

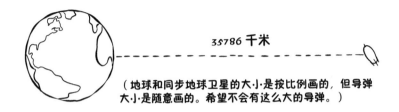

35786 **千米**

（地球和同步地球卫星的大小是按比例画的，但导弹大小是随意画的。希望不会有这么大的导弹。）

　　所以，美国将导弹发射到近地轨道上。可是，现在导弹几乎不会再对南极产生威胁了，只会对公海这样的全球公有财产产生威胁。那么，如何解决定位目标的问题呢？答案很简单，就是发射更多的导弹。

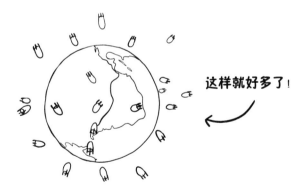

这样就好多了！

　　这样在太空中部署导弹类似于全球定位系统（GPS），它可以覆盖地球的每一个角落。只不过，GPS 用于定位，导弹用于战争。可是，想要精准打击全球任意一个目标需要斥巨资制造并发射载有导弹的卫星。那么，这时美国会做出什么明智之举呢？

或许，这时美国已经激怒了地球上的其他大国。美国可以发射载有核武器的卫星，因为，这样做根本没有违反任何国际法：OST 明令禁止在天体上建立军事基地或者核电站，但是发射载有核武器或者"镜子"的同步地球卫星并没有违反 OST 的任何规定。此外，《联合国宪章》(the UN's General Charter) 允许各国进行自卫，所以美国可以说，这些卫星的存在只是为了避免今后受到其他国家在太空中的威胁。

发射载有核武器的卫星确实会让所有的国家不悦。不过，抛开这件事不谈，发射核武器卫星到底值不值得？根据军事战略家的研究，如果核武器卫星确实有效，那么各国就一定会发射吗？这可未必。这些卫星只是把现有的核武器运上了太空，但这样无疑大大地增加了成本——部署和维护核武器卫星的费用高昂。而且，因为这些卫星的运行遵循牛顿旋转轨道定理，很容易被敌人所追踪定位。当卫星绕地飞行的时候，如果敌人技术足够强大，这些核武器卫星很容易就会被敌人引爆，或者从太空中击落。综上所述，核武器卫星造价高昂，易受攻击，这样的卫星并不适合做武器。

理论上，太空武器出现的可能性很小，但是依然有国家曾使用过太空武器。在里根时代，曾有一个项目名叫"战略防御行动"(Strategic Defense Initiative, SDI)，也有人称之为"星球大战"。当时，美国研究了一系列部署太空武器的策略，很多策略过于宏大，宏大到完全没有必要的地步。最奇怪的莫过于"神剑计划"(Project Excalibur)。这个计划是在太空中使用核泵浦的 X 射线激光器 (a nuclear explosion in space to power X-ray lasers)，摧毁一切将美国设定为打击目标的陆基导弹。为什么会如此大费周章呢？答案是比速度。阻拦敌方导弹的最佳时机是"发射阶段"，即在在按下发射键之后，火箭积蓄能量准备升空之前。如果担心敌人使用核武器，使用一系列能够迅速摧毁核武器的太空武器也是十分明智的。

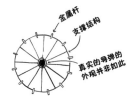

第一步：将核武器发射到预定
轨道，核武器周围是特制的金
属杆。

第二步：敌人发射了一批导弹。

第三步：金属杆移动到确定位
置，导向核武器所在地，瞄准
目标。

第四步：引爆。金属杆会吸收
爆炸产生的能量，释放强大的
X光光束并摧毁导弹。这样就
万事大吉了吗？

"神剑计划"有一个缺陷，这也是那个时代出现的情节相仿的科幻小说会有的一个缺陷：这个计划根本就不会成功。从技术上讲，在太空中操纵核爆炸产生强激光束这个手段过于复杂，而且在联合国发现此举违反了 OST 和《部分禁止核试验条约》两项国际法时会有多么尴尬，更不要提只有一个国家能操纵和摧毁核武器会给全世界带来多么严重的不稳定因素。

综上所述，从政治上、军事上和技术上，人类都不能将太空武器化。而就在现在，出现了一个问题：随着太空活动的成本逐渐降低，是否所有事情都会改变？我们不知道这个问题的答案，但是我们知道，一些理论学家确实忧心忡忡。

在当代军事文学中，确实有很多美国人认为，长远来看，太空的限制对美国来说是危险的。虽然这些人的意见不一，但在一个问题上达成了共识——他们预言，太空最终将会军事化，核武器向太空发射也势在必行，只是时间早晚的问题。他们认为，如果按照这个逻辑思考，美国应该抢占先机，以免其他国家占领了军事高地。我们不知道，这么做是否正确，抢先占领军事高地是不是个好的战略。但是，我们希望，这只是一个不会实现的预言。未来的世界会向多极化发展，肯定会进行更多的太空活动。或许，目前各国将会在太空定居方面出现零和博弈，但随着国际局势不断发展，我们可以断言，至今为止，太空环境的变化似乎并没有显示出各国想要维护和平的愿望。这也更说明了，世界急需在短期内建立太空管理机构。

太空战争——从中期角度的分析

现在，假设未来不会在太空国际法方面有任何进展，事态的发展会不断明确：少数国家将会飞向太空，建立前哨，或许甚至会有很多人在太空建立家庭，进行太空采矿，或经营月球的加油站。少数国家和多国组成的联合体将会出现在月球或火星上，或许，这些国家和和联合体也会萌生出成为独立太空国家的强烈愿望。

那如果未来真的发生了这些事，会怎么样呢？太空强国之间可能会发生冲突。不过，地球和太空国家之间发生冲突的可能性几乎不存在。我们讨论的太空战争，指的是月球、火星上或者一个绕地飞行的空间站和地球上的一个国家（或所有国家）发生的战争。为什么会发生战争呢？这是因为太空定居地会遭到地球的打压。正如上文所述，无论任何时候，在太空中实现自给自足都是不容易的。为了生存下去，太空定居地的反抗分子与地球保持贸易联系。另外，各位读者还记得卢金曾扬言向美国发射导弹吗？在地球上损坏电网都会造成很大问题，更别提在月球上损坏电网，情况会有多尴尬。核武器爆炸会造成电涌，让附近的电力系统瘫痪。网络攻击也会造成电网瘫痪。想象一下，如果月球上为期两周的月夜刚刚开始，电力系统就瘫痪了，会发生什么呢？不过，短期内无需担心太空定居地向地球宣战，出现这种战争的概率就和马耳他向欧洲宣战的概率一样低。

早期太空定居的另一个危机可能会来源于恐怖主义。如果真的可以在月球上建设一个质量投射器（massdriver），那么被投射器抛出月球的太空飞船有可能受到地球引力的捕获。即便如此，考虑到让月球上的电力系统瘫痪是那么轻而易举，任何前来袭击的恐怖主义分子都会先三思而后行，他们会在发动袭击前考虑选择与其"造物主"保持和平。

综上所述，就算未来人们实现了太空定居，就算在月球的陨石坑找到了定居点，就算将核武器运上了太空，就算奥林匹斯山成了月球上的旅游景点……地球和太空定居点之间也不会发生战争。

太空战争——从长期角度的分析

在本书中，笔者不愿意去猜测遥远的未来如何，笔者不愿意这样做的部分原因是，如果你相信之前出版的那些书中对于太空的猜测，那么可能你就永远也不会再想进行太空航行了。即便如此，考虑未来会发生太空战争，主要是因为太空定居爱好者经常会认为，越多的人进入太空，那么地球上的人类越可以和平相处。尽管这是一种对未来的猜测，可有很多人依据这个猜测，在太空定居上进行大规模投资。不过，我们完全没有过分地担心人类的生存会受到大规模太空定居的影响。

这种猜测有多种版本。最常见的版本就是，战争源于资源的匮乏，所以，如果太空定居可以解决资源匮乏的问题，那么就不会发生战争。比如，在艾维斯·朗（Avis Lang）博士和尼尔·德格拉斯·泰森（Neil deGrasse Tyson）博士合著的《战争的附属品》（*Accessory to War*）一书中写道："由于资源稀缺而在地球上遭到争夺的资源在太空中却司空见惯……或许太空资源的控制权掌握在别的国家手里，而且这国家得到了资源的控制权，会让你感到不悦。可是，尽管如此，资源匮乏的问题还是解决了——而正是资源的匮乏催化了战争的出现。"还有一些专家有类似的观点，他们认为，战争的原因是争夺土地，所以太空定居会解决土地资源匮乏的问题。这会让这场战争结束。还有一种更加复杂的观点认为，引发战争的不是资源的稀缺，准确地说，是人们认为资源稀缺的想法——只有辽阔的太空才能让战争结束。还有一些专家认为，任何有能力远离人类文明，在太空中独立生存的人，都会为人类世界创造和平。

然而，还存在这样一个声音，它反对了上面的所有想法，这个观点认为，太空定居的结果或许和美国西进运动的结果差不多。笔者也在怀疑，太空会不会为所有人都带来富足，美国人在西进运动中对印第安人进行种族屠杀，确实为定居者带来了足够多的生存空间和生存资源。然而，对于土地的归属权问题，还有最终产生的州到底是自由州还是蓄奴州，这些问题导致了南北战争。在这场战役中，战死的士兵人数竟占美国全国人口的 2% 之多。

这个观点让我们意识到，战争的原因并不是资源匮乏。那么到底因为什么呢？研究战争成因的学者克里斯·布莱特曼（Chris Blattman）博士在《我们为何而战》（*Why We Fight*）一书中提及了发动战争的"虚假原因"：贫穷、自然资源匮乏、气候变化、种族分化、两极分化、不公正待遇或者武器泛滥等等。克里斯认为，这些原因"……是导致其他糟糕的事件发生的原因。这些问题只是加剧了战争的发生，并非战争发生的根本原因"。

其实，战争就是一个十分复杂的人类行为，研究战争的专家自己都无法在引发战争的根本原因这一问题上达成一致——到底是人类天性好战，还是文化冲突导致了战争，还是从生态学的角度，即人类依赖环境的角度导致了战争？笔者并不想试图说服读者相信哪个理论，而是希望告诉你，战争的成因与生存空间是否拥挤、资源是否匮乏或保证人类生存的任何客观条件都无关。为了证明这一点，下面分析历史上两场战争出现的方式。

情景 1：承诺问题和修昔底德陷阱

修昔底德陷阱是政治科学家格雷厄姆·艾斯森（Graham Allison）博士提出的，这个说法源于古希腊历史学家修昔底德就伯罗奔尼撒战争得出的结论。简言之，斯巴达和雅典两座城邦在波斯战争中成为盟友，但是在战争过后，两国的关系逐渐恶化。这大体上是因为，雅典崛起的速度惊人，让斯巴达人心生畏惧。

为什么某些因素更容易引发战争呢？战争理论学家经常认为，战争的目的是得到和其他国家进行谈判的机会。发生战争的国家可以就很多问题进行谈判——资源、武器、贸易、少数民族的待遇等等。国家间谈判的结果取决于很多因素。比如，哪个国家在经济和军事上强势？你是否信任自己国家的相对国力？如果被逼到绝境，对方是否有意愿进行战争？

这么说，国家间和平的瓦解是谈判的另一个阶段，只不过一个国家非常清楚另一个国家的实力。大多数国家宁愿一直僵持在谈判阶段，也不愿意刀戈相向。那我们为什么谈判呢？理想地说，我们每个国家都发自肺腑地希望进行和平谈判。但是，如果谈判双方实力在短期内发生变化，那么谈判便很难达成一致协议。

为了弄清其中的原因，假设月球定居地上存在两个国家——贝索斯国和马斯克国。

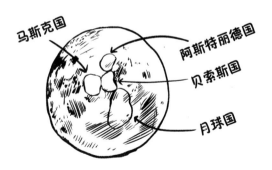

假设这两个国家自从月球上第 2144 次月球反叛之后一直处于相对和平的关系，偶尔会在沙克尔顿环形山的领土上发生一些争端。两国在经济和军队实力上旗鼓相当。无论这两个国家对于对方多么警惕，他们都还是会以和平的方式妥善解决两国的分歧。但是，一段时间后，局势出现了变化。

几代人过去了，没有国家希望开采氦-3，因为有一个国家说开采氦-3是坏主意。突然，氦-3成了宝贝，贝索斯国正好拥有大量的氦-3资源。因此，贝索斯国的经济迅速发展。马斯克国人民纷纷移民到贝索斯国。因此，贝索斯国在基础设施上，甚至在军队上进行投资。贝索斯国的政治家开始将目光投向长期以来一直引发争端的沙克尔顿环形山上。如果马斯克国想要对此给予合理回应，那么应该怎么做？

那么，专家的解读是，对于马斯克国来说，现在是一个机遇期。就在现在，马斯克国可以向贝索斯国宣战。如果马斯克国错过了这个机遇期，那么等贝索斯国过于强大，马斯克国就必须顺从贝索斯国，满足贝索斯国提出的所有心愿。

这两个国家可以通过谈判达成协议吗？这时，所谓的"陷阱"就出现了。假如两国同意从此再不交战，保持和平，那么很显然，这个协议更倾向于贝索斯国。因为贝索斯国唯一需要做的就是签署协议，然后等待时机，直到自己足够强大，再打破这个协议。但是，这个协议的巧妙之处在于两国都想要和平，但是和平却无法实现。这说明，马斯克国同意签订协议是明智之举，因为协议可以限制贝索斯国的崛起，并在一发不可收拾之前，先将贝索斯国的优势限制住。这样一来，两国就不一定会发生战争了，只会让两国抑制自己的行为，甚至真的让两国幡然醒悟，开始追求和平。战争专家通常都会无奈地说，尽管电视新闻上总是报道，某地战火纷飞。可实际上，大部分地区在大部分时间都可以和平相处。然而，我们只想提醒大家一点，就是在这种情况，战争并不是对国家或个人的利益得失进行评判后得出的结论，而是在一个大国在短期内国力上发生巨变后，让其他国家感到威胁时所做出的决策。在地球上会因为国力不均发生战争，在太空中也会如此。

情景2：领导－国家的一致性：太空中"恶人当道"

有人认为，各国充满理性，渴望生存，也不会放弃自己的利益。这个想法是正确的。不过，我们应该记得，国家是由人来领导的，而大部分人民并不完全能够理解自己国家的领导人所做出的所有的行为和决策。或者，这些领导人会让人觉得，他们的理性似乎是为了他们自己的利益，而非国家的利益。詹姆斯·麦迪逊（James Madison）参与并确立了美国宪法，他在1793年写的一篇文章中曾谈及这个问题的本质：

> 在战争中，会产生一种物质力量，只有领导的意志能够指引这种力量。在战争中，共有财产将会为大家所共有，只有领导者才能将其公平分配。在战争中，荣誉和金钱会倍增，只有得到领导者的授予，才会将其合理分配。最终，只有在战争中，才能赢得政治上的赞誉，而这些赞誉都会归功于领导者。人类最强烈的冲动和最危险的弱点——野心、贪婪、虚荣、合理或过度追求名望的行为，所有的这一切都隐藏在追求和平的渴望和职责之中，但是到头来，不过是以权谋私罢了。

其实，麦迪逊就差一句话，"这个道理也适用于月球"。笔者认为，麦迪逊的逻辑确实适用于月球定居地。如果你认为贝索斯和马斯克在太空定居地开启新的时代是一种消除野心和虚荣的行为，那么麦迪逊的逻辑或许不适用未来的太空定居地。

根据《我们为何而战》一书作者布莱特曼的分析，在非民主国家里，如果领导人无须为发动战争付出代价，那么他们极有可能选择与其他国家发生战争。需要注意的是，战争并不是某人或者某国企图向他国索取某物才发生的。战争的发生只是因为领导人能从冲突中获利才发生的。虽然太空会带给我们一系列难以想象的经济利益，但是我们没有理由说，在太空中会改变这一事实。

因此，综上所述，我们得出的结论是不是让人害怕？太空定居并不会终止战争，因为就算从最乐观的情形去考虑，战争也根本不是太空定居改变的那些事情决定的。所以，人类进行太空定居可能并不会减少国家间的战争。但是，我们应该好好考虑一下，太空定居是否有可能让战争变得更加可怕？

星际战争：或许并没有那么酷

如果在遥远的未来，发生了星际战争，那么将会成为人类历史上极其可怕的大事。说星际战争可怕，是因为发生战争的双方可能会向对方投射小行星。此外，还有一件事情容易忽略：人类历史上还未出现过两个大国在不同引力条件下进行战争的经历。

人类不在地球上持续进行定期的核武器试验的部分原因是，20 世纪 50 年代的科学家收集了一些孩子脱落的牙齿。经研究发现，其中含有核爆炸产生的有毒物质，主要是锶 -90 元素，人体吸收了这种元素，并将其当作钙元素消化处理。也就是说，人类之所以不敢轻易在战争中使用核武器的原因是，核武器会污染地球环境。而火星与地球的环境不同。火星没有大气层，因此不会通过气体传播有毒物质。也是因为这个原因，在火星上引爆化学武器不会对人类产生影响，投放生物武器的国家也无须担心病毒在全球范围内传播，殃及自身。

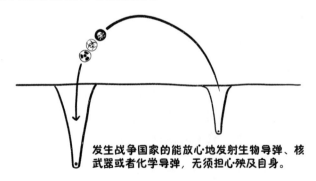

发生战争国家的能放心地发射生物导弹、核武器或者化学导弹，无须担心殃及自身。

当然，从战术角度进行考虑，不使用这些武器也是合理的——因为害怕报复，或者单纯从站在全人类的角度去考虑，他们不会使用这些武器。尽管我们不知道，人类是否会在遥远未来的太空战争中使用这些武器，但可以确定的是，不使用人类最可怕的武器的一个原因已经不复存在了。这是因为，在我们的宇宙中，有一个很简单的物理现象。

太空定居并不会让人类的战争停下来，但是太空定居的战争或许更致命。

维持整个星球的和平，不要出现星球大战

尽管有些专家被称为战争理论学家，但是研究人类战争的这些人对人类维持和平的能力还是会深感担忧。好战是否是人类的特性，还尚无定论。太空战争的问题依然存在，只要这些战争符合物理法则，就有可能在未来发生。物理法则不会在短期内发生改变，所以如果有任何避免出现太空战争的可能性，或者因为太空的局限性，无法发生战争，那么人类就需要克制好战的天性，让未来向和平的方向发展。

谈到这里，你可能会好奇，巴特勒特在那场会议上听到俄罗斯官员的威胁之后是如何回应的，他又做了哪些事情来进行防范。后来，巴特勒特成了一名积极分子，终年研究如何对抗核武器攻击产生的电网损害。在从政多年后，他退隐了。如今，他生活在没有电网覆盖的农场。这听上去还不错。农场周围有一个湖，湖里生活着两只天鹅。巴特勒特说，他住的地方极其偏僻，唯一让他意识到世界还在正常运转的，就是飞机飞过时留下的航迹云。或许，这对巴特勒特来讲是一种解脱，但这对于整个人类，甚至外太空来说，未必是一个好的选择。

第二十章　很少有人期待的一个替代方案

等待良好时机，延迟太空定居

前文我们提及了国际关系学者丹尼尔·多德尼。他建议，为了保证人类的安全，不要建立太空定居地。因此，他在太空爱好者中并不受欢迎。

然而，多德尼并不反对太空活动——他只是认为，人们只能在太空中进行那些不会带来危险的活动，比如，进行科学研究、环境监测和发展通讯。人类在南极的开采法则只能适用于太阳系中的星球，因此，不可以将这种开采机制延伸至整个太空，这与很多太空爱好者的想法是不同的。但到那时，在火星上创立的经济肯定也没有地球那么复杂。

在关于太空定居的观点中，多德尼的观点独树一帜。他曾出席一场网络会议，会议上美国国家航天学会提出了他的观点，与会的其他人都反对他的观点。在多德尼和航天学会马克·霍普金斯（Mark Hopkins）的辩论之后，两个专家组轮番对多德尼的观点提出反对意见。多德尼本人并未加入专家组进行讨论。在会议中，有一位专家竟然直接称多德尼的观点很愚蠢。

多德尼在反对太空定居方面显得有些极端。但是，也有很多专家提出，在太空定居前确实应三思。比如，研究宇宙生物学和行星防御的顾问琳达·比林斯（Linda Billings）希望在正式考虑太空定居前先"共同维护好地球这艘'太空船'的和平"。卡尔·萨根博士和史蒂芬·J. 奥斯特罗（Steven J. Ostro）博士在 1994 年合著并发表的一篇题为《小行星偏转的危害》（*Dangers of Asteroid Deflection*）的论文中写道，人类发展到一定阶段，可以让避免小行星撞击地球。但是，既然人类有这种能力，那也可以让小行星发生偏转，撞向地球。

如果人类拥有让小行星偏转的技术，还出现了上文提及的人类繁衍和经济上的、违反人类道德的问题，那会怎么办？多德尼本人指出，假如人类拥有了致命性的杀伤性武器，那么只要有任何一个国家有发动战争的邪恶之心，整个世界就会沦陷。如果太空定居会让人类变得邪恶，让整个世界陷入万劫不复的境地，那么这篇论文中提及的观点就更加让人担忧了。

太空爱好者经常会引用科幻小说作家拉里·尼文（Larry Niven）的一句话："恐龙灭绝是因为缺少太空定居计划。如果人类也和恐龙一样，那么就活该灭绝了。"可是，多德尼认为，体型巨大的小行星是很少见的。人类的历史很短，而恐龙存在的历史更长。"考虑时间因素，那么恐龙之所以能生存繁衍近 200 万年，或许正是因为他们没有定居太空的计划。"

我们也开始相信，如果国际太空法维持现状，那么在经历生存危机之后，人类有可能在太空中寻找新的生存空间。如果太空定居的过程中充满人类繁衍、社会学或经济学的种种问题，那么或许多德尼所害怕的这种状态真的会出现。

现在，事态的发展十分迅速。我们也不知道未来会怎样。但是，笔者确信，那些不同意进行太空定居的人应该有更多的空间表达自己的反对意见。

唉,说了半天,太空定居是不太可能了,这让人有些郁闷。不过,有一个好消息,那就是笔者把最有意思的故事留到了最后。

在这本书的初稿中,笔者花了大篇幅讨论远离人类文明和狭小空间内的太空心理学。最终,我们决定将此章删掉,因为这并不科学:如果都是顶级的、经过文化交际训练的专家,跨文化交际本身是不会有问题的。与其说这是一个人类占领太空的问题,不如说这是一个用人方面的问题。有几个故事和那个本以为自己有一颗牙,但实际上没有的故事一样有趣。

然而,有一些经常会让人遗忘的故事,这些故事都与苏联的国际航天员项目中奇怪的跨文化交际经历有关。此项目在 20 世纪70 年代开启,该项目招募了苏联中除俄罗斯联邦之外的成员,这些故事中最有意思的当属"卡卡洛夫"的故事。

读者可能从未听说过保加利亚的卡卡洛夫。大概是因为,读者本身并非保加利亚人,也并不是宇航爱好者,也有可能是因为卡卡洛夫在当了航天员之后就换了名字。"卡卡洛夫"这个名字在俄语中的发音很正常,但英语国家的人听这个名字的发音就像"大便"一样。无论叫什么,在太空航行之前,在苏联宇航局的一再的坚持之下,他的名字改成了"乔治·伊万诺夫"(Georgi Ivanov),他父亲的名字中就有"伊万"。无独有偶,过了不到十年,航天员的训练的管理员的名字中又出现了类似的情况。

蒙古航天员的候选人身上也发生过类似的问题,但鲜有人知,因为这位候选人改了名字,最终未能进行太空航行。然而,还有一个故事是我们的心头好,现在讲给大家听。国际航天员项目中的一位航天员说:"有一个航天员的名字非常特殊。他叫Maidardzavyn Aleksandr Gankhuyag。有人告诉他,他的姓必须更换,以免冒犯俄罗斯航天员,或者俄罗斯航天员会取笑他。这是因为,他的姓 Gankhuyag 在蒙古语中的意思是'盔甲',但最后两个音节的发音就像俄语的一个指代男性性器官的俚语发音。在苏联航天局的强烈建议之下，他把姓做了改动，变成了 Ganzorig。这位航天员并没有给出更详细的解释，所以笔者通过维基百科进行查询，结果发现 Khuy 在俄语中的解释如下：指代男性性器官，阴茎，常用在口语化的表达中。

　　笔者希望大家能够理解，为了公平起见，笔者查阅了很多资料，希望也能找到拥有奇怪名字的美国航天员，可结果徒劳无功。在我们查阅的资料中，有一个名字很有意思，与其说有趣不如说很"酷"——比尔·麦克库尔（Bill McCool）。笔者还查到了第一位荷兰航天员的名字。这个名字并没有什么像性器官的发音。但是，这个名字听起来就像一个干了坏事又想躲过一劫的小孩子胡乱给自己起的名字：乌波·欧克斯（Wubbo J. Ockels 博士）。

结论　热水浴缸与人类命运

我们到底要不要进行太空定居呢？

在本书刚开始的时候，我们没有预料到，在本书结尾会提出这样的一个问题。本书最初的假设是太空定居马上就会实现，因此太空治理方面问题接踵而至。而现在我相信，太空定居的战线拉长了，定居计划的难度之大让人望而却步，太空治理也绝非实现外太空的民主，而是把人管理好。

不过，请各位等一等。各位耐心的读者从本书开始一直读到现在，你已经思考过太多的问题：你关注过火星上人类繁衍的问题，考虑过在月球的山洞中生活的问题，仔细研读过太空法，设想过如何建立太空社会，还为太空定居地的未来做过最坏的打算。综合以上所有的思考，让我们再重温一下在本书开始提及的关于太空定居方面的两个合理的观点。这两个观点还说得通吗？

观点 1：生存信念

人类是否应该单纯因为太空定居能减少人类灭绝的概率而在太空中寻找新的定居地？

史蒂芬·霍金（Stephen Hawking）教授对这个问题十分感兴趣。埃隆·马斯克对这个问题也十分感兴趣。可是，笔者已经不太确定这个问题是否还有意义。如果人类能管理好这个星球，保证不出现战争和恐怖主义，那么我们就可以建立生存信念。如果人类会拥有像星球大战那样的技术，能精准地将太空中的飞船或卫星击落，那么我们就应该建立生存信念。如果我们可以在一个遥远的星球建立定居地，并把发生星际战争的可能性降到最低，那么我们就应该建立生存信念。但是，战争和冲突一直在继续。我们伤害自己的能力远远超过保护自己的能力。在太阳系的其他星球定居可能还会增加发生冲突的风险，而我们暂时也没办法离开太阳系，去寻找别的恒星周围继续生存下去。在过去的一个世纪，人类已经掌握了很多种自我毁灭的方式了——我们真的希望再加上一种吗？

只有证明太空定居在产生新的危机的同时还能给人类带来更多的利益，我们才会建立生存信念。但是，至少从现在看来，太空定居的益处少之又少，而造成的危机却不计其数。

如果我们对太空定居失去信心，认为人类无论是短期内，还是长期的角度，都无法从太空定居计划中获得"净收益"，那么建立生存信念这件事情就会沦为一种简单的信仰而已。

观点 2：热水浴缸

人类还能否让自身在地球上继续生活下去？

本书在开始就提出了一个问题：人类定居太空到底像买一个热水浴缸，自己拿主意就好，还是像采购一枚核导弹一样，需要在浓厚的管理氛围中进行？太空暂时不可能为人类带来巨大的利益，未来可能在太空法方面也可能会出现混乱的状态，太空活动也不会减少发生战争的可能性。如果情况恶化，还会催化战争的发生。考虑到这些现实，那么很难将太空定居这件事定义为可以自己拿主意的事情。太空定居是个人选择吗？综上所述，笔者认为，答案是否定的。

许多坚持定居火星的人都属于哲学上的自由论者——他们认为，地球的治理过于官僚化，过于循规蹈矩，带有十分强烈的镇压性质。但是，最热衷于自由论的人也反对核武器扩散。如果各位读者同意笔者的观点，认为大批人类进入太空会导致人类受到类似于核武器的威胁，那么几乎所有政治家和持自由论观点的人都会倾向于继续地球上的治理现状。

笔者是科技迷。我应该在这里告诉大家，未来人类会生活在一个巨大的太空轮，或者火星的生态穹顶，再或者和家人生活在月球的山洞中。任何认为这一切都是痴人说梦的人都会被归为科学白痴，这些人就和不知道飞机能飞上天，不知道钻木可以取火一样的人一样不懂科学。

笔者也是这么想的。凯利曾经参加一个太空定居的工作室的活动。当她宣布她的下一本书与太空定居有关，在场观众一起为她鼓掌。那一刻，她感觉太奇怪了，因为她在最初加入工作室时，对于在近期内实现太空定居这一想法还是抱有希望的。当她受到大家的褒奖之后，她开始犹豫了。

我们喜欢工作室的这些人，我们喜欢他们给我鼓励，我们也喜欢和大家一起团结一心。我们都是科学控。我们也是技术控。我们晚上熬夜也要和我们得孩子一起观看火箭发射，我们不惧寒冷，在晴朗的冬夜外出用望远镜观测。我们相信，只有技术进步，人类才能拥有更美好的未来。

但是，我们不能自我欺骗，认为关于太空定居的观点都是好的。如果太空定居无法带来可观的经济利益，那么太空定居将比人类设想的要更加困难。在短期内，任何企图进行太空定居的行为都会增加地球上出现冲突的可能性，进而对人类生存产生威胁。哪怕定居火星这件事情再酷，也不值得我们为此付出性命。

苏联俄罗斯籍航天员中流行一首歌，歌曲的名字是"家乡的草地"。这是一首 20 世纪 80 年代流行的民谣，由一个键盘手和三个留着胭脂鱼发型的歌手演唱。这首歌中包含很多让人动情的歌词，从一个久居太空的人的视角，展现了航天员对于地球的思念。歌词如下：

> 我们的梦里没有遨游太空
> 没有那冰冷深邃的太空
> 我们的梦里是家乡的草地

那绿油油的草地

这么长的时间，我们一直在寻找太空定居的现实意义。我们可以确定地说，我们更喜欢这个"家乡的草地"。当然，不只是草地，还有家，还有家人。

在人类关于太空定居的想象之中，总夹杂着一种逃亡的色彩。有时，这种逃亡就是出于个人意义的逃亡，但更多情况下，是人类逃离丑恶的、消亡的或无聊的制度和传统的压迫。不过，问题是：人类无法离开地球。真的不行。我们也无法及时制止任何即将发生的灾难或者迫在眉睫的社会腐蚀。就算你离开了地球，去别的星球创立了新的文明，那你知道首先你会做什么吗？你会开始在另一个星球重新创建地球的一切。不仅仅创建我们的生物圈，还有社会制度，在创建这个社会制度时，我们不可以将人性最丑陋的部分暴露出来——所以，我们需要法制、人权和国际社会间的行为准则。

笔者在撰写这本书时最害怕看到的就是，那些帮助我们了解太空定居的人看到这本书后，会不会十分失望，会不会十分气愤？不过，他们不应该失望或气愤。我们喜欢太空爱好者这个群体，我们也尽了最大的努力，推进了他们的研究。我相信，太空定居是有可能实现的，或许有一天能以安全的方式实现。但是，如此浩大的工程，需要我们评估需要面对的挑战。在充满健康氛围、懂得思考的群体中，在角落里发出否定声音并不是通往进步的阻碍，而是保护前行者的护栏。

地球并不完美，但是随着时间的推移，我们会看到，地球是最适合人类居住的星球。我们的意思不是说，人类应该放弃在另一个星球建立定居地的梦想——这个梦想太美好了，我们舍不得抛弃。我们的意思是，如果人类还想要这个梦想，那么就必须清楚自身面临的挑战有多大——那些真实的、深刻的、现实的，从人类繁衍到社会构建各个层面所面临的重重挑战。我们希望，在最后，当你读到关于太空定居的文章，或者听到有人谈论太空定居，当你想表达自己观点的时候，你能够将其视作一个非常复杂的问题，只有雄心勃勃的幻想或者巨型火箭根本无法解决这个问题。

无奈接受现实，但能否给予一丝希望

如果你不能接受本书得出的结论，那么我们还有好消息：笔者也不是十分权威的专家。本书的两位作者分别是查克和凯利，查克在网上给别人画漫画，凯利是寄生虫研究地方学会的会长。我们就是两个平凡的人。

虽然我们认为人类暂时还不能进行太空定居，但航天局和富商们已经开始摩拳擦掌，对太空航行已经迫不及待了。所以，在本书的终章，我们不去讨论人类从大局出发应该做什么，而是讨论，如果太空航行不现实，那么人类该何去何从。现在，假设地球上发生了一系列不幸的事，最终必须进行太空定居，而政府分配给我们 200 亿美元，建立太空定居管理局。我们会按如下计划分配资金：

资金流向 1：生物学、生态学和人类繁殖

生命科学是长期在太空中生存所面临的最严峻的问题，生命科学也是我们知之甚少的领域。我们需要的解决方案应该对人类在太空中的生活——并不只是空间站的生活，还有在其他星球上的生活——产生长期影响。我们也需要解决在其他星球生存繁衍的问题。或许，在其他星球上繁衍生息与在地球上一样。或者，我们有可能需要在火星上方的太空建立一个绕火星飞行的婴儿站。至今，在这方面没有任何的进展。但是，当笔者写到本书最后一章的时候，出现了这样的新闻：中国计划向中国空间站中发送猴子。我们祝愿他们能让猴子在一间公寓大小的空间站内与太空飞行组的三位航天员享受和谐的太空生活。

这么说可能听上去很傻，但是将动物送上太空的研究方向是正确的。利用动物来研究在太空中长期生活对人类生育的影响是很重要的。这个研究的目的不只是希望人类在太空定居地生育足够人数，而且还希望以符合人类伦理道德的方式实现人类的生存繁衍。我们希望，当人类发射的卫星被其他星球的引力捕获，当卫星掠过这个星球的磁层，能让人类看到在这个星球上生活着好几代被人类送上太空的小白鼠，它们幸福快乐、身体健康。或者，我们可以在月球上建立一个研究站，在月球上进行研究工作。这听起来似乎不错。生存繁衍方面的科学一直没有进步的原因是，航天局一般都会回避任何与"性"相关的事情。这就给予私有企业发光发热的机会。杰夫·贝索斯的亚马逊公司拥有一支太空舰队——这些太空飞船并没有那么光鲜亮丽，但是这些飞船看起来很大、很宽敞。埃隆·马斯克负责基因多样性的问题。两人可以联手，在这个方面进行合作。

还有一个问题，就是生态学的问题。生物圈 2 号基本上告诉我们一个信息：8 个人可以在约 12000 平方米的土地上生活两年。利用建设国际空间站的费用可以建设大约 500 个这样的生物圈。还有一个更好的计划——建立 5000 个这样的生物圈，大小各不相同。建立这些生物圈的目的就是通过试验，建立一个最小化的生态圈，让航天员能够在太空中也能拥有地球上的饮食和生活。当然，地球气候变暖，对地球上生态系统有深层次、系统性的了解，并能在环境变化时找到正常运转的方式，这些方式最终可能会在太空定居中派上用场。

在适当的时候，人类会在太空中会在适当的地区——或许在月球的熔岩山洞中或在月球极地的永昼峰附近——建立一个生态系统。如果人类拥有持续不断的、自给自足的生命支持系统，如果空间反应堆能让我们保持温暖，挨过漫长的月夜，如果常年生活在月球上的成年人不会遭遇视力减退或精神萎靡，如果火星上能孕育和培育人类生命——如果这一切都发生了，那时人类才会在火星上大规模地建设这样的生态系统。与此同时，人类有能力、也有义务到访火星，目的是研究如何去除火星土壤中的高氯酸盐，并且保证在生态系统周围有人类可以利用的自然资源。但是，在了解如何保证在定居地长期生存之前，人类还不应该在火星上建立用于研究的前哨。最终，当适于定居的技术一切就位，千头万绪汇集在一起，人类终将在短期内建立巨大的火星定居地。

当然，建立定居地也有一个前提，那就是人类已经在国际上达成共识，确立了新的太空国际法，可以利用和平手段建立定居地。

资金流向 2：国际法

实际上，人类的法律标准比太空猴子相爱还让人难以理解。我们相信，现行太空法或多或少是可行的——理想的太空法应该与《联合国海洋法公约》或《月球协定》类似，但是，理想的太空法应该比这两个国际法更容易在太空强国中达成共识。毫无疑问，人类应该在国际法领域进行研究，但是研究的关键是宣传和倡议——让人们理解在太空定居中应该达成何种协定，为什么宣传太空国际法如此重要，应该如何宣传，宣传要持续多长时间，宣传之后我们要做什么。笔者在本书中已经对这些问题做出了一些解释。大部分太空定居爱好者都希望研究火箭和太空航行器。研究这些固然重要，可是，还有同样重要的课题等着人类去研究。坦率地讲，所有希望改变世界的年轻人都应该对这个课题感兴趣。国际法是少有的几个通过了解法律历史、法律内容和建立法律过程能对人类的未来产生深远影响的领域。如果想要实现科幻迷想象的那种太空定居，那么人类必须建立一个法律制度。在此制度的管理之下，短期内不会出现太空领土争端，在中期内可以实现各国和平合作，进行太空科学研究。或许，在遥远未来的某一天，人类能成功建立一个太空国家。20 世纪 50 年代，学者奥斯卡·沙赫特博士的一篇文章对确立太空法起到了深远的影响；21 世纪 20 年代，法律学者的研究对 21 世纪 50 年代，甚至更遥远未来的太空法也会起到引领作用。

资金流向 3：地缘政治、社会学和经济学

因为本书是面向全人类的，有些读者肯定不希望读到那些比较晦涩的话题，所以笔者不得不删掉一些话题，可这些话题涉及的知识或许在某天会派上用场。这些话题有：如何设计宪法、宗教的影响、地理如何影响文化和诸如大宗商品的 6 个月锁定期对其价值的影响的经济学因素的剖析等等。如果涉及这些话题，恐怕最有耐心的热门科学爱好者也会失去阅读兴

趣。然而，如果人类必须定居太空，那么这些问题必然会遇到，遇到时必须进行专业处理，不可凭空想象。世界上确实有一些学者研究如何制定宪法才能让其长久存在。而计划建立太空国家的爱好者很少会咨询这些法律学者。原因很简单。因为很难设想太空定居和建立太空国家的细节，所以法律问题也无从谈起。可是，如果我们管理这个资金充足的太空定居管理局，我们会很乐意投入资金，不仅让人们更好地去了解建立太空定居地的技术细节，也让人们知道如何让定居地的居民和谐相处。如查尔斯·科克尔博士的众多科学家都开始了这方面的研究，我们也希望看到更多人能共同讨论这些问题。从长远来看，这些话题也可以和月球生态学的试验结合起来。通过这个方式，我们可以找到一个最好的方法，在遥远的星球上建立一个在经济上无须全部依赖地球供应的定居社会。

为太空定居爱好者带来的好消息

我们可不可以说，太空定居的一切研究就是源于兴趣？虽然我们认为短期内实现太空定居的可能性微乎其微，但是我们依然对于太空定居这个话题十分感兴趣。除了太空定居，还有什么事情能让你通晓轨道力学、生态学、历史学和战争方面的知识？太空定居研究通常是片面的，懂技术的人的法律知识来源于固有的法律体系，懂法律的人在技术可行性方面也知之甚少。有很多的研究等待着年轻的学者去做，但是他们必须阅读更多的书，将他们的发现撰写成论文，并将他们的论文刊登在相关的期刊上。在撰写本书时，笔者做了大量的研究，查阅了大量文献。其中最优质的文献是由研究毫不相关的学科的学者共同完成的——比如有一篇论文是由天体物理学家马丁·艾尔维斯博士、太空哲学家托尼·米利根（Tony Milligan）和政治科学家艾兰恩娜·克利科夫斯基（Alanna Krolikowski）共同完成的。

为什么没有更多跨领域合作研究的学者呢？太空定居这个领域需要阅

读很多有意思但又比较晦涩的文献。通过研究这些领域的文献，研究者可以对人类的未来做出贡献，又能增加众多领域的知识，还能遇到世界上最棒的科学家或者科学爱好者。如果人类确实像电影《黑暗天际》那样，遭到了外星人的入侵，那么研究太空定居的学者还能给人类的生存一丝希望，在外星人入侵前还有逃离地球的机会。如果读者认为，笔者在本书中所言有误，那么这些年轻人的后续研究对人类未来的生死存亡就更加重要了。如果读者认为，人类肯定会生活在除地球外的其他的世界，而正如人类学家兼哲学家约瑟夫·坎贝尔（Joseph Campbell）所写的那样，"连普通星系中的外层区域中的一颗次要的行星周围的其中一颗小卫星上都不存在人类近期可以开发的区域"，那么读者就应该将本书提及的问题当作探索太空定居所面临的挑战，而非死守地球、固步自封的论证。

我们还不知道如何实现太空定居，但是我们始终相信，在未来的某一天，当我们有了足够的知识，我们可以在火星上定居。而且，在遥远未来的某一天，或许还会在宇宙中的其他类似太阳系的星系定居。不过，人类必须通过不断学习，不断完善自我，变得更负责任、更爱好和平，才能在太空定居。太空定居不会让人类更睿智，可如果人类想要实现太空定居，必须变得更有智慧。

致谢

　　一般来讲，在"致谢"部分作者会提及，为撰写本书提供帮助的任何人对本书中的错误不负任何责任。而笔者想要说的更加彻底一些。因为，本书的部分内容是备受争议的，至少有些人认为，月球相关的国际法是备受争议的，所以笔者要着重强调：下面所提及的任何人对本书中笔者的观点是不负任何责任的。

　　笔者认为，一个正常的科学群体应该对持不同意见的人秉承包容的态度，只要所有人在提出意见的时候能证明自己查阅过科学资料即可。可是，在研究太空定居的人中，那些反对太空定居的人会被认为是傻子、"反人类"，或者更糟糕的群体。所以，笔者要对那些敢于对太空定居持反对意见的人致敬，他们秉承着学术研究的、谨慎的态度，在笔者和他们得到的结论相反时，依然给予笔者莫大的帮助。在其他领域中，相互帮助是很正常的。可是，在太空定居这个领域，帮助他人就是一种勇敢的行为。

　　因为太空研究在其深度和技术性细节上都是不可估量的，所以，首先，笔者希望感谢那些回答笔者提问的那些学者，是你们帮助我们克服困难，找到并澄清技术性细节，得到更加准确的信息，他们的名字分别是：布莱恩·凯普兰（Bryan Caplan）、温切尔·钟（Winchell Chung）、弗兰西斯·库奇诺塔（Francis Cucinotta）、杰森·德雷斯（Jason Derleth）、丹尼尔·多德尼、德米特里·科马洛夫（Dmitrii Komarov）、大卫·利文斯顿（David Livingston）、艾伦·曼宁（Alan Manning），以及参与美国核热火箭发动机计划的科学家们，他们的名字有：弗拉德米尔·帕皮塔施维利（Vladimir Papitashvili），罗德·派尔（Rod Pyle），乔舒亚·M. 赖斯（Joshua M. Rice），阿西夫·西迪基，道格·普拉塔（Doug Plata），拉丽莎·斯塔陆吉娜（Larissa Starukhina），马克·高田（Mark Takata），约翰·瓦斯奎兹（John Vasquez），莱娜·雅科夫列娃（Lena Yakovleva），马特·杰佛曼（Matt Zefferman），张琳一（化名）（Linyi Zhang）。另外，感谢推特网的无数网友对笔者的帮助，你们的帮助证明了社交媒体有时也能发挥强大的作用，对人产生巨大的助力。

笔者也希望感谢那些阅读本书其中章节、部分，甚至全书的读者。笔者尤其要感谢那些阅读了本书前一版的那些读者，前一版本中有一万字介绍了太空模拟。历史并不会见证你们所受的折磨，但是笔者深知你们的痛苦，这些人有：兰·艾布兰密茨基（Ran Abramitzky），提米也比·阿迦纳巴（Timiebi Aganaba），鲁斯·尼克·艾比尼（Ruth Nic Aibhne），格兰特·安德森（Grant Anderson），乔·巴特维尼斯（Joe Batwinis），塞缪尔·巴基（Samuel Bazzi），克里斯·布莱特曼，海姆·贝纳罗亚（Haym Benaroya），卡兰·本特利（Callan Bentley），米歇尔·W. 布什（Michael W. Busch），丹·卡西诺（Dan Cassino），陈启于（Yuk Chi Chan），查尔斯·科克尔，西蒙·康曼德（Simon Commander），贾科莫·德尔杜纳（Giacomo Delledonne），斯科特·P. 伊根（Scott P. Egan），曼弗雷德·埃雷斯曼，马丁·艾尔维斯，安妮·汉德默（Annie Handmer），凯西·汉德默，罗宾·汉森（Robin Hanson），詹姆斯·亨德里克（James Hendricks），罗伯特·古丁－汤森德（Robert Gooding-Townsend），马特·范特西（Matt Fantastic），查得·琼斯（Chad Jones），马利克·K.（Malik K.），兰姆·雅库，查尔斯·肯尼（Charles Kenny），J.R.H. 劳利斯（J.R.H. Lawless），约翰·莱尔（John Lehr），克里斯·莱维奇（Chris Lewicki），大卫·利布基（David Luebke），乔纳森·麦克道尔（Jonathan McDowell），蒂莫西·米勒（Timothy Miller），克莱·默尔茨（Clay Moltz），迈克尔·芒格（Michael Munger），莱恩·诺斯（Ryan North），保罗·诺维茨基

（Paul Novitski），奥斯卡·奥赫达（Oscar Ojeda），西尼德·奥苏利文（Sinéad O'Sullivan），弗雷德里克·帕迪拉（Frédéric Padilla），菲尔·普莱特，凯文·黎格曼（Kevin Ringelman），亚历山大·罗德勒（Alexander Roederer），詹姆斯·施瓦茨（James Schwartz），丹尼尔·萧（Daniel Shaw），斯科特·所罗门（Scott Solomon），路易·特里尔（Louie Terrill），安德鲁·泰勒（Andrew Thaler），本·托尔金（Ben Tolkin），盖里·泰瑞尔（Gary Tyrrell），托梅尔·乌尔曼（Tomer Ullman），弗朗斯·冯·德尔·当克，罗伯特·瓦格纳，丹·瓦伦（Dan Warren），马丁·维纳和菲利斯·维纳（Martin and Phyllis Weiner），克里斯·怀特（Chris White），丹尼尔·怀特森（Daniel Whiteson），和英国防御科学和技术实验室的（the UK's Defence Science and Technology Laboratory）成员们。

笔者还希望感谢出版本书的编辑弗吉尼亚·史密斯－扬思（Virginia Smith-Younce）和卡罗琳·西德尼（Caroline Sydney），是你们耐心地、坚持不懈地将本书中关于太空定居的、海量的、枯燥的文献变成了一本颇具可读性的、受读者欢迎的科普读物。

笔者还要感谢我们的文学代理人塞斯·费什曼（Seth Fishman）和我们的经理人，马克·萨菲安（Mark Saffian）和乔希·莫里斯（Josh Morris），是你们对于我们写作事业的支持，让我们免于现实的纷扰，我们才得空闲对太空定居这个话题进行深入的思考。

笔者还要感谢我们的孩子艾达（Ada）和本（Ben），感谢你们舍弃本该和父母谈论美食和娱乐的时间，与我们讨论晦涩难懂的太空旅行（当然，有时你们无法理解，所以就是我们在自我独白而已）。能与你们共同研究太空定居这个话题，我们既感到抱歉，又感到高兴。

挂一漏万，还有很多未提及的人对本书的撰写给予过帮助。在本书中出现的任何错误由菲尔·普莱特负全部责任。

图书在版编目（CIP）数据

在火星买房：太空移民计划的可行性分析报告 /
(美) 凯利·韦纳史密斯, (美) 查克·韦纳史密斯著；
王瑀, 谭雯文译. -- 北京：北京联合出版公司, 2025.
2. -- ISBN 978-7-5596-8104-1

Ⅰ. V11-49

中国国家版本馆CIP数据核字第202403VK02号

在火星买房：太空移民计划的可行性分析报告

作　　者：[美]凯利·韦纳史密斯 [美] 查克·韦纳史密斯
译　　者：王　瑀　谭雯文
出 品 人：赵红仕
责任编辑：孙志文
特约编辑：高继书
装帧设计：袁　园

北京联合出版公司出版
（北京市西城区德外大街83号楼9层 100088）
北京联合天畅文化传播公司发行
北京美图印务有限公司印刷　新华书店经销
字数336千字　880毫米 × 1230毫米　1/32　12.125印张
2025年2月第1版　2025年2月第1次印刷
ISBN 978-7-5596-8104-1
定价：79.00元